U0240417

THE ESSENCE
OF
SOFTWARE
PERFORMANCE

Full stack performance
optimization of distributed system

性能之道

分布式系统全栈性能优化

于君泽 曹洪伟 李伟山 秦金卫 陈龙泉 著

机械工业出版社
CHINA MACHINE PRESS

图书在版编目（CIP）数据

性能之道：分布式系统全栈性能优化 / 于君泽等著.
北京：机械工业出版社，2024. 11. -- ISBN 978-7-111-
76724-4

Ⅰ. TP274

中国国家版本馆 CIP 数据核字第 202465CD92 号

机械工业出版社（北京市百万庄大街 22 号　邮政编码 100037）
策划编辑：孙海亮　　　　　　　　　责任编辑：孙海亮　张翠翠
责任校对：王小童　甘慧彤　景　飞　责任印制：常天培
北京机工印刷厂有限公司印刷
2025 年 1 月第 1 版第 1 次印刷
186mm × 240mm · 23 印张 · 1 插页 · 511 千字
标准书号：ISBN 978-7-111-76724-4
定价：109.00 元

电话服务　　　　　　　　网络服务
客服电话：010-88361066　机　工　官　网：www.cmpbook.com
　　　　　010-88379833　机　工　官　博：weibo.com/cmp1952
　　　　　010-68326294　金　书　网：www.golden-book.com
封底无防伪标均为盗版　机工教育服务网：www.cmpedu.com

性能是软件非功能特性的基本面

性能是软件系统的一种质量属性，可以定义为"软件系统与其环境交互以获得价值和避免损失的程度"。性能就是在空间资源和时间资源有限的条件下，衡量软件系统正常工作的概率或程度。

狭义上讲，软件系统的性能优化指的是在尽可能少地占用系统资源的前提下，尽可能提高运行速度。

本书首先从性能优化的认知和方法论开始介绍，然后介绍如何建立性能测试与评估的体系。巴斯、克莱门茨和凯兹曼在《软件架构实践》一书中提到，性能是指软件系统满足时间需求的能力。相较国外性能方面的经典著作，本书的重点放在软件系统层面，如对网络、通信、客户端、单服务实体、数据库等方面的性能约束特点进行阐述，提出具体的优化方法与策略，并深入剖析缓存系统、消息队列在性能优化中的应用。

本书还通过具体的实践案例（如智能音箱、商城、营销红包、交易系统等）介绍各种性能设计与优化方法的应用，并解读全链路观测和压测的具体实现方法与应用场景，最后介绍云原生技术对性能的影响。

本书提出性能优化的点、线、面、体方法。其中，"点"指的是代码中的单个语句或函数，可以通过代码级别的优化来提升性能；"线"指的是代码中的执行路径，可以通过对算法和数据结构的优化来提升性能；"面"则上升到模块、子系统级别；"体"则指的是整个系统，可以通过整体性优化来提升性能。

笔者认为，性能是软件非功能特性的基本面。软件性能与稳定性、容量、可用性、扩展性、成本都存在一定的关系。性能低下，系统会被拖慢，服务会堵塞，此时稳定性是一个问题。同时还容易出现级联故障，可用性本身也会受影响。另外，性能与成本、扩展性的关系尤其大。我们知道，对于无状态服务，可以通过添加服务节点的方式来实现持续扩展以满足业务需求。但是，每一个节点都会有成本。通过对设计方案和代码的优化，需要扩展的节点数量可能大大减少，从而降低成本。单节点的容量会大幅度提升。

回到实际工作场景，如高管看报表场景，虽然此时容量低，并发低，用户量很少，但是必须高性能，需要在 1s 内打开页面并完成渲染，同时要求数据有足够高的准确性。而商品秒杀场景，用户量巨大，需要确保不超卖（数据准确性控制），系统能良好地提供服务（可用性）、快速响应用户，不能被拖垮（高性能＋高稳定性）。

没有绝对的好设计，只有适合的设计，因此往往需要在设计上进行取舍。比如数据一致性和可用性之间的取舍：在分布式系统中，为了保证数据的一致性，在进行数据更新时需要等待所有副本都更新完成才能返回响应，这会影响系统的可用性。为了提高系统的可用性，虽然可以采用异步复制的方式，即在更新主副本后，异步更新其他副本，但会牺牲数据的一致性。另外，还有数据一致性和性能之间的取舍、可用性和性能之间的取舍等。

一本书，一旦交付给读者，评判权就不在作者了，希望阅读本书的读者将自己对本书的意见或建议告诉我们。另外，书中存在错漏之处，在所难免，若有发现，也欢迎反馈。我们在公众号"技术琐话"放了一个页面"《性能之道：分布式系统全栈性能优化》读者反馈"，欢迎大家批评和指正。

祝阅读愉快！

Contents 目　　录

实践篇

案例篇

认 知 篇

软件架构的时空观

推动软件工程不断发展的通常是实际开发或使用软件时遇到的问题。那么在软件性能优化中，架构起到了怎样的作用呢？讨论这个问题之前，我们需要先明确一些概念，了解软件架构的内涵和外延。遗憾的是，业界对软件架构的理解一直存在一些争议。从不同的时间和空间视角审视软件架构，或许才能真正理解软件架构的含义，统一其时空视角。

1.1 软件架构的时空定义

计算机学科以及软件工程中的很多概念都是从其他学科借鉴而来的，架构的概念也不例外，借鉴自建筑学中的 architecture 一词。IEEE 从空间的视角对软件架构做出了定义：**架构是系统的基本结构，这种结构体现在组件内系统之间的关系、系统与环境之间的关系，以及指导系统设计与演化的原则上。**

IEEE 的这个定义侧重于空间的视角，软件架构表征的是软件的空间组成结构。软件存在的空间既包括物理空间，如软件运行所需的计算机硬件空间、网络物理空间等，也包括虚拟空间，如软件执行所需的指令空间和地址空间等。空间是客观存在的，所以架构也是客观存在的。不论人们是否关注或有意识地考虑架构，它都存在于系统的具体环境中，而且并不孤立，有着自己明确的目标。IEEE 的定义中提及了系统的设计和演化，因此不可避免地融入了时间的因素。在考虑演化时，需要结合软件的生命周期，否则演化将失去意义。

计算机专家 Grady Booch 对软件架构给出了不同的定义：**软件架构代表形成系统的重要设计决策，这些决策涉及软件的组织、组成系统的结构化元素及其接口的选择、元素之间协**

作时特定的行为、结构化元素和行为元素形成更大子系统时所用的组合方式、引导这一组织（也就是这些元素及其接口）的协作风格等。**其中，不同对象的重要程度用其变化带来的成本变化来衡量。这个定义侧重于时间的视角，更注重一系列动作。这个定义通过"重要设计决策"形成流程，并指出架构与成本之间的相关性。**

关于软件架构，还有很多类似的定义和理解，但基本上可以分为两类：从空间角度看，是面向体系结构建设的"组成论"；从时间角度看，是面向设计流程实现的"决策论"。然而，空间和时间是密不可分的。维基百科上对软件架构的定义就是从时空统一的视角给出的：**软件架构是规划、设计和构建软件及其组成结构的过程和最终成果。**

任何概念都有其时空边界，软件架构也有自己的环境约束。引入约束条件后，软件架构就可为软件提供一个高级抽象，其中包括结构、行为和属性。软件架构由组件的描述、组件间的相互作用、指导组件集成的模式和这些模式的约束组成。软件架构不仅显示了软件需求和软件结构之间的对应关系，还规定了整个软件的组织和拓扑结构，并提供了一些设计决策的基本原理。

综上所述，笔者认为：**软件架构是软件的空间体系结构和系统构建的时间决策流程的统一。**

1.2　软件架构的分类

既然软件架构是空间体系结构和时间决策流程的结合，我们就可以从时空视角来对软件架构进行分类了。当然，时空是一体的，只是侧重的视角不同而已。

1.2.1　体系结构上的分类

软件架构是面向计算机系统的。因此，回顾计算机系统的体系结构有助于理解软件架构的分类视角。尽管计算机系统的体系结构不断演变，但基本的抽象仍然是冯·诺依曼提出的计算机体系结构，如图 1-1 所示。

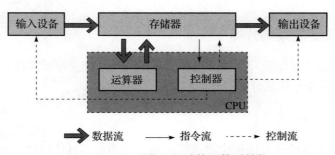

图 1-1　冯·诺依曼的计算机体系结构

冯·诺依曼体系的核心是将需要的程序和数据送入计算机中。计算机必须具备长期记忆程序、数据、中间结果和最终运算结果的能力。计算机能完成各种算术运算、逻辑运算和数据传送等加工处理工作，并能根据需要控制程序的执行路径，同时根据指令控制机器的各个部件协调工作，以便将处理结果按照要求输出给用户。

将指令和数据同时存放在存储器中是冯·诺依曼计算机方案的一个特点。在计算机体系结构中，软件架构可以分为逻辑架构、数据架构和物理拓扑架构。

1. 逻辑架构

逻辑架构是由软件（用户）需求驱动的，是基于对用户需求的考量形成的。软件的逻辑架构是对整个系统进行抽象分解，将系统划分为多个逻辑单元，每个逻辑单元都能实现自己的功能。

逻辑架构关注功能模块的职责划分和接口定义。其中，需要特别注意的是不同粒度的功能职责，如逻辑层、功能子系统、模块和关键类等。不同通用程度的功能需要进行分离，并分别封装到专门模块、通用模块或通用机制中。

2. 数据架构

数据架构是根据业务功能需求的数量来设计的，所有业务都是围绕数据展开的。数据是软件的核心，数据架构将逻辑架构中确定的功能映射到数据处理中。数据架构明确了支持业务所需的各种数据以及这些数据之间的关系。

3. 物理拓扑架构

物理拓扑架构指的是软件具体的部署和运行环境。它描述了软件运行所需的计算机、网络、硬件设施等情况，以及将软件部署到硬件资源的情况、运行期间的配置情况。换句话说，物理拓扑架构明确了程序在计算机系统上的映射方式，以及数据在计算机系统中的存储、读写和传输方式。它同时考虑了具体业务功能在逻辑架构中的分布和数据处理功能在数据架构中的分布。

1.2.2 流程决策上的架构分类

架构的本质就是对系统进行有序化重构，不断降低系统无序的程度，使系统不断进化。从这个角度看，软件架构可以分为开发架构、运行架构。

1. 开发架构

开发架构明确了软件开发流程中的重要决策。它涵盖了具体模块（如源代码、程序包、编译后的目标文件、第三方库和配置文件等）的组织方式。开发架构确保了软件开发期间的质量，包括代码的可扩展性、可重用性、可移植性、易理解性和易测试性等。

2. 运行架构

运行架构描述了软件的运行状态，如软件中的对象交互、用户与软件之间的交互、系统间通信等。运行架构还涵盖了软件的非功能性需求，如安全性、可靠性、可伸缩性等质量相关的需求，以及系统响应时间、吞吐量等性能相关的需求。

1.3　软件架构设计的原则与模式

与软件需要进行设计一样，软件架构也需要进行设计。软件架构设计是开发者对一个软件内部元素及其关系的主观映射，是一系列相关的抽象模式，用于指导大型软件各个方面的设计。在进行软件架构设计时，空间体系结构设计通常是核心，时间流程决策是关键。软件架构的设计通常遵循空间体系结构的设计原则，并与时间流程上的决策相结合。

1.3.1　软件架构设计的原则

面向对象的编程和软件设计模式通常会遵循 6 个原则，其中，前 5 个组合到一起就是我们常说的 SOLID 设计原则。这些原则也可以扩展到软件架构设计领域。

1. 单一职责原则

所谓单一职责原则（Single Responsibility Principle，SRP），是指对一个类、模块或子系统而言，应该仅有一个引起它变化的原因。在软件空间体系结构中，元素的划分需要保持职责的清晰，最好不要满足多种不同的需求，否则会导致耦合过强，不利于后期的扩展和维护。划分职责的困难在于缺乏一个标准，最终需要从实际需求出发去考虑。领域驱动的软件架构设计在很多情况下是一种行之有效的方法。

2. 开闭原则

软件空间体系结构中的类、函数、模块乃至子系统等元素应该对扩展开放，对修改封闭。也就是说，这些元素应该易于扩展，在需要根据需求变化时不需要去修改基础的逻辑代码。换句话说，一个软件实体应该通过扩展来实现变化，而不是通过修改已有的代码来实现改变，这是高内聚的另一种体现，这就是所谓的开闭原则（Open Close Principle，OCP）。

3. 里氏替换原则

在面向对象的编程设计中，里氏替换原则（Liskov Substitution Principle，LSP）指的是在基类出现的任何地方，其子类也可以出现，并且不会引发错误。换句话说，凡是基类适用的地方，子类一定也适用。在扩展的软件架构设计领域中，里氏替换指的是软件空间体系结构中类、函数、模块甚至子系统的可替代性。里氏替换原则是软件容错和灾备的指导原则，也是松耦合的一种体现。

4. 接口隔离原则

软件空间体系中的不同元素，一般通过接口实现交互。但是我们必须避免建立臃肿庞大的接口，尽量建立功能单一的接口。换句话说，接口应该尽可能细化，同时方法的数量应该尽量少。单一职责原则的重点在于职责的划分，通常根据业务逻辑进行划分；而接口隔离原则（Interface Segregation Principle，ISP）则要求尽量减少接口中的方法，不依赖不需要的接口，这样更便于进行重构、变更和重新部署。接口是对外的承诺，我们应该提高接口和类的处理能力，减少对外的交互。简而言之，单一职责原则的目的是松耦合，接口隔离原则的目的是高内聚。

5. 依赖倒置原则

依赖倒置原则（Dependence Inversion Principle，DIP）指的是高层次的软件空间体系结构元素不依赖于低层次的软件空间体系结构元素的实现细节，而是依赖于抽象，换句话说就是面向接口编程。在分布式软件中，通信方式和协议的实现是依赖倒置原则的具体体现。

6. 迪米特原则

迪米特原则（Least Knowledge Principle，LKP）又称最少知识原则，指的是软件空间体系结构中类、函数、模块乃至子系统等元素应该对其他元素了解最少，也就是说，一个软件实体对自己的依赖感知最少，只关心那些必需的接口。它是对接口隔离原则的有益补充，是松耦合的另一种体现。

总而言之，在面向空间体系结构的软件架构设计中，可通过上述设计原则来实现松耦合和高内聚。

1.3.2　软件架构设计的模式

有交互就代表会涉及时序，软件架构中的空间体系结构必然会与时间流程决策相结合，而且随着软件工程的不断发展产生了一系列架构模式。

1. 分层架构模式

分层架构模式是最常见的架构模式，也被称为 N 层架构模式。它是单一职责原则的宏观体现，强调分离。通过将组件划分到不同的层次，组件能够轻松实现各自的角色和职责。

每个层次中的组件仅负责该层次的逻辑，这样更容易进行开发、测试、管理和维护。分层隔离有助于降低整个软件的复杂性。某些功能并不需要经过每一层，因此需要根据开闭原则来简化实现。

2. 微内核架构模式

微内核架构模式也被称为插件架构模式，可用于实现基于产品的应用，如 Eclipse。在微内核的基础上添加插件，可以提供不同的产品。微内核架构主要包含两个组件——核心系统和插件模块。应用逻辑通过分成核心系统和插件模块对外提供可扩展、高灵活和特性隔离的功能。

实际上，许多架构模式都可以作为整个系统的插件。换句话说，微内核架构模式可以嵌入其他架构模式中，通过插件还可以提供演化和增量开发的功能。

3. 事件驱动架构模式

事件驱动架构模式是一种流行的分布式异步架构模式，用于创建可伸缩的软件。这种模式适用于各种规模的软件，并具有自适应性。它由高度解耦的、单一目的的事件处理组件组成，可以异步接收和处理事件。

一般来说，事件驱动架构模式主要包含 4 个组件：事件队列、调停者、事件通道和事件处理器。客户端创建事件并将其发送到事件队列，调停者接收事件并将其传递给事件通道，事件通道将事件传递给事件处理器，最终由事件处理器完成事件处理。调停者类似于集中调度中心。一种常见的事件驱动架构模式变体是使用分布式调度中心，将事件通道直接置于消息队列中。

4. 微服务架构模式

微服务架构模式是 SOLID 设计原则的集中体现，其核心概念是具备高可伸缩性、易于部署和交付的独立部署单元，包含业务逻辑和处理流程的服务组件。内部服务组件之间的通信方式有两种：基于 HTTP 的同步机制（REST API 和 RPC[⊖]）和基于消息队列的异步消息处理机制。

从空间上来说，服务组件可以是单一的模块或者一个大的软件，这两者都代表单一功能。

5. 云服务架构模式

云服务架构模式是 XaaS 的综合体，基于云的架构可以使应用规模对服务的影响最小

⊖ REST API 是一套开发标准或者说规范，不是框架；RPC 即远程过程调用协议。

化。云服务架构模式起源于分布式共享内存的想法，典型代表是无服务架构。

要打破规模化，就要移除中心数据库，使用可复制的内存网格。应用的数据保存在所有活动的处理单元的内存中。可以根据应用规模加入和移除处理单元。小型软件可以使用一个处理单元，大型软件可以分隔成多个处理单元。处理单元还包括数据网格。虚拟化中间件负责管理和通信，并处理数据的同步和请求。这就是云服务架构模式的工作原理。

各种架构模式都或多或少地体现了逻辑架构、数据架构、物理拓扑架构、开发架构和运行架构，所以说它们是软件架构时空视角的结合体。

1.4 软件架构的常用技术栈

如果缺乏良好的技术储备，那么就很难设计出良好的软件架构。而当前新技术层出不穷，若想涉足每个技术领域，则几乎是不可能的事情。怎么办？我们可以尝试从时空视角对软件架构中的常用技术栈进行分类。架构设计的常用技术栈如图 1-2 所示。

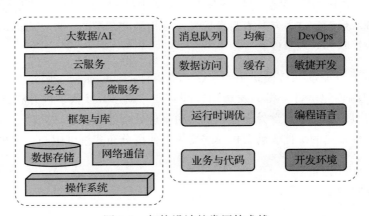

图 1-2 架构设计的常用技术栈

图 1-2 左侧所示的是空间维度的相关技术。

- **操作系统**：确定了软件架构的环境边界。
- **数据存储**：因为数据是软件的核心，所以我们必须了解文件系统、对象存储、关系型数据库以及 NoSQL 数据库等与数据存储相关的技术。
- **网络通信**：这是一个覆盖更广泛的概念，至少要掌握 7 层协议模型和一些主流的通信协议，如 DNS、TCP/IP、HTTP，以及不同网络协议对网络编程的影响。
- **框架与库**：与采用的编程语言密切相关，不同的语言有不同的框架与库，可选项众多，需要从面向领域和场景的角度进行选择。

- **安全**：这里就不展开介绍了。
- **微服务**：这是一种架构方法，这里仅将微服务架构作为典型代表进行介绍。服务的划分与业务紧密相关，服务独立后需要考虑服务的发现和服务间的通信，最后是服务治理。
- **云服务**：云服务的出现使得小团队也能完成大事情，这里的云服务指的是基础设施即服务（XaaS）。
- **大数据 /AI**：这必将成为工程师团队的重要战力，涉及专业知识、数学算法和计算环境。大数据的相关技术也是人工智能赋能软件的基础。

图 1-2 右侧所示的是时间维度的相关技术，主要包括运行架构（尤其是与性能相关的）的技术，以及决策流程所涉技术和方法（尤其是与研发效率相关的）。

- **开发环境**：工具对工作的重要性不言而喻，开发环境在工程效率中占据首要地位，也是开发架构中的重要组成部分。
- **编程语言**：不同的编程语言适用于不同的场景。一般来说，编程语言并没有优劣之分，不同的编程语言各有所长。
- **敏捷开发**：每个人都不是"单打独斗"的，掌握协同工具以及支持 CI/CD 的工具链或者平台，可以使团队更加敏捷并提高整体的研发效率。此外，敏捷开发并不是以牺牲软件质量为代价的。
- **DevOps**：开发架构中的一种组织方式。
- **业务与代码**：业务是软件提供的能力，代码是软件的实现载体，都是软件不可或缺的要素。
- **运行时调优**：在运行架构中，性能是诸多非功能性约束中的首要因素，直接影响用户的体验。首先，要从业务和代码层面确保性能，而单元测试是必要的条件。在运行时进行调优，或者说是单机性能优化时，通常从加载和依赖开始，包括代码优化和虚拟机优化，如 Java 语言的 VM 调优、Linux 内核参数调优。
- **数据访问**：数据库往往是整个系统的性能瓶颈，数据访问必须具备高可用性，选择和使用数据连接池是必备条件。
- **缓存**：该技术是降低负载、提高系统性能的必备技术，可以在客户端、网络侧和服务端 3 个环节应用缓存技术。
- **均衡**：指的是负载均衡，这同样是一种以空间换时间的技术。
- **消息队列**：可以通过消息队列来提升传输性能。

那么，为什么系统性能在诸多非功能性约束中排在第一位呢？下一章将对系统性能展开进一步讨论。

1.5　本章小结

软件架构是什么？不同的人或组织会给出不同的定义。不同观点只是在时空视角下侧重点不同而已。

时间和空间是密不可分的，"软件架构是规划、设计和构建软件及其组成结构的过程和最终成果"，这是一个时空统一的观点。同样，在时空视角下，软件架构可以分为多种类型。面向空间视角的软件架构包括逻辑架构、数据架构和物理架构，面向时间视角的软件架构包括运行架构和开发架构。

软件架构的设计遵循 SOLID 设计原则，目标是实现"高内聚，松耦合"的空间体系结构。软件架构中的空间体系结构与时间流程决策相结合，诞生了一系列架构模式，主要包括分层架构模式、微内核架构模式、事件驱动架构模式、微服务架构模式和云服务架构模式。

软件架构的设计需要软件技术和研发方法论的支持。本章介绍了软件架构设计中常用的技术栈，并提出了"系统性能是软件运行架构的关键"这一观点。

软件性能的时空观

在计算机领域，performance 被翻译为"性能"。但是在生活中，performance 一词包含了许多含义，例如，职场人的 performance 指的是绩效，而 performance review 则是每年都会进行的绩效考核。

如果在互联网上搜索一下，那么大多数与"性能"有关的热门文章都与计算机软件执行任务所需的时间有关。响应时间是任务执行的持续时间，以每个任务的时间为单位。例如，在百度上搜索"性能"，响应时间约为 200ms。在浏览器中可以通过某些方式查看这个结果，这就是网页搜索的性能证据。因此，对于计算机用户来说，性能通常被等同于软件执行某项任务所需的时间。

然而，当我们在个人笔记本计算机上编译 Android 操作系统源代码时，往往需要漫长的等待，有时可能会面临无法成功编译的尴尬。这通常被归咎于笔记本计算机的系统性能不足。这时的性能又与软件执行的环境密切相关。那么，什么是软件的性能呢？

本章先从宏观上介绍与软件性能相关的因素；然后从宏观和微观两个层面讨论软件性能的定义；接着从时间和空间的角度来探讨软件的性能指标，了解其描述方式和相关工具；最后通过性能测试和监控来感知并保障软件系统的性能。

2.1 软件性能的宏观多维模型

从宏观上讲，软件性能指的是软件在运行时完成某一功能的响应特性，以及在增加软件功能时保持这些响应特性的能力。

从控制论的角度看，软件一般包括 4 个要素：系统边界、内部结构、外部效应（输出）和连接输入。

- 系统边界：管理系统可以启用有用的入口（可扩展性）并拒绝有害的入口（安全性）。
- 内部结构：控制和维护系统以适应外部变化（灵活性）和内部变化（可靠性）。
- 外部效应：管理环境的直接变更，以最大化提高外部效果（功能性）降低内部工作量（可用性）。
- 连接输入：管理对环境的感知，以支持数据交换（联通性）和限制数据交换（隐私性）。

每个人都有自己的皮肤边界，内部有大脑、器官和循环系统等，还有骨骼和肌肉等的行动输出以及感觉输入。与之类似，计算机有物理外壳、主板结构、屏幕这样的输出效应器，以及键盘、鼠标这样的"接收器"；而软件则有内存边界、内部程序的结构以及专门的输入 / 输出模块或子系统。

每个元素在软件性能中都扮演着各自的角色，它们必须与环境成功地进行交互。如果成功交互，则可以最大化系统的受益机会，并使系统受损风险最小化，将 4 个一般要素与 2 个一般环境交互类型（机会行动和风险行动）相结合，就可以得出软件性能的 8 个一般性能目标，如图 2-1 所示。

软件性能的宏观多维模型也可以用图 2-1 所示的网络来表示，其中，一个点到中心的距离表示该维度的性能指标的高低程度。这个网络中呈现的区域由一个形状和目标之间的张力组成。形状描述了系统的性能，它会随着环境的变化而变化，例如，威胁环境可能需要更多的安全性。连接线表示目标之间的相互作用，也就是张力。可以将连接线想象成具有不同张力的橡皮筋，它们连接着性能的各个维度，因此，增加一个维度的性能指标可能会突然改变另一个维度的性能指标。

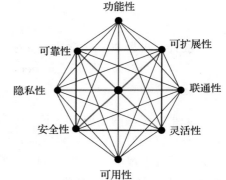

图 2-1　软件性能的宏观多维模型

2.1.1　系统边界

一个系统的边界决定了什么可以进入和离开，可以被设计用来抵御外部威胁（安全性）和接收外部数据的机会（可扩展性）。

可扩展性表示一个系统利用外部元素的能力（例如，软件可以拥有扩展插件）。程序可以使用第三方插件，这相当于一只开放的人工手使用工具。然而，要实现扩展性，必须有一个已知的链接形式，这就如同一辆汽车要通过拖车来延伸自己，它的拖钩必须与拖车的拖链相匹配。开放标准就具有这种优点，它代表了开放源码的价值。可扩展性是影响软件性能的关键因素。

安全性是软件性能的关键部分，是软件防止未经授权而进入、滥用或接管的能力。软件拥有登录账号和密码，就是一种常见的确保安全性的方法。安全硬件是密封且防篡改的，进入—拒绝原则适用于硬件和软件两种环境。病毒和黑客的威胁使边界防火墙和登录检查系统显得至关重要。安全缺陷是系统故障，也是性能故障。

2.1.2　内部结构

软件的内部结构可以用于管理内部变化（可靠性）或外部变化（灵活性）。

灵活性是指软件在新环境中工作的能力。就像履带协助车辆在复杂地形中工作一样，移动设备可以在复杂的网络区域接收信号。CSMA/CD 协议的性能优于更可靠但不灵活的轮询协议。灵活的关系型数据库取代了更有效但不灵活的数据模型。大多数现代软件都有一个参数设置模块（如 Windows 控制面板）来为硬件、软件或用户环境提供配置服务。灵活性是软件性能的另一个关键。

高可靠性意味着一个软件在内部发生变化（如部分故障）的情况下仍然能够正常运行。可靠的系统几乎总是可用的，无论多大的压力或负载，都能够生存，即便由于受到影响不能提供全量服务，也可以优雅地退化降级，而不是灾难性地崩溃。在软件中，与可靠性相关的指标主要有两个：平均故障间隔时间，表征的是随着时间的推移系统无故障运行的概率；快速恢复，常通过代码修复或状态回滚实现。可靠性是至关重要的软件性能。

2.1.3　外部效应

系统效应器可以改变外部环境（外部效应），设计系统效应器的目标是让效应（功能性）最大，让产生这种效应的成本（可用性）最小。

功能性是指系统直接作用于其环境以产生预期变化的能力。关注功能性需求可以生成功能性很强的软件。因为人们都有为获得新能力而升级软件的需求，因此功能性在软件性能中非常重要，甚至是系统存在的根本。

可用性是指软件以最小化成本提供对应功能的能力。在工作中使用更少的代码实现相同的功能往往意味着可用性更高，因为常规来说，精简指令集的可用性都会优于复杂指令集。轻量级软件在后台运行会更为良好，本质原因也是这个，因为它使用的 CPU 或内存资源更少。

2.1.4 连接输入

连接输入部分既可以支持信息交换（联通性），又可以限制信息交换（隐私性）。

联通性表征系统与其他系统通信的能力。有时我们会将行为与效应器联系起来，即让行为发生在以感觉为引导的反馈回路中。有时我们会将信息和受体联系起来，因为只有经过受体处理的信息才有意义，即使是交流行为，也需要效应器的参与。信息交流的最终结果来自受体以及随后产生的加工行为。对于现代软件来说，联通性几乎是必需的。

隐私性表征软件控制自身信息发布的能力。隐私性有时用保密性来代替，保密性是工程师从软件的角度给出的名称，而隐私性则是从用户的角度给出的名称。在技术环境中，隐私性是软件性能的关键组成部分。

2.1.5 本节小结

软件性能的多维模型在概念上是模块化的，彼此并不重叠。理论上，任何维度上的性能都可以与其他维度相结合。在设计实践中，软件必须满足所有需求，其中各维度之间可能没有必然的关系。

虽然性能可以被认为是绝对的，但软件性能的多维模型将性能视为相对于环境的性能，因此性能没有一个"完美"的形式。在图 2-1 所示的 8 个指标中，4 个是成功指标——功能性、灵活性、可扩展性和联通性，4 个是避免失败的指标——安全性、可靠性、隐私性和可用性。

我们要知道，环境可能会发生变化，无论是机会还是风险，都会为环境带来影响。机会行动可以给对应的软件带来好处，风险行动可能损害软件，所以机会行动和风险行动都可能为环境带来影响，迅速改变收益和损失关系。

因为环境可以变化，所以环境类型多样。如果性能有一个形状和一个区域，那么就可以用不同的形状去适合不同的环境。软件性能的多维模型通过为性能的各个维度分配权重，帮助开发人员确定适合环境的性能形状。

软件性能的多维模型给了我们宏观上的理论方向。在系统层面和更小的粒度上，它还可以提供更多实际指导。

2.2 软件性能的一般含义

性能是软件的一种非功能特性，可以定义为"**软件与其环境交互以获得价值和避免损失的程度**"。它不仅关注软件是否能够完成特定的功能，还关注软件在完成该功能时展示出来的时空属性。换句话说，性能就是在空间资源和时间资源有限的条件下，表征软件是否能够正常工作的指标。软件的性能是建立在软件所实现的功能基础之上的，软件的功能关注的是软件做了什么，软件的性能关注的是软件做得如何。因此，性能是对综合资源和速度的考量，对"空间"和"时间"都具有高敏感度。

狭义上，软件性能指的是在尽可能少地占用系统资源的前提下，尽可能提高运行速度；广义上，软件性能指的是软件的质量属性，包括正确性、可靠性、易用性、安全性、可扩展性、兼容性和可移植性等。软件的性能是对整个软件的整体考量，既包括所有的硬件组件和整个软件栈，也包括所有数据在流动路径上和软硬件上所发生的事情。软件性能取决于各种资源的平衡，这类似于木桶理论，某种资源的耗尽会严重阻碍软件的性能。

软件的性能可以通过客观指标与主观感受来描述和评价。从客观的角度来看，可以用性能指标来描述软件的性能。而从主观的角度来看，由于软件的性能是由人来感受的，不同的人对于同样的软件可能会有不同的主观感受，这与软件的用户体验相关。

ISO 9241-210：2019 中这样描述用户体验：人们对使用或期望使用的产品、系统或者服务的认知、印象和回应。用户体验是主观的，所以会更注重实际应用效果。ISO 在定义的补充说明中有如下解释：用户体验是指用户在使用一个产品或系统之前、使用期间和使用之后的全部感受，包括情感、信仰、喜好、认知印象、生理和心理反应、行为、成就等各个方面。因此，许多因素都可以影响用户体验，这些因素被分为三大类：使用者的状态、系统性能及环境。其中，系统性能被认为是软件产品自身影响用户体验的关键因素。不同的人关注软件性能的视角也不同。对使用软件的用户而言，更关注及时性；对软件服务或软件产品提供者而言，既关注时间因素，又关注空间使用率，是多种因素的权衡。

因此，软件的性能是指软件在运行过程中表现出来的时间效率、空间效率与用户需求之间的吻合程度。如果时间效率、空间效率与用户的心理期待一致，或者能够达到用户的具体要求，那么用户就会认为这款软件的性能符合要求；反之，用户会认为这款软件的性能有问题，或者难以接受。

2.3　软件性能的时空视角

从时空的视角来看，性能是指在完成某项任务时所展示出来的及时性和空间资源的有效性。

性能指标是衡量性能的尺度。从时间的维度来看，性能指标包括响应时间、延时时间等；从空间的维度来看，性能指标包括吞吐量、并发用户数和资源利用率等，此外，还有故障响应时间指标。故障响应时间是指软件从出现故障到确认修复前的时间，该指标通常用于反映服务水平。显然，平均故障响应时间越短，故障对用户系统的影响越小。

2.3.1 系统性能的时间指标

响应时间指系统对用户请求做出响应的时间，与人对软件性能的主观感受一致。它完整地记录了软件处理请求的时间。由于一款软件通常会提供许多功能，不同功能的处理逻辑也千差万别，因此不同功能的响应时间也不尽相同，甚至同一功能在不同环境（如输入的数据不同）下的响应时间也不相同。因此，响应时间通常是指该软件所有功能的平均响应时间或者所有功能中的最大响应时间。当然，有时候也需要针对每个或每组功能讨论其平均响应时间和最大响应时间。

软件的响应时间是我们所关注的关键性能指标，而影响响应时间的主要因素涉及各种各样的延时，下面介绍两种延时的抽象模型。

1. 排队延时

负载和响应时间之间的数学关系是众所周知的。一个称为 M/M/m 的排队模型将响应时间与满足一组特定需求的系统负载联系了起来。M/M/m 有一个假设，即系统具有"理论上的完美可伸缩性"。尽管这个假设有些过分，但 M/M/m 在性能方面还是有很多值得我们学习的地方。在低负载时，响应时间基本上与空负载时的响应时间相同。随着负载的增加，响应时间会逐渐缩短。这种逐渐的退化并没有造成太大的危害，但是随着负载持续上升，响应时间开始以一种不再轻微的渐变方式退化。这种退化令人不爽，而且是呈现双曲线趋势的。

在 M/M/m 中，响应时间（r）由两个部分组成：服务时间（s）和排队延时（q）。服务时间是任务消耗给定资源的时间，以每个任务执行的时间为单位。排队延时是指任务排队等待使用给定资源的时间。排队延时也可以用每个任务执行的时间来度量，此时指给定任务的响应时间与卸载系统上同一任务的响应时间之间的差异（不要忘记"理论上完美可伸缩性"的假设）。

2. 相干延时

相干延时是由于任务的有序性执行造成的时间延迟，无法使用 M/M/m 排队模型。这是因为 M/M/m 假设所有 m 个服务通道都是并行、同构且独立的，这意味着 M/M/m 假设当某用户在先进先出队列中等待足够长的时间，并且前面排队的所有请求都已经退出服务队列后，才会轮到该用户接收服务。然而，相干延时并不遵循这种工作方式。

假设有一个 HTML 数据输入表单，其中，Update（更新）按钮用于执行 SQL Update 语句，Save（保存）按钮用于执行 SQL commit（提交）语句，用这种方式构建的软件几乎可以直接看到性能的糟糕程度。这对于希望更新同一行数据的其他任务来说，带来的影响可能是毁灭性的。每个任务都必须等待该行的锁定（在某些系统上，可能是更糟糕的页锁定），直到锁定用户决定继续下面的工作并单击 Save 按钮，或者直到数据库管理员终止用户的会话。

在这种情况下，任务等待释放锁的时间与系统的繁忙程度无关，而是取决于系统各种资源利用以外的随机因素。这就是为什么永远不能假设在单元测试环境中执行的性能测试能够决定是否将新代码插入生产系统。

2.3.2　软件性能的空间指标

软件性能的空间指标包括吞吐量、系统所支持的用户总数、并发用户数和资源利用率等。吞吐量是指系统在单位时间内处理请求的数量。对于无并发功能的软件而言，吞吐量与响应时间呈严格的反比关系，实际上，此时的吞吐量就是响应时间的倒数。无并发的软件都是单机应用的。对于互联网或者移动互联网上的产品而言，并发用户数是指系统可以同时承载的正常使用软件功能的用户数量。与吞吐量相比，并发用户数是一个更直观但也更笼统的性能指标。资源利用率反映的是在一段时间内资源平均被占用的情况，一个主要的度量指标就是负载，另一个是数据倾斜。

1. 负载

许多人不明白，为什么让一个程序变得更有效率会给系统中的其他程序带来性能改进，而这些程序与正在修复的程序没有明显的关系。其实，这是由于负载对系统的影响。

负载是指由并发任务执行引起的资源竞争，这就是性能测试难以捕捉到生产后期出现的所有性能问题的原因。负载的一个度量指标是利用率。

利用率 ＝ 使用的资源 / 指定时间间隔内的资源容量

随着资源利用率的提高，用户从该资源请求服务时的响应时间也会增加。这就如同交通非常拥挤时，必然会导致等红绿灯的时间变长。

软件运行环境中的 CPU 在每个时钟周期内都有固定的指令数量，这就会让软件总是以同样的速度运行，但是响应时间肯定会随着系统资源使用的增加而受到影响。在分布式系统中，数据在不同空间的存储位置同样会对软件的性能产生影响。

2. 数据倾斜

假设有 x 个数据库调用，调用操作占用了 y 秒的响应时间。如果能消除一半的调用量，那么能消除多少不必要的响应时间呢？答案往往出人意料，几乎从来不是"一半的响应时间"，能消除的响应时间取决于我们可以消除的单个调用的响应时间。不能假设每个调用平均的持续时间为 y/x 秒，因为语句没有告诉我们调用的持续时间是一致的。

数据倾斜用于表征具体调用中的不一致性。因为存在数据出现倾斜的可能性，所以无法对软件的响应时间提供准确预估。在不了解任何有关数据倾斜信息的情况下，可以提供的答案可能是"响应时间在 $0 \sim y$ 秒之间"。但是，假设有具体的附加信息，就可以对最佳情况和最差情况进行估算。在数据库应用中，读写分离也只是大粒度分隔数据倾斜的一种方式。

2.3.3 系统性能指标的时空关联

由于时空的内在联系，系统性能的时空指标往往具有较强的相关性。以吞吐量和响应时间这两个重要的指标为例，吞吐量和响应时间通常相互关联，但并不完全相同，真正的关系是微妙而复杂的。

1. 并发通信中的吞吐量与响应时间

假设某个基准测试以每秒 1000 个任务的速度测量了吞吐量，那么用户的平均响应时间是多少呢？人们很容易认为每个任务的平均响应时间是 0.001s，但事实并非如此。如果处理这个吞吐量的系统有 1000 个并行、独立且同质的服务通道，那么每个请求可能正好消耗 1s。

现在我们知道每个任务的平均响应时间在 $0 \sim 1s$ 之间。然而，不能仅从吞吐量测量中推导出响应时间，必须单独测量它。当然，有些数学模型可以计算给定吞吐量下的响应时间，但是模型需要更多的输入，而不仅是吞吐量。

2. 计算环境中的吞吐量与响应时间

计算环境展示了吞吐量和响应时间之间的微妙关系。如果需要在单个 CPU 的计算机上编程以实现每秒 100 个新任务的吞吐量，假设编写的新任务在计算机系统上的执行仅需 0.001s，那么是否能够达到所需的吞吐量？如果能够在 0.001s 内运行一次任务，那么肯定可以在 1s 内至少运行 100 次。例如，如果任务请求被很好地序列化，就可以在一个循环中依次处理这 100 个任务。

然而，如果每秒 100 个任务随机出现在系统上，即 100 个不同的用户登录到单个 CPU 计算机上，那么会发生什么呢？CPU 调度器和序列化资源可能会将吞吐量限制在远低于每秒 100 个任务的范围内，因此不能仅凭对响应时间的度量来推导出吞吐量，还需要进行单独的测量。

响应时间和吞吐量并不一定相反。要了解这两者之间的关系，需要同时测量它们。哪一个更重要呢？对于给定的情况，可以从两个方向上合理地寻找答案。在许多情况下，两者都需要管理的核心性能指标。例如，系统可能有一个业务需求，要求在 99% 以上的系统响应，给定任务的响应时间必须小于 1s，同时系统必须支持在 1s 的间隔内持续执行 1000 个任务。

2.3.4 常见的软件性能指标

软件的时空架构决定了软件性能的时空约束。而软件时空属性自身的复杂性与多样性也导致了软件性能指标的丰富性。不同的业务系统、子系统乃至功能模型之间都存在着共同

的性能指标，如延时、资源利用率等。同时也存在着各自的差异性指标，如前端系统的最大
绘制内容（LCP）、累积布局偏移（CLS）等。常见的部分性能指标及其介绍如表 2-1 所示。

表 2-1　常见的部分性能指标及其介绍

指标名称	简述	时空属性	应用场景
平均响应时间	系统响应时间的平均值	时间	通用关键指标
最长响应时间	系统响应的最长时间	时间	通用偏差估算指标
系统吞吐量	单位时间内的用户请求数	空间	容量规划
网络吞吐量	一定时间内通过网络传输的数据量	空间	网络基础设施指标
用户数	系统所支持的用户总数	空间	容量规划
并发用户数	单位时间内发起请求的用户数	空间	容量规划
CPU 负载	单位时间内的系统 CPU 资源占比	空间	饱和度指标
TPS	每秒处理的事务数	时空	关键业务指标
QPS	每秒查询的处理数	时空	通用容量指标
资源使用率	内存、文件系统、磁盘 I/O、网络 I/O 等资源使用占比	空间	操作系统指标
最大内容绘制	最大的元素绘制时间	时间	前端系统
首次输入延时	用户首次与页面交互时响应的延时	时间	前端系统
累积布局偏移	页面上非预期的位移波动	空间	前端系统
索引效率	一个数据表中某个字段值的重复程度	空间	数据库系统
缓存命中率	从缓存中读取的次数与总数据读取次数的百分比	空间	缓存系统
消息丢失率	丢失消息的占比	空间	消息队列系统

表 2-1 中涉及的性能指标是一些关键指标，寻找各种软件性能指标的完备集是非常困难
的。根据软件业务需求的多样性，会产生许多复合指标。有些性能指标可以直接度量，而有
些则只能通过度量指标以间接计算的方式得到。很多时候，大家也把度量指标当作性能指标
进行讨论。

2.4　软件性能的描述方式与工具

"在 99% 以上的系统响应"是对响应时间的期望限定，有些人更倾向于使用"平均响应
时间必须是 × 秒"来描述响应时间。想象一下，对每天在计算机上执行的某项任务来说，
我们可能容忍的响应时间是 1s。假设，a 系统 90% 的平均响应时间是 1s，b 系统 60% 的平
均响应时间是 1s，那么对于 a 系统，会有 10% 的用户不满意，而对于 b 系统，会有 40% 的
用户不满意吗？如果在 a 系统中，90% 的响应时间是 0.91s；在 b 系统中，90% 的响应时间
是 1.07s，那么仅说 1.00s 的平均响应时间可能更有意义。

在统计学中，我们尝试用两个可能的数值来描述世界，一个是均值，另一个是方差。
客户感受到的可能是方差，而不是均值。将响应时间表示为百分数，可以产生与最终用户期
望相符的性能描述，并且令人信服。例如，"动态库加载"任务必须在至少 99.99% 的执行

中在 0.5s 以内完成。

一切抽象都可以归结为数学，一切结果都可以归结为概率。所以，我们可以用概率来描述软件的性能，例如，"在许多情况下，系统的响应时间不超过 2s，然而至少有 95% 的关键任务响应时间在 1s 以内"，这才是我们应该追求的性能描述方式。

2.4.1　软件性能的时间描述——时序图

时序图是 UML 指定的一种图形，用于按照交互发生的顺序显示对象之间的交互。在可视化响应时间方面，时序图是一个非常有用的工具。

在时序图中，每个进入的"请求"箭头和相应的"响应"箭头之间的距离与服务请求所花费的时间成正比。这样的时序图可以表示组件如何花费时间。

时序图不仅可以帮助人们概念化给定系统中的响应时间是如何被消耗的，还可以很好地显示同步处理线程是如何并行工作的。

除了分析业务外，时序图还可以分析性能，但需要系统性思考性能，还需要其他内容。假设修复任务的响应时间为 2048s，在这段时间内，运行该任务将导致软件服务器执行 320 000 个数据库调用。在软件和数据库层之间有太多的请求和响应，以至于看不到任何细节。也就是说，在一个很长的滚动条上打印时序图并不是一个好的解决方案。

时序图可以概念化控制流和相应的时间流，可以作为时间上的"利刃"，那么有空间上的"利刃"吗？

2.4.2　软件性能的空间描述——组件描述直方图

直方图一般可以确切地显示慢速任务在哪里消耗了时间。例如，可以推导出概要描述中标识的每个函数，以及函数调用响应时间所占的百分比，还可以推导出任务期间调用每种类型函数的平均响应时间。简单描述是响应时间的表格分解，通常按组件响应时间贡献降序列出。

如果可以深入聚合为单个调用的持续时间的维度，就可以知道有多少调用对应于某个函数的其他调用，并且可以知道每个调用消耗了多少响应时间。针对"这个任务应该运行多长时间"的问题，可以使用组件描述的直方图给出答案。

2.5　软件的性能测试与监控

没有任何模型是完美的，因此性能测试是不可或缺的。在模型计算和性能测试中，很可能预见实际生产中会遇到的问题。除了进行性能测试外，还需要对线上系统进行监控，以感知软件的性能拐点，并通过容量规划以及其他技术手段对系统进行性能优化。

2.5.1 性能测试

如何对一个新软件进行足够的测试，以确保不会因为性能问题而破坏生产环境？有些人认为性能测试是徒劳的，因此完全有理由不进行性能测试。千万不要有这种心态，因为只要在生产环境上线之前进行测试，就有很大可能发现许多问题。一旦抱有尝试甚至抵触的情绪，测试就可能变得敷衍。

在性能测试中，虽然永远不可能发现所有问题，但这正是需要一个可靠而高效的方法来解决上线前测试过程中遗漏问题的原因。不要跳过性能测试。至少，在解决上线操作过程中不可避免地出现的性能问题时，性能测试计划会使我们成为更有能力的问题诊断专家和更清晰的思考者。

回归到对吞吐量和响应时间的测量。吞吐量通常容易测量，而测量响应时间要困难得多。用秒表计算终端用户操作所需的时间可能并不困难，但要获得真正需要的数据可能非常困难，这就是要深入研究响应时间细节的原因。不幸的是，人们更倾向于测量容易测量的东西，而不一定是他们应该测量的东西。在评估真实系统的细节时，需要充分考虑系统允许获得的测量数据的质量。

2.5.2 监控性能拐点

再次回归到有关性能的两个非常重要的指标——最佳响应时间和最佳吞吐量，这两个目标是矛盾的。优化第一个目标需要最小化系统的负载，而优化第二个目标则需要最大化系统负载。在两者之间找到一个负载级别，得到的平衡点就是系统的最佳状态。这个最佳平衡点是资源利用的性能拐点。在拐点处，吞吐量是最大化的，对响应时间的负面影响最小化。在数学上，拐点是响应时间除以利用率的值达到最小的点。拐点的最佳位置是通过原点的一条直线相切于响应时间曲线的点。

为什么拐点如此重要？对于具有随机服务请求的系统来说，允许持续资源负载超过拐点负载，会导致响应时间和吞吐量在负载微小变化时剧烈波动。因此，对于随机请求到达的系统，管理负载以使其不超过拐点负载是至关重要的。即使系统可以完美地伸缩，一旦平均负载超过拐点负载，就会遇到大量的性能问题。而且，实际系统性能往往达不到模型中假设的性能。因此，性能拐点的利用率更具约束性。

总而言之，系统中的每个资源都有一个拐点。在一个随机请求的系统中，如果任何资源的持续利用率超过拐点值，就会遇到性能问题。因此，负载管理至关重要，管理的目标是确保资源利用率不超过系统的拐点。

2.5.3 容量规划

有些系统可能没有完全确定的作业计划。如果访问者可以完全确定进入系统，这意味着可以准确地知道下一个服务请求什么时候到达，那么就可以提前规划，让系统临时超过阈值利用资源，而这可能不会造成性能问题。在一个确定到达的系统上，负载管理的目标是达到 100% 的资源利用率，而不是让如此多的工作负载排队等待。

容量规划是一项复杂的技术，其目标约束有以下几点：在高峰时间内，对于给定资源的目标容量，可以顺畅地完成任务而不超过拐点。

如果利用率低于拐点，那么系统性能大致呈线性。如果系统中的任何资源超过了它们的拐点，就会出现性能问题。当出现性能问题时，不需要花时间进行数学建模，而应通过重新安排负载、减少负载或增加容量来尽快修复这些问题。

拐点在随机访问的系统中非常重要，因为它们倾向于聚集并导致短暂的利用率峰值。这些峰值需要足够的空闲容量来处理，这样用户就不必忍受每次峰值发生时明显的队列延迟（这会导致明显的响应时间波动）。

对于给定的资源，只要持续时间不超过几秒，暂时超过拐点的利用率都是可以接受的。那么，具体多少秒算是太长呢？如果无法满足基于百分比的响应时间承诺或吞吐量承诺，那么峰值持续时间就太长了。根据经验，应至少确保峰值持续时间不超过 8s。

2.6 本章小结

如果可能，我们希望将性能视为软件应用的一个功能，就像在 Bug（缺陷）跟踪系统中展示的那样。然而，类似于许多其他的软件特性，在编写、学习、设计和创建软件时，我们无法确切地知道软件性能如何。对于许多软件来说，直到进入生产阶段，性能仍然是完全未知的。既然我们不知道软件在生产环境中的性能如何，那么在编写程序时，就应该考虑怎么做才能轻松地修复性能问题。编写在生产环境中容易修复的软件，通常是以在生产环境中容易测量的软件为起点的。

在谈到生产环境性能度量时，人们通常会担心性能度量的影响。具有额外代码路径来进行计时的软件会比没有额外代码路径的软件运行速度慢吗？过早优化是一切罪恶的根源吗？将性能度量整合到产品中更有可能创建一个可快速运行的软件，更重要的是更可能打造一个随着时间推移运行变得更快的软件。

性能就像任何其他特性一样，不会自然而然地发生，而是需要经过设计和构建。要做好性能，必须考虑它，研究它，为它编写额外的代码，测试它，并最终获得它。

第 3 章　*Chapter 3*

软件性能优化体系

在巴斯、克莱门茨和凯兹曼合著的《软件架构实践》一书中，性能被定义为软件满足其时间需求的能力。它涉及面对特定类型需求时对系统资源的管理，以实现可接受的时间行为。第 2 章介绍了软件性能体现在运行过程中的时间效率、空间效率与用户需求之间的匹配程度。那么如何进行性能优化呢？

由《软件架构实践》一书可知，性能优化策略可以分解为与控制资源需求相关的因素和与管理资源供应相关的因素。本章除了会对软件性能优化策略进行深度解读外，还将介绍针对性能优化的"点""线""面"级别的思考，并介绍性能优化的 PDCA 循环以及性能优化与 CAP 理论的关系。

3.1　软件性能优化策略

《软件架构实践》一书介绍了多种性能优化策略，本节选择常见的策略进行介绍和扩展，并结合案例和场景介绍不同策略的选择方法。

可以把性能优化过程简化为 3 个部分——事件请求到达、业务处理和性能优化处理、在时间限制内返回响应，如图 3-1 所示。

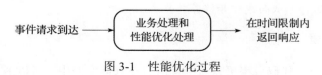

图 3-1　性能优化过程

事件请求可以看作一系列资源需求申请。例如，在大促销期间，10 000 个用户都想"秒杀"一款手机。然而，在具体的时间点，比如 20:00，手机只有 3 台，不可能让 10 000 个用户都抢到，也没有必要让 10 000 个用户"抢手机"的请求都经历完整的 IT 系统处理过程。通过某种算法放入 200 个用户后，可以直接返回失败页面给其他用户。这样做相当于控制了资源需求，减少了资源的争用，提升了性能。我们将这类策略称为控制资源需求相关因素的策略。在这种场景下，通常还有另一类策略，即管理资源相关因素的策略。例如，有 10 000 个请求要访问活动红包。之前，活动红包的领取服务由 2 台服务器提供，现在请求激增并超出了服务器的处理上限。如果此时将服务器扩展到 20 台，那么每台服务器只需处理 500 个活动红包访问服务，这也能提升性能。

3.1.1 控制资源需求相关因素

控制资源需求相关因素的策略包括按优先级处理需求、减少开销、提高资源效率和限制时间响应（限流）。

1. 按优先级处理需求

按照优先级处理需求在许多场景中都有实际应用，其中一个典型场景就是消息通知系统。根据业务的特点，可以将消息分为必须送达的消息和允许丢失的消息；根据到达的时间容忍度，可以将消息分为高优先级消息、中优先级消息和低优先级消息。高优先级消息可以利用更多的机器或者更高配置的硬件来处理，以确保其会被优先处理。

2. 减少开销

按照领域拆分服务已经成为行业共识。然而，在具体实施过程中，将一些较小的服务分组为较大的服务可以提高性能。这是因为使用大量较小的服务进行可修改性设计，可能会遇到性能问题。服务实例之间的调用会带来开销，并且可能在总体执行时间方面产生较大的开销。

下面看一个典型案例。

在支付平台上，用户付款时需要进行安全风险识别，包括付款前和付款后。几年前，在进行大型营销活动时，支付并发量很高（每秒数十万次），而安全服务会拖慢响应时间并降低并发能力。那时采取的措施是在极端情况下降低支付前的安全服务。后来，安全服务的容量提升了，业务团队做出了不降级的决策。然而，安全平台内部有 3 个串接的微服务，微服务之间仍存在网络调用的开销。后来采取的策略是将平台内部的 3 个微服务组合在一起，以本地调用的方式运行，从而减少开销并提升性能。

3. 提高资源效率

提高关键服务中的代码效率可以减少延时。在具体实践中，可以通过代码评审和编写测试用例来实现这一目标。常见的技巧包括在数据库更新操作中进行批量更新，以及在内存计算中采用效率更高的算法等。

4. 限制时间响应（限流）

当业务事件过快到达系统而无法被处理时，除了让事件排队等待处理外，还有一种应对策略，即直接丢弃它们，以保护正常容量范围内的服务提供。断路器开关就是一种常见的限流策略实践。

3.1.2　管理资源相关因素

管理资源相关因素的策略，出发点不是控制资源请求，而是在处理能力上做文章。管理资源相关因素的策略分为 3 类，即增加资源、增加并发和使用缓存，如图 3-2 所示。

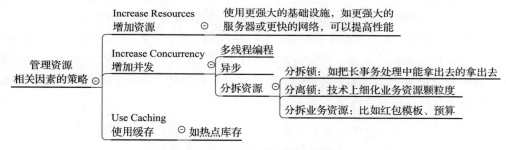

图 3-2　管理资源相关因素的策略

1. 增加资源

增加资源，顾名思义，就是利用更强大的基础设施，例如更强大的服务器或更快的网络，来提升性能。例如，在节点之间进行数据复制时，网络带宽和物理距离是制约因素，这时就可以在这两方面进行设备扩展。

2. 增加并发

并发是指系统在同一时间段内同时执行多个计算程序的能力。衡量并发能力的一个重要指标是单位时间内的吞吐量，而响应时间是衡量软件性能的重要指标。关于响应时间和吞吐量的关系，我们在 2.3.3 节介绍过，这里不再重复。

要增加并发能力并满足响应时间基线（如 300ms），常见的做法有以下几种。

1）**采用并行处理的方式**。并发之所以会出现，是因为存在共享资源。例如，在单线程情况下处理过期积分，任务只能一个一个地串行处理。而使用多线程可以同时处理多个任务。由于积分业务任务之间没有关联，特别适合多线程并行处理，因此增加并发量，通过多线程的方式处理是首选。当然，线程数并非越多越好，具体数量取决于 CPU 核心数、机器整体配置以及任务处理本身的资源消耗，可以通过性能压测来确定适当的线程数。

2）**将同步调用转换为异步调用**。典型的异步通信指将 RPC 调用转换为向消息服务器发送消息。RPC 同步调用需要等待下游系统处理返回结果，而采取消息传递的方式则可以让消息成功到达消息服务器，不用等待返回过程。

3）**分拆资源**。资源的分拆包括代码粒度的分拆锁、分离锁及分拆业务资源。

- **分拆锁**：涉及多个共享资源，如查询营销账户余额、扣减营销账户余额、增加个人用户账户余额 3 个操作。粗粒度锁对 3 个操作整体进行加锁，但为了提高并发能力，可以将这些锁请求分散到更多的锁上，从而有效降低锁竞争程度。这样，等待被阻塞的线程会更少，从而提高可伸缩性。
- **分离锁**：在某些情况下，可以对锁定的资源进行技术上的拆分。例如，Concurrency HashMap 使用包含 16 个锁的数组实现。这样，当资源请求进来时，只有 1/16 的概率会访问到同一个数组，并在该粒度上进行加锁，从而大大提高整体并发性能。
- **分拆业务资源**：在 Facebook 的系统中有一种方法，通过使用多个 key_index（key:xxx#N）来获取热点 key 的数据。这种方法本质上是将 key 分散，对于对一致性要求不高但需要高并发读取的情况非常有效。另一个非常典型的应用场景是分拆红包模板。下面简单介绍这个业务流程。

用户参与平台的抢红包过程包括以下几个步骤：

①后台配置红包模板，设置金额上限（如 1000 万元）以及其他参数，比如单个用户可以领取的次数等。

②用户在页面上抢红包，系统生成符合模板规则的固定或随机金额。

③扣减红包总余额。

④将相应金额的红包发放给用户，生成用户的红包记录。可以看出，红包模板是一个热点数据，每次抢红包都需要扣减红包总余额。

在上述 4 个步骤中，瓶颈在第 3 个步骤。解决这个问题有多种方法，但最直接和简单的方法就是对红包模板进行分拆。例如，对于总金额为 1000 万元的活动，可以按照 100 万的模板进行配置，这样并发能力相当于提升了 10 倍。

3. 使用缓存

使用缓存的最大作用是提升性能。有一句话说得很好："缓存为王"。如何通过缓存来提升性能？第 10 章会单独介绍，这里不再展开。若想更深入地了解缓存，可以查阅于君泽等编写的《深入分布式缓存：从原理到实践》一书。

3.2 基于"点"的性能优化

当需要进行软件性能优化时，可以从 4 个方面入手——点、线、面、体。"点"指的是代码中的单条语句或单个函数，可以通过代码级别的优化来提升性能；"线"指的是代码中的执行路径，可以通过算法和数据结构的优化来提升性能；"面"指的是代码中的整个模块或子系统，可以通过系统级别的优化来提升性能；"体"则指的是整个系统，可以通过硬件和架构的优化来提升性能。因此，进行性能优化时，需要根据具体的性能瓶颈选择相应的优化方案，并从点、线、面、体 4 个方面入手。

我们先来看一个点优化的场景。

在一个电商网站上，有一个商品详情页，该页面包含了多张图片和文字介绍，加载速度较慢，影响用户体验。

分析思路：

1）需要确定具体是哪些图片和文字介绍的加载速度较慢，可以通过浏览器开发者工具的性能分析功能进行查看。

2）需要确定加载速度较慢的原因，比如网络延时、服务器响应速度慢或者图片过大等。

3）需要有针对性地优化加载速度较慢的元素，例如，使用压缩图片、使用 CDN 加速、使用懒加载等方法来提升页面加载速度。

解决方案：

1）通过 Chrome 浏览器的开发者工具查看页面加载速度，确定加载速度较慢的元素。

2）使用图片压缩工具对图片进行压缩，减小图片的大小。

3）使用 CDN 加速服务将静态资源分发到全球多个节点，提升用户访问速度。

4）对于文字介绍，可以使用懒加载的方式，在用户滚动到该部分时再进行加载，减少页面初始加载数据。

看完这个案例后，我们再来看一个持续优化的案例。

在营销活动中发放红包，需要控制预算。如果发生超发情况，那么资金损失将由出资方承担。

原始代码逻辑如下：

1）开始事务。

2）加锁，按输入参数锁定对应的预算记录（判断余额是否足够）。

3）扣减余额。

4）插入用户领红包记录单据。

5）分支 1：提交，结束事务。

6）分支 2：回滚，结束事务。

优化思路是缩短加锁时间。

1）开始事务。

2）插入用户领红包记录单据并扣减余额（这一条无记录并发）。

3）如果预算余额够用，则扣减指定预算记录余额（减少 SQL 语句，同时使用了乐观锁）。

4）分支1：提交，结束事务。

5）分支2：回滚，结束事务。

经过上面的改造，对于单记录的预算并发，由 50TPS 提升到了 800TPS，但是我们的目标是达到 3000TPS。于是，还需要继续对这个案例进行优化。

3.3 基于"线"的性能优化

从点到线，我们延续上小节中的案例。对于已经完成的优化操作，用一张图来总结，如图 3-3 所示。

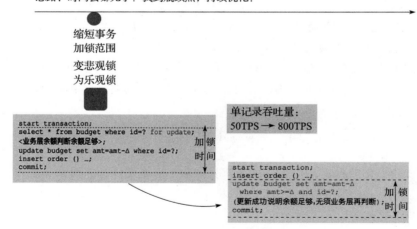

图 3-3　已经完成的优化操作

当前的业务场景是"用户领取红包"，要解决的问题是"提升 TPS"，解决思路是"寻找处理的瓶颈，持续优化"。

在 3.2 节中，我们提到了第一个优化点，即缩短数据库访问的加锁时间，以提升 TPS。在具体的优化过程中，我们将悲观锁模式优化为乐观锁模式，通过使用"select * from table for update"语句，将性能从 50TPS 提升到 800TPS。然而，我们的目标是达到 3000TPS，因此需要持续进行优化。这种持续优化的方法是性能优化的延伸，从优化一个点到优化整体。

我们进一步发现了耗费时间的操作，即数据库服务器端的处理，示意图如图 3-4 所示。

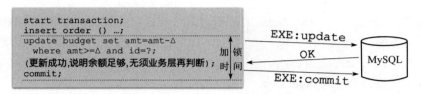

图 3-4　数据库服务器端的处理示意图

执行 update 语句后，MySQL 服务器返回 OK，然后客户端发送 commit 指令，MySQL 服务器执行提交操作。当 update 语句执行完毕后，MySQL 服务器根据具体响应立即进行提交或回滚操作，行锁可立即释放，从而解决了上述问题。基于这个想法，DBA 开发了 commit_on_success&rollback_on_fail 的 MySQL 补丁。

测试结果显示，性能从 800TPS 提升到了 4000TPS。按理说，提升到 4000TPS 已经满足了要求。如果需要继续优化，那么基于线的性能优化模式还可以继续扩展。一个典型的做法是将预算记录进行分割。并发写入可以理解为数据库单记录的最大并发点，需要进行锁定和排队。如果将一个预算记录分割为 100 条，那么并发可能性岂不是降低了 99%？具体操作类似于普通的分表操作，此处不再展开。

这个案例阐述了如何实现点到线的性能优化。案例中的优化可以分为 3 个阶段，如图 3-5 所示。

图 3-5　案例中性能优化的 3 个阶段

从图 3-5 可以看出，优化事务处理的第一阶段是在 SQL 语句上下功夫，缩短事务处理的长度。第二阶段继续缩短事务处理的长度，通过应用 MySQL 补丁，在更新操作后直接进行提交操作，这样可以减少网络访问量并减少一次提交处理操作。第三阶段则从应用侧出发，对热点预算记录进行分拆。这一步的研发成本较高，需要结合业务对平台性能评估的要求做出综合决策。

3.4 基于"面"的性能优化

同样，我们以一个典型案例来说明如何基于"面"进行性能优化。具体的业务背景这里就不介绍了，拆解之后的技术问题就是多索引的查询问题。

随着数据规模的扩大，采用 MySQL 进行分库分表是常规做法。而要拆分数据就涉及对数据量规模的考量，需要确定分库分表的数量。确定好分库分表的数量以后，需要确定以库 /表的某个字段来区分分库分表，该字段需要是一个 ID 字段，即该字段的值可以唯一标记一条记录。我们假设该字段为 indexKey。

该业务系统的逻辑结构如图 3-6 所示。

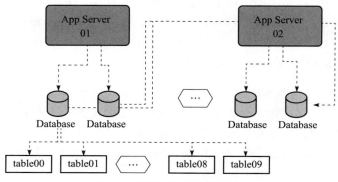

图 3-6　示例系统的逻辑结构

使用 userId 作为查询的 IndexKey 是没有问题的，那么使用电子邮箱（email）地址呢？业界有一种常规做法——数据复制，也就是将 email 作为 indexKey 数据存储一份，并且进行数据拆分，示意图如图 3-7 所示。

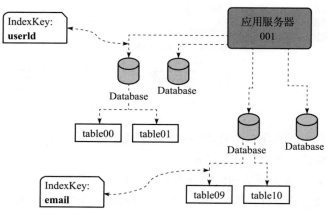

图 3-7　数据复制流程示意图

如图 3-7 所示，应用可以采取双写模式来确保以 userId、email 为主键（indexKey）的记录都能成功保存，或者采用本地补偿的方式来保证准实时的数据一致性。以用户信息为例，如表 3-1 所示。

表 3-1　用户信息表

字段名	userId	userName	age	sex	email	telephone	cardType	cardNumber	address
是否查询	是				是	是	是（cardType + cardNumber）		是

传统方案涉及的工作内容如图 3-8 所示。

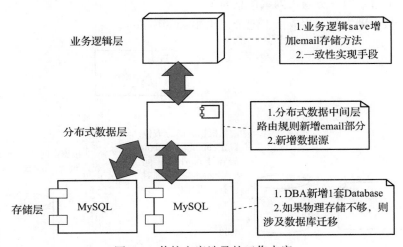

图 3-8　传统方案涉及的工作内容

传统方案的挑战在于，当主键非常多的时候，比如有 N 个，那么数据规模也会扩充到 N 倍。并且每新建一个主键，从逻辑库物理部署到应用层逻辑都需要进行调整。

为了解决这个问题，我们采用索引关系表 + 补偿的模式。这种方式可以动态配置所需要的索引，并且数据库容量低于传统方案。另外，由于采用了动态配置和相关模块，因此扩展查询索引的实现成本也很低。

举个例子，如果要实现一个以用户为中心的信息系统，传统方案可能涉及 10 张表（其中，存储用户信息的表为 userInfo 表），用户信息达到 1 亿条（半年累计）。假设存储 1 条用户信息需要 1KB 的空间，那么 1 亿条信息将需要约 95GB 的存储空间。因此，粗略估计，该系统需要存储 762GB 的数据（其他表记录数可能大于 userInfo 表，但字段可能较少，这里按 8 倍 userInfo 表估算总存储量）。

如果需要进行 5 个维度的查询，那么传统方案与笔者方案的对比如表 3-2 所示。

表 3-2 两种方案的对比

	传统方案	笔者方案
10 张表，5 个索引	3810GB = 762GB × 5（$n = 5$，索引数）	1237GB = 762GB + 95GB × 5（$n = 5$，索引数）
程序复杂度	需要提供 5 个维度的查询、更新及关联逻辑。5 套表结构，逻辑复杂	通过配置方式增加索引，只需要单独建立 index 表或重用 index 表

由图 3-9 可知，写操作分为 3 个步骤，这里以保存操作为例（更新操作与此类似）。

步骤 1：存储 userInfo 信息（假设对应 db00 库，userinfo00 表），同一事务中存储 db00 库 copyinfo（副本信息）备用。

步骤 2：通过定时任务遍历副本信息列表。

步骤 3：根据副本信息生成索引记录，比如 emailIndex。

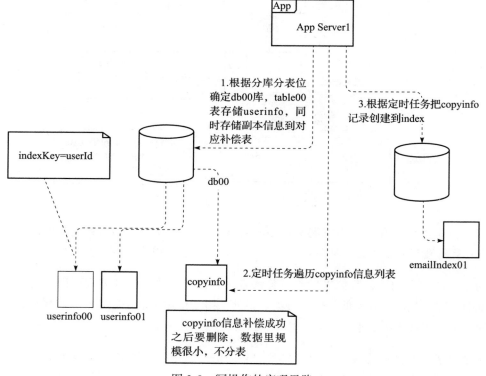

图 3-9 写操作的实现思路

由图 3-10 可知，读操作的步骤如下。

步骤 1：根据确定的 email 可以查询到 userId，因为根据 email 的哈希值可以确定分库分表后的位置。例如，emailIndex 中存储了 email 和 userId 的关系。

步骤 2：根据 userId 也可以获得正确的用户信息（路由到正确的库表）。

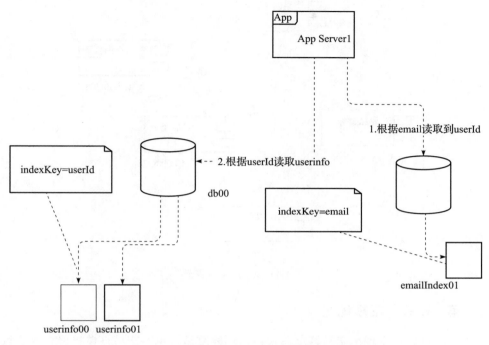

图 3-10　读操作的实现思路

进一步优化的思路：使用热点用户的 userId 作为 key（键），将 userInfo 作为 value（值），直接放入缓存中。同时，以热点查询条件（如手机号、email 等）形成的 phone-userId 关系和 email-userId 关系也可以放入缓存。

3.5　基于"体"的性能优化

让我们来看一个基于整个体系的性能优化案例。背景是一个细分领域的电商平台，最初是单体架构，后来演进为分布式架构。然而，整体交易创建的性能仍然无法满足快速增长的业务需求。在集群环境下，交易创建速度为 1000 笔 /s，目前希望提升到 10 000 笔 /s，即提升 10 倍。相应的服务依赖关系如图 3-11 所示。

我们对问题进行分析后发现，将交易创建速度从 1000 笔 /s 提升到 10 000 笔 /s，可以从以下两个方向进行改进：第一个方向是改进交易创建服务本身的数据库；第二个方向是改进交易创建服务所依赖的查询服务。本节以营销服务为例进行说明。

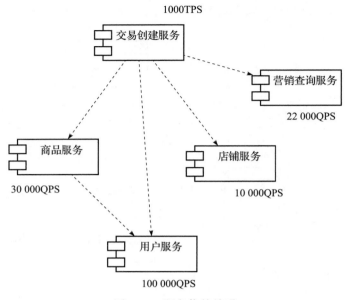

图 3-11 服务依赖关系

3.5.1 第一阶段：常规优化

首先，经过分析发现，交易订单写入包括创建交易订单、交易订单扩展表等。目前与分库分表相关的开源组件比较多，如 Apache ShardingSphere，此处不赘述。

其次，经过阅读代码和 SQL 监测，对慢 SQL 进行治理。具体的策略如下。

- 分析执行计划，关注索引，确定扫表行数，确认是否有文件排序问题。
- 查询规范约束，杜绝 select * 格式的查询，尽量直接使用索引查询。
- 进行索引优化。

3.5.2 第二阶段：使用缓存与读写分离

经过 SQL 优化后，营销查询服务仍然需要提升 QPS（每秒查询率）。由于营销服务是典型的读多写少的服务，因此适合使用缓存。这里进一步考虑使用本地缓存和远程集中式缓存的组合。详细内容参见第 10 章。

查询数据库和缓存结合的流程如图 3-12 所示。

不难看出，读缓存的思路是先读本地缓存，再读远程集中缓存，最后读数据库。在这个过程中有一个异步定时任务，用来接收数据库变更事件，主动更新缓存，避免出现数据库与缓存不一致问题。

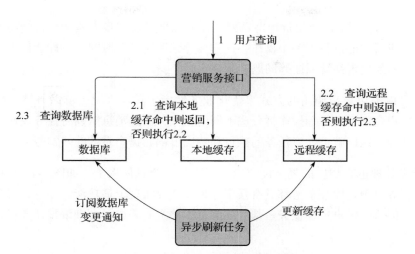

图 3-12　查询数据库和缓存结合的流程

在使用缓存方面有如下几个原则：

- 使用缓存时要降低数据库的读压力，尽可能缓存需求的数据。
- 数据库中的数据变动要主动失效。
- 大促高峰前开启本地缓存。
- 缓存需要预热，这有助于提高缓存命中率。

上述优化改善了营销服务调用的返回时间。由于经过优化后的营销数据库的读并发能力仍无法满足要求，因此笔者采用了读写分离的方法，进一步拆分了读操作。

常见的优化模式包括读写分离和数据拆分。读写分离主要解决并发读写相互影响的问题，特别是高并发写入时，响应时间变慢，这影响了大量用户的读操作。而数据拆分则主要解决仍存在高并发读取的问题，将读数据库拆分成多个数据库和多个表，负载进一步降低，从而提升了性能。笔者采用了读写分离和数据拆分相结合的模式，实现思路如图 3-13 所示。

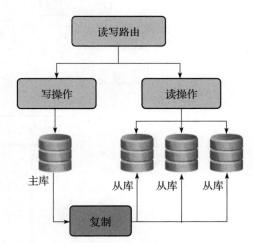

图 3-13　读写分离和数据拆分相结合模式的实现思路

3.5.3　第三阶段：异步化与事务

在电商系统中，下单交易系统需要在强一致的情况下执行结算账单、扣除库存、扣除账户余额（或发起支付）以及发货等一系列操作。如果采用同步方式实现，则需要等待前面所有操作都完成后才能进行下一个操作，这样会导致系统响应时间长、性能低下，特别是在高并发场景下容易出现系统崩溃等问题。

因此，可以采用异步调用的方式来优化业务性能。具体来说，可以将结算账单、扣除库存、扣除账户余额、发货等操作拆分成不同的任务，通过消息队列将任务发送到异步处理系统中进行处理。这样就可以将任务的执行和响应解耦，提高系统的并发能力和响应速度。

采用异步处理也有相应的复杂度成本。下面举一个具体例子。如图 3-14 所示，创建订单、锁定优惠券、锁定库存本身都具有强事务特性。要实现上述功能，一种方案是采取分布式事务保障，但这样做肯定会损失一部分性能，因此笔者采取了合理编排任务以及异步化废单消息的方式来实现。

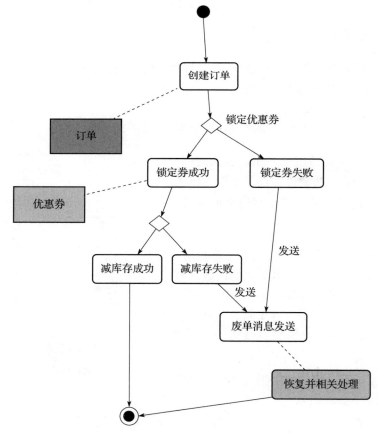

图 3-14　合理编排任务以及异步化废单消息

3.2 ～ 3.5 节呈现的是一个逐步扩大范围的性能优化实践，由点及面逐步深入，同时扩展到单系统及链路级复杂系统。那么性能优化有没有具体的可操作流程呢？PDCA（Plan、Do、Check、Action，计划、执行、检查、行动）方法提供了这样的指引。

3.6　性能优化的 PDCA

PDCA 方法论是一种结构化的问题解决方法，又称戴明环。它将任务按照顺序分为计划、执行、检查、行动 4 个环节。这 4 个环节顺序执行，循环不止。

在 PDCA 方法论下，首先需要制订具体的计划，包括确定任务、阶段目标、时间节点和责任人。然后实施、落地各项具体活动。接着进行检查，检查实际执行结果，找出正确和错误之处。最后，在行动环节明确下一步需要采取的措施，根据检查结果改进计划。

PDCA 方法论的优点在于不断循环下去，不断迭代，推动组织进入良性循环，不断发现新的待改进问题。针对这些问题，首先要进行根因分析，制订具体的实施计划。然后定期检查实施结果和预期目标是否一致。最后对改进结果进行复盘，保留好的方面，改进不好的方面，进入下一阶段的循环。

使用 PDCA 方法论的关键在于明确目标，而不是简单定性问题。只有不断循环，才能不断提高业务，取得胜利。

对于 3.3 节中提及的案例，我们可以使用 PDCA 方法进行描述。

1）计划：针对用户领取红包场景下的性能瓶颈，我们计划寻找瓶颈点，并持续优化以提升 TPS。目前是 50TPS，目标是 3000TPS。

2）执行：经过分析发现，缩短数据库访问的加锁时间，并将悲观锁优化为乐观锁可以提升性能。因此我们进行了相关代码改造。

3）检查：使用工具进行并发测试后发现，性能提升至 800TPS。

4）行动：仍未达到预期的 3000TPS，因此回到计划阶段，寻找新的瓶颈点，继续优化。

5）计划：持续提升性能。我们发现在 MySQL 服务器侧返回 OK 后，需要客户端发出提交指令，然后 MySQL 服务器才能执行提交。这种方式会导致行锁无法释放，从而降低了性能。

6）执行：为了解决这个问题，我们采取 commit_on_success&rollback_on_fail 的方式。在更新执行完毕后，MySQL 服务器直接根据响应来进行提交或回滚操作，这样行锁就能立即释放，从而提升了性能。

7）检查：再次进行并发测试后，发现性能提升至 4000TPS。

8）行动：4000TPS 超过了预期目标（3000TPS），本次优化任务完成。

3.7 性能与其他非功能要素

美国的穆拉特·埃尔德等编写的《持续架构实践：敏捷和 DevOps 时代下的软件架构》一书很好地介绍了性能和成本、可扩展性、易用性、可用性的关系，如图 3-15 所示。性能除了和上述非功能要素相关外，还和数据一致性等其他非功能性要素相关，本节就对此进行专门解读。

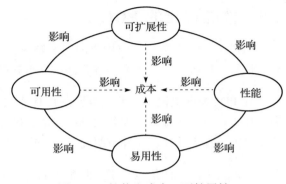

图 3-15　性能和成本、可扩展性、易用性、可用性的关系

一般来说，可用性是指系统能够持续正常运行，不间断地为用户提供服务的能力；数据一致性则是指系统中的数据在多个副本中保持一致的能力。针对这些要素，在设计上进行权衡时，可以从以下几个方面考虑。

- 数据一致性和可用性的权衡。在分布式系统中，为了保证数据的一致性，在进行数据更新时需要等待所有副本都更新完成才能返回响应，这会影响系统的可用性。为了提高系统的可用性，可以采用异步复制的方式，即在更新主副本后，异步地更新其他副本，这样可以提高系统的可用性，但会牺牲数据的一致性。
- 数据一致性和性能的权衡。为了保证数据的一致性，可以采用同步复制的方式，即在更新主副本时同步更新其他副本，这样可以保证数据的一致性，但会影响系统的性能。为了提高系统的性能，可以采用异步复制的方式，但会牺牲数据的一致性。
- 可用性和性能的权衡。为了提高系统的可用性，可以采用冗余设计，即在出现故障时自动切换到备份系统，这样可以保证系统的可用性，但会牺牲系统的性能。为了提高系统的性能，可以采用负载均衡的方式将请求分摊到多个服务器上，但这样会增加系统的复杂度。
- 数据一致性、可用性和性能的综合权衡。可以根据具体业务场景和系统需求进行综合取舍。例如，在高并发的电商场景下，为了保证数据的一致性和可用性，可以采用一主多从的架构，主库负责写入操作，从库负责读取操作，通过异步复制来保证数据的一致性。同时，为了提升性能，可以在读写分离的基础上，针对高并发读的场景进行分库分表，提升对应并发写性能。

关于性能和其他非功能要素的权衡，这里举几个具体的例子。

案例 1　满足性能要求的同时放松强一致性，保障最终一致性。在支付平台的设计中，会对资金账户进行记账，确保账务一致。然而，当遇到热点账户问题时，更新同一个账户余额可能会引发并发写的性能问题。为解决这个问题，一般采取缓冲记账模式。先记录账务明细事件，不立即更新余额，而是按照时间（如分钟或小时）异步批量处理以更新余额。需要注意的是业务限制，尤其是在入金场景中使用缓冲记账，因为出金账户会扣减余额，有可能导致透支。

案例 2　为了满足性能要求，考虑适当地进行数据冗余，虽然这会增加存储成本。以用户领取优惠券为例，优惠券的使用规则存储在券模板上。而用户领取优惠券的记录通常会按照用户 ID 分库分表来进行存储和查询。在查询用户优惠券是否满足支付条件时，需要对券模板进行查询。可以考虑将相应的规则数据冗余到用户优惠券表中，以消除对券模板数据的依赖。

案例 3　这是一个真实案例。在优惠券领取业务中，因为对预算进行了分片管理，所以可以通过一个路由规则将其路由到相应的子预算。然而，在日常的非高并发场景中有一个碎片合并的模块，专门用来转移合并后的预算。但是在秒杀场景下，直接禁用合并模块是更好的选择。因为为了保障用户的业务可用性要求和性能要求（返回的 RT），我们宁愿对业务逻辑做一些取舍。没有花完的碎片预算只是没有被最大化地使用，并没有超出预算。所以说，没有最好的设计，只有最合适的设计。设计即权衡。

案例 4　通常情况下，有高性能要求的系统往往都具有用户访问多、并发高的特点。并发高意味着服务响应时间应该在 100ms 之内，页面的响应时间不应超过 2s。但也有特殊情况，比如高管查看经营分析报表，该报表的用户可能只有几十人，且并发很低，但对于性能仍有极致的要求，期望页面能"秒开"。常规页面在 1s 内打开也不难，但对于统计计算型的报表，涉及大量数据载入和指标计算，则并非容易。

案例 5　为了性能，可以牺牲可扩展性或增加耦合。某支付服务依赖一个安全服务，而安全服务又依赖一个计算服务。通过性能压测发现，在极致要求下，安全服务调用计算服务的时间比较长。后来决定将这两个服务合并在一起，运行时进行本地调用，从而满足了提升支付服务性能的需求。

总之，在软件架构设计中，需要在性能、可用性和数据一致性之间取得平衡。

3.8　本章小结

本章介绍了软件性能优化方法体系，通过案例描述了不同场景下的性能优化策略以及基于点、线、面、体的优化方法，如寻找瓶颈点、优化数据库访问、数据一致性与可用性的取舍等，还介绍了使用 PDCA 方法论进行优化、性能与其他非功能要素取舍的方法。最终强调了在软件架构设计中需要平衡性能、可用性和数据一致性，只有这样，才能根据具体需求进行综合取舍以构建优秀的软件架构。

性能测试与评估

性能测试是一种非功能性软件测试方法，用于检查软件在特定工作负载下的稳定性、吞吐量、可扩展性和响应时间等特性。尽管它是确保软件质量的重要过程，但往往被忽视，被视为事故后才会做的事情。在大多数情况下，性能测试只在软件出现性能问题后才被考虑。

性能测试是软件开发过程中不可或缺的一部分，因此需要尽早介入，并在不同阶段使用不同的性能测试方法，选择合适的工具，识别瓶颈并验证对应问题是否已得到解决。通过性能测试，不仅可以在软件上线之前评估其性能，还可以检查软件的可扩展性和可靠性，并向利益相关者提供软件性能和稳定性等度量信息。这些性能度量信息，可以为服务的稳定性奠定坚实基础。

4.1　软件性能的度量

本节将介绍性能测试的目的、意义，以及常见的性能度量指标。

4.1.1　性能测试的目的及意义

性能测试的目的是验证软件是否达到客户提出的性能指标要求，发现软件中存在的性能瓶颈并进行针对性优化。从理论上来说，功能测试和性能测试没有先后顺序，它们都是软件测试的一部分。

在开发过程中，应随时关注可能导致性能问题的局部函数或第三方依赖。例如，关注加解密算法、压缩算法、序列化与反序列化、网络 I/O 等消耗资源的操作，要对这些局部函数进行性能测试，并查看官方的性能指标参数，以便提前发现和消除性能问题。

在测试过程中，通常先进行功能测试。当软件在功能上不存在严重问题且能够正常运行后，再进行性能测试。对于任何一款软件，首先要保证其基本功能正常，否则，即使性能再好，也失去了存在的意义。虽然性能测试需要在功能测试通过之后才能进行，但是对性能测试准备工作（确认性能测试目标、搭建环境、编写用例等）的重视程度应与功能测试一样。

在发布过程中，要确保软件中的参数配置是最优的，以将软件的性能提升到极致，并尽可能降低硬件资源的消耗。

此外，进行性能测试还具有以下意义。

1. 市场营销

出于市场营销的目的，需要对外提供产品的性能指标。这要求我们提供的性能指标不能具有误导性，不能给出一个相对模糊或者没有前提条件的结果。虽然前期夸大其词可能会带来较好的营销结果，但当客户选择一款产品后，不仅会关注当前厂家给出的性能指标，还会分析和对比其他竞争对手的产品的性能指标。如果性能指标与实际情况不符，那么在客户那里将失去信誉。

因此，在向客户提供性能指标的同时，也需要提供一些细则和性能测试的背景信息，如操作系统版本、配置调整项、CPU 型号和数量、使用的磁盘类型以及其他相关配置。

2. 容量规划

现代的互联网不仅涉及软件之间的互动，还涉及人与软件之间的互动。产品使用的主动权不完全掌握在运营者手中。某个话题的出现可能会导致用户量激增，进而导致站点崩溃。为了缩短产品的恢复时间，运营人员需要清楚自己的产品能够承载的用户数量。当出现不可预知的流量时，能够有针对性地采取措施，比如横向扩容一定数量的机器以应对本次流量激增的情况。扩容机器的数量和激增流量之间的关系，需要通过性能测试确定。

3. 系统设计

通常，开发人员更关注软件架构的扩展性、数据库表结构设计是否合理、代码是否存在性能问题、内存使用方式是否正确、线程同步方式是否合理、是否存在临界区，以及是否可以考虑更优的算法和数据结构等。通过性能测试，可以得出各种中间件或软件内部逻辑的性能指标，这有利于公司在研发层面进行关键技术选型或做出重要架构决策。

总而言之，后期优化成本要远远高于前期性能设计成本，所以前期加入性能测试是降低优化成本的最好方式。

4.1.2 性能测试的度量指标

本小节所说的"指标"主要用于常规软件性能测试的评估,是统一的性能测试指标。软件的度量指标范围广泛,比如数据库的缓存命中率度量指标、Java 的 GC 度量指标等,如果工作中会涉及这些指标,则可以到对应官方网站查询和借鉴使用,这里不对此展开介绍。另外,若希望对性能指标有整体认知,则可以参阅 2.3 节的内容。本小节仅对延时、TPS、资源利用率、错误率等性能测试指标进行分析。

1. 延时

完成一次操作所需的时间包括等待、逻辑处理和返回结果的时间。这个时间通常用于量化性能,因此也被称为响应时间。对于一些对延迟敏感的场景,延时成为性能问题分析的重点。例如,一次 HTTP 请求的执行过程如图 4-1 所示。

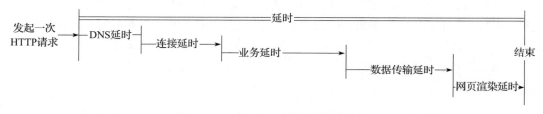

图 4-1 一次 HTTP 请求的执行过程

描述延时时,必须加上限定词,以表示测量的是谁到谁的延时,例如是业务逻辑延时还是网页渲染延时。

不同行业对延时的衡量标准各不相同。对于一些实时竞技类游戏,延时要求是 50ms;对于实时交互类视频,延时要求是 150ms。如果超过这个时间,用户可能会放弃使用。而对于软件下载和安装,5 ～ 10min 的延时在可接受范围内。

延时通常有两种表示方式:平均响应时间和百分位数。

- 平均响应时间指的是所有请求平均花费的时间。例如,如果有 100 个请求,其中的 98 个耗时为 1ms,2 个耗时为 100ms,那么平均响应时间为(98×1 + 2×100)/100 = 2.98ms。
- 百分位数(Percentile)是一个统计学名词。以响应时间为例,99% 的百分位响应时间指的是 99% 的请求响应时间都处在这个值以下,通常用 P99 表示。以上述响应时间为例,整体平均响应时间为 2.98ms,但 99% 的百分位响应时间却是 100ms。

相对于平均响应时间,百分位响应时间通常更能反映服务的处理效率。例如,某高速公路的人工出口一天出车 1440 辆,每分钟 1 辆车,看起来非常顺畅。实际情况是在早上

9:00—9:30 过了 600 辆，下午 5:00—5:30 过了 600 辆，假设只有人工窗口，1min 可以办结 1 辆车的放行（只有 1 个人工窗口），这两个时间段 1 辆车需要等待 20min。由此可见，4% 的时间发生了拥堵，P99 不能保证每分钟 1 辆车。

2. TPS

TPS 是每秒执行的事务数。它描述了在持续 1s 内执行了多少事务。一个事务是指一个客户端向服务器发送请求，然后服务器给出响应的过程。客户端在发送请求时开始计时，收到服务器响应后结束计时，以此来计算使用的时间和完成的事务个数。换句话说，TPS 就是事务执行的速率。

例如，一个超市收银员每分钟最多能够完成 6 次收银操作，那么他的事务执行速率峰值就是 6/60 = 0.1TPS。另外，可以看到，TPS 受每次操作完成时间的影响，在一定程度上来说，完成时间越短，TPS 越高。有些软件更关注并发数量（同时在线用户数量），并发数 = TPS × 平均响应时间。

提到 TPS，就不得不提 QPS，它代表每秒的查询次数，是一台服务器每秒能够完成的查询次数，是衡量特定查询服务器在规定时间内所能处理的流量的标准。QPS 与 TPS 类似，不同的是，一次完整的访问形成一次事务，但可能会产生多次对服务器的请求，这些请求都会计入 QPS 中。

通常，在性能测试工具中，会输出持续测试下的 TPS。每个服务和中间件都会产生自己的 QPS。通常可以使用计数器进行计算，即统计固定采集周期内的请求数，然后用这个数除以相应周期即可得出 QPS。

3. 资源利用率

利用率又称使用率，用于描述设备的使用情况，通常表示为 0 ~ 100%，有基于时间和基于容量两个描述维度。

对于 CPU 和磁盘 I/O，通常基于时间的维度来定义利用率，即在规定的时间间隔内，设备工作时间占时间间隔的百分比。即使 CPU 或者磁盘 I/O 达到 100%，也只是说明在指定时间段内的利用率过高，大多数情况下仍然可以接受更多任务并正常工作。相应公式为：

$$U = B/T$$

式中，U 是利用率，B 是观测周期内系统的繁忙时间，T 是观测周期。

对于内存和磁盘，通常使用容量来衡量资源占用比例，此时，若利用率达到 100% 则意味着磁盘或内存无法再接受更多的工作负载。

通常可以使用 Nmon 等监控工具来统计 CPU、内存、文件系统、磁盘 I/O、网络 I/O 等资源的利用率。

4. 错误率

错误率指系统在有负载的情况下出现失败的概率。

$$错误率 =（失败任务数 / 总任务数）\times 100\%$$

稳定性较好的系统的错误率应该由超时引起，即表现为超时率。不同系统对错误率的要求不同，但一般不超于 6‰，即成功率不低于 99.4%。

4.1.3 常见基础设施性能指标

本小节将介绍计算机中常见基础设施的性能指标，帮助读者对这些指标形成直观的了解，以便在出现性能问题时能够凭直觉推断出问题所在。

- 网络延时与传输距离有关，通常每传输 100km 需要 1ms（光纤传输）。
- 在代码开发过程中，经常会出现多个线程共享资源的情况，这时需要加锁，时间成本大约为 10ns。
- 当多个线程共享同一个 CPU 时，需要进行上下文切换，每次切换的时间成本约为 1μs。
- 传统磁盘的随机 I/O 读写延时大约为 8ms，万转磁盘的顺序 I/O 延时一般为 0 ～ 6ms，利用 RAID 缓存，最高可以达到 100μs。

不同的网络距离延时、CPU 操作延时及存储种类延时的参考值如表 4-1 所示。

表 4-1　延时项与延时参考值

延时项		延时参考值
网络距离（光纤）	2m	0.1ms
	100m	0.5ms
	2000km	20ms
	4000km	40ms
CPU 操作	L3 级缓存访问	12.9ns
	L2 级缓存访问	2.8ns
	L1 级缓存访问	0.9ns
	寄存器（3.3GHz）	0.3ns
	获取指令	10ns
	互斥锁	>10ns
	上下文切换	1μs

（续）

延时项		延时参考值
	传统磁盘 HDD 随机读	8ms
	传统磁盘 HDD 连续读	1ms
存储种类	固态磁盘 SATA	50 ~ 150μs
	固态磁盘 NVME	20μs
	主存	120ns

4.2 性能测试常用工具

性能测试离不开工具，每种测试工具都有自己的使用场景和特点。本节重点介绍 4 种性能测试场景及对应的工具。

4.2.1 性能测试场景

基本上所有的场景需求都有对应的性能测试工具可以满足，因此在进行性能测试之前，需要识别出要测试的性能场景。这里主要对不同的场景进行分类和介绍。

如图 4-2 所示，从上往下看，在整个逻辑架构中需要考虑的性能测试场景有如下几种。

- **前端性能测试**。前端涉及的用户定制化功能众多，设备类型多样，性能指标主要包括崩溃率、网络请求超时、滚动卡顿、启动时间、流量、耗电量、内存占用量、CPU 占用率等。前端性能测试通常比后端性能测试更具挑战性。在开始前端性能测试前，需要制订详细的性能测试计划，这通常包括使用场景和测试环境两部分。我们应该列出软件中最重要的场景，例如，对于电子商务公司来说，关键场景可能包括登录、注册、浏览商品、添加商品到购物车、支付订单等。在完成关键场景的测试后，如果资源允许，还可以进一步测试其他场景。在性能测试中，如果使用模拟器，那么应确保测试环境尽可能接近生产环境。但是，由于软件的性能通常是多个硬件相互作用的结果，因此最好使用真实的硬件进行测试。然而，这种方法可能由于成本过高而收益有限。一种更好的选择是进行全面性能测试，即覆盖市场上的主流运行环境。对于用户较少的运行环境，可以使用模拟器进行测试。例如，之前在开发基于浏览器的办公软件时，由于浏览器的兼容性问题，推广和使用过程中遇到了很大的困难。为了尽快解决问题并控制成本，我们引导低于 IE11 版本的用户下载 Chrome 浏览器。
- **服务器性能测试**。并不是所有的服务 / 接口都需要进行性能测试，这一点需要特别强调。服务器通常包括与外部用户交互的软件、认证授权服务、配置管理服务等相关管理平台。例如，开发人员对管理员使用的管理平台进行性能优化，但这个管理平台只部署了 3 个副本，每个副本都拥有 4 核 8GB 主存，最高并发不超过 300TPS，平均时延在 10s 内即可满足需求。这种软件的优化收益有限，主要是因为资源占用过低，且用户数量太少。一般来说，一个服务只有少数接口需要保证高并发和低延时。我们需要列出这些接口，设置测试基准指标（如错误率、响应时间、资源占用率等），确保接口输入和输出的准确性及场景覆盖度，并在满足基准指标的前提下进行服务器性能测试。因为服务器运行环境相对固定，所以场景分类并不困难。真正困难的是后续的性能问题分析和解决。

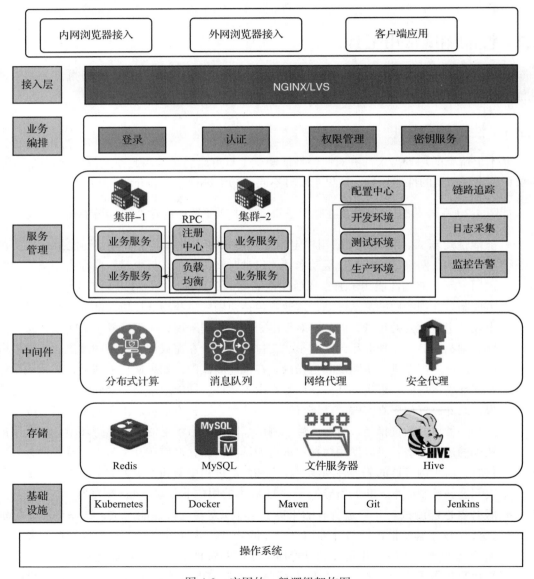

图 4-2 应用的一般逻辑架构图

- **中间件和数据库性能测试**。只有自研的中间件或进行功能定制的中间件才需要进行性能测试，所涉指标可以从官方或开源社区等多个渠道获取。对于常见的 Tomcat、Weblogic 等中间件，我们需要更多地关注 GC（垃圾回收）频率、线程池数量等指标。常用的 MySQL 数据库的主要指标包括 SQL 耗时、吞吐量、缓存命中率、连接数等。我们只需要在运行过程中关注这些常用指标，不断进行调优和扩缩容即可。即使是非常依赖中间件和数据库的业务软件，也只需从软件层面进行性能测试，而不用单独对成熟的中间件和数据库进行性能测试。如果出现一些无法解释的性能问题，则可以使用中间件和数据库的配套工具进行性能测试。
- **操作系统和基础设施（CPU、网络、文件系统、存储）性能测试**。性能测试的目的是优化性能。只有在进行了定制化时，才需要有针对性地对操作系统或基础设施进行性能测试，通常情况下只需要从软件层面进行性能测试。当出现问题时，可以通过操作系统配套的工具来检查操作系统层面的指标。通常，通过修改内核参数，就可以解决与操作系统或基础设施相关的问题。

通常来说，为了提升用户体验和节省资源成本，首要考虑的是端上以及存在高并发场景的业务应用的性能测试，其次考虑中间件和数据库的性能测试，最后才会考虑操作系统和基础设施的性能测试。因为在大多数情况下，操作系统和基础设施都不会成为性能瓶颈。

对于一个完善的软件系统架构，通常会有一些后台管理平台，这些平台辅助核心业务正常运行，如资产管理、提单审批等业务。一般来说，针对这些业务的性能测试并不需要特别关注。

根据上述测试场景，我们可以找到性能测试的重点，从而选择需要的工具。一次性能测试通常只会针对一个软件。

4.2.2　性能测试工具简介

本小节介绍前端、服务端、数据库、操作系统的性能测试工具。

1. 前端性能测试工具

前端性能测试工具主要有两种类别：开发和测试阶段使用的性能指标测试工具，通过这些工具可以直接看到性能测试结果，如 Xcode 自带的 Instrument、Android Studio 自带的 Memory Monitor，以及上线阶段的 SDK 等，这些工具可以将性能数据发送到监控平台，实现线上问题的定位和追踪。SDK 通常是自行开发或集成第三方性能检测代码。

- Instrument 是 Apple 官方提供的一个强大的性能调试工具集，内置在 Xcode 中。其中，Activity Monitor（活动监视器）可以监控进程级别的 CPU、内存、磁盘、网络使用情况，以获取应用在手机运行时的总内存占用大小。Core Animation（图形性能）模块显示程序显卡性能、CPU 使用情况以及页面刷新帧率。在网络方面，我们可以使用链接工具分析程序如何使用 TCP/IP 和 UDP/IP 链接，使用 Energy Log 模块进行耗电量监控。尽管 Instrument 主要用于在调试过程中发现问题并及时优化产品，但是它只能供有应用源码的程序员使用，无法测量用户在真实使用场景下的性能。

- Android Studio 内置了 4 种性能监测工具：Memory Monitor（内存监视器）、Network Monitor（网络监视器）、CPU Monitor（CPU 监视器）、GPU Monitor（GPU 监视器）。这些工具可以监测 App 的状态。Memory Monitor 主要用于监测 App 的内存分配情况，以判断是否存在内存泄漏。Network Monitor 显示 App 网络请求的状态。CPU Monitor 可以检测代码中的方法对 CPU 资源的占用情况。GPU Monitor 可以展示 UI 渲染工作所花费的时间。

- Bugly 是腾讯发布的一款免费的崩溃（Crash）收集工具，为移动开发者提供专业的崩溃监控和崩溃分析等质量追踪服务。移动开发者（Android/iOS）可以通过监控快速发现用户在使用产品过程中出现的崩溃、Android ANR（应用无响应）和 iOS 卡顿，并根据上报信息快速定位和解决问题。只需登录 Bugly 网站，用户就可以清晰地看到被监测产品有多少崩溃，影响了多少用户，并根据 Bugly 提供的 Crash 日志修复问题。

- WebPageTest 是一个在线性能评测网站，它是一个非常详细且专业的 Web 页面性能分析工具，支持 IE 和 Chrome，使用真实的浏览器（IE 和 Chrome）和消费者连接速度，从全球多个地点进行免费的网站速度测试。WebPageTest 主要提供了 Advanced Testing（高级测试）、Simple Testing（简单测试）、Visual Comparison（视觉对比）和 Traceroute（路由跟踪）这 4 个功能。

- SoloPi 是支付宝在移动端实现的一套无线化、非侵入式、免 Root 的 Android 专项测试方案。只需直接操作手机，就可以实现自动化的功能、性能、兼容性和稳定性测试。SoloPi 支持 CPU、内存、FPS（画面每秒传输帧数）、流量等常规指标的实时获取，同时支持记录性能数据，并将数据存储到本地，然后以报表形式展示终端支持性能加压。

表 4-2 所示为对上述工具的对比。

表 4-2　上述前端性能测试工具对比

工具名称	适用阶段	平台	是否收费	接入方式	优缺点
Instrument	开发	iOS	跟随官方 IDE 使用	无须接入	面向 iOS 提供的开发工具，便于在开发过程中做性能测试，功能全面。官方一直在迭代。缺点是仅能用于 iOS 平台，且很难用于线上阶段

（续）

工具名称	适用阶段	平台	是否收费	接入方式	优缺点
Android Studio	开发	Android	跟随官方 IDE 使用	无须接入	面向 Android 提供的开发工具，便于在开发过程中做性能测试，功能全面。官方一直在迭代。缺点是仅能用于 Android 平台，且很难用于线上阶段
Bugly	上线	Android、iOS	否	SDK	侧重于崩溃收集，其他功能稍弱
WebPageTest	开发和上线	Web	否	无须接入	依据测试结果提供丰富的诊断信息和改进建议。缺点是内网无法访问，需要自行搭建。另外，要集成 CI/CD 流水线，需要引入 WebPageTest API Wrapper
SoloPi	开发	Android	否	APK	一个无线化、非侵入式的 Android 自动化工具，公测版拥有录制回放、性能测试、一机多控 3 项主要功能，能为测试开发人员节省时间。缺点是对测试人员编写代码的能力要求较高，需要对 Android 有一定了解

2. 服务端性能测试工具

这里对一些常用的服务器性能测试工具进行比较，包括 wrk、JMeter、LoadRunner、Locust。

- wrk 是一款专为 HTTP 设计的基准测试工具。在单机多核 CPU 的条件下，它能利用系统自带的高性能 I/O 机制，如 epoll 和 kqueue 等，通过多线程和事件模式对目标机器产生大量负载。这是一款轻量级压力测试工具，只支持单机压测。
- JMeter 是一款优秀且精致的 Java 开源测试工具。JMeter 的安装简单，使用方便，非常流行。它能完成大多数场景下的性能测试，所有的性能测试人员都应掌握它。由于 JMeter 主要针对网络协议进行测试，因此测试人员在熟悉网络协议的前提下，能很快掌握其中的术语和概念。
- LoadRunner 是惠普公司的一款测试工具，功能全面，资料丰富，易用，但不是开源的。它的各组成模块都非常强大，比如分析模块中的 AutoCorrelation 向导。这个向导会自动整理所有的监控和诊断数据，并找出导致性能降低的主要原因。这样就把性能测试结果转化为可处理的结果，从而大大减少开发团队分析问题的时间。
- Locust 是一款基于 Python 的开源测试工具，支持 HTTP、HTTPS 等基于 Python 脚本编写的协议。它的一个显著优点是可扩展性好。

表 4-3 所示是上述 4 款工具的对比。

表 4-3　上述服务端性能测试工具对比

工具名称	是否收费	支持的平台	支持的语言	支持的协议
wrk	否	Mac、Linux、UNIX	Lua	HTTP
JMeter	否	Java 支持平台	Java	TCP、HTTP、HTTPS、SOAP、FTP、Database via JDBC、LDAP Message-oriented middleware（MOM）via JMS、SMTP(S)、POP3(S)、IMAP(S)、原生命令或 shell 脚本
LoadRunner	是	Linux、Windows	C/C#/Java/Java Script 等	所有协议
Locust	否	Python 支持平台	Python	Python 脚本支持的协议

3. 数据库性能测试工具

关于数据库测试工具，这里主要介绍如下 3 个。

- SysBench 是一款基于 LuaJIT 的可编写脚本的多线程基准测试工具。它主要用于测试各种数据库（如 MySQL、Oracle 和 PostgreSQL）性能，也可以测试 CPU、内存、文件系统等的性能。SysBench 的优点包括具有数据分析和展示功能，多线程并发性好，开销小等。此外，SysBench 可以轻松定制脚本以创建新的测试。
- MySQLslap 是 MySQL 自带的压力测试工具，能够轻松模拟大量客户端同时操作数据库的情况。
- redis-benchmark 是 Redis 自带的工具，用于模拟 N 个客户端同时发出 M 个请求的场景，类似于 Apache ab 程序。

4. 操作系统性能测试工具

操作系统的每个部分都有相应的测试工具。一般来说，操作系统本身不会成为性能瓶颈，但许多性能问题会体现在 CPU、内存或 I/O 上。这里只介绍 Linux 操作系统上的性能测试工具。

- Lmbench 是一款简单、可移植的多平台软件。它可以对同级别的系统进行比较测试，以反映不同系统的优劣，评估系统的综合性能。这是一款多平台开源基准测试工具，可以测试文档读写、内存操作、进程创建 / 销毁、网络等的性能，测试方法简单。
- FIO 是一款用于测试 IOPS（每秒读写次数）的优秀工具，可对磁盘进行压力测试和验证。磁盘 I/O 是检查磁盘性能的重要指标，可以按照负载情况分为顺序读写和随机读写两大类。FIO 可以生成许多线程或进程，并执行用户指定的特定类型的 I/O 操作。FIO 的典型用途是编写和模拟 I/O 负载匹配的作业文件。换句话说，FIO 是一个多线程 I/O 生成工具，可以生成多种 I/O 模式，用于测试磁盘设备性能。在测试过程中，要注意忽略操作系统的缓存，使用直接 I/O，否则可能测试的是文件系统。

- Hdparm 是一个用于设置和查看硬盘驱动器参数的命令行程序。Hdparm 可用于测试磁盘性能，设置磁盘参数。
- Iperf 是一款网络性能测试工具，可以测试 TCP 和 UDP 的带宽质量。Iperf 可以测量最大 TCP 带宽，具有多种参数和 UDP 特性。Iperf 可以报告带宽、延时抖动和数据包丢失等情况。利用 Iperf 的这种特性，可以测试一些网络设备（如路由器、防火墙、交换机等）的性能。

4.2.3　性能测试工具选择

要准确选择测试工具，就必须明确测试对象和场景。比如，想测试磁盘性能，但错误地选择了 FIO，就会因为工具选择不当而得出错误的结论。确定了对象和场景之后，需要考虑这次性能测试需要完成的操作，如是否需要大规模集群测试、工具是否需要具有场景录制等功能。下面将重点介绍测试工具的使用过程和选择注意事项。

大规模性能测试的一般过程：通过录制和回放定制的脚本（或手动编写性能测试脚本）来模拟多用户同时访问被测试系统，产生负载压力，同时监控并记录各种性能指标，最后生成性能分析结果和报告，从而完成性能测试的基本任务。

一个完备的性能测试平台通常会包含图 4-3 所示的模块。

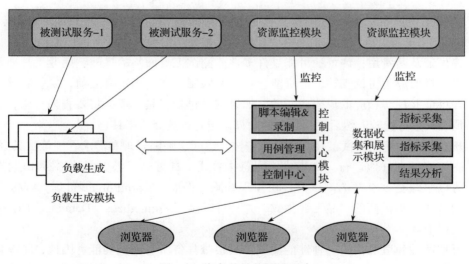

图 4-3　完备的性能测试平台

- **负载生成模块**：负责生成足够的流量负载，负载的具体数量根据测试类型和需求确定。如果进行的是压力测试，那么生成的流量必须大到测试系统无法处理的程度。

- **数据收集和展示模块**：负责收集测试数据，包括各种具体的性能数据。数据收集可以在测试过程中实时完成，也可以在测试完成后进行。有了大量的测试数据，就需要进行分析和展示了。
- **资源监控模块**：在测试过程中，需要对被测试系统和负载生成模块进行实时资源监控，以确保这两个模块的正常运行。具体来说，负载生成模块必须避免过载，否则可能导致产生的流量不足，从而使性能测试失去意义。
- **控制中心模块**：测试人员需要使用此模块与整个测试系统进行交互，如开始或停止测试、改变测试的各种参数等。

市场上有许多性能测试工具可供选择。为了帮助大家选到适合自己需求的工具，下面介绍在选择性能测试工具时需要考虑的一些因素。

- **易用性**：性能测试工具必须足够简单，以减少给测试人员带来的困扰。如果团队中有专家熟悉某种工具，那么可以询问要选择工具的基本情况和易用性。
- **可操作性**：要重点评估所选性能测试工具是否需要支持集群部署，因为这会影响是否可以产生足够的测试流量。如果工具无法充分模拟预期的测试流量，那么可以肯定该工具无法满足测试需求。
- **工具效率**：性能测试工具的效率取决于它能够支持的虚拟用户数量，这影响了在单个设备上执行大规模测试的能力。通常选择简单且偏底层的工具，这种工具消耗的资源少，效率高。
- **协议支持**：不同的工具侧重点不同，支持的通信协议（如 HTTPS、HTTP、SSH、FTP/STFP 等）也不同。大家需要根据自己要使用的通信协议来选择工具。
- **许可证及其费用**：许可证可能是许多性能测试工具面临的挑战。商业工具通常可提供更好的应用协议支持，但可能存在一些限制。在使用工具之前，要查看该工具的许可证并理解相应的说明或条款。如果它是付费工具，那么需要查询价格，并与其他工具进行比较，然后根据自己的预算确定是否选择该工具。
- **集成能力**：性能测试工具在与其他监控、诊断、缺陷管理和需求管理等工具集成时，应该能够良好地运行。高集成能力意味着该工具可以提供更多的诊断和监控指标，可以跟踪更多类型的测试并轻松发现缺陷。例如，StormForge 可以与 AWS、GCP、IBM 等云提供商的产品无缝集成，并且可以接入 Prometheus、Datadog、Circonus 等监控工具。
- **可扩展性和适应性**：一种性能测试工具很难具备所有测试功能。因此，了解该工具的可扩展性和适应性是非常重要的。如果用户是初次使用，则建议进行概念验证测试，以确定产品或想法是否可行。这样就可以保证所选工具可兼容其他第三方工具，例如，Apache JMeter 具有高度的可扩展性，它允许插入采样器、编写脚本（如 Groovy）、插入计时器，并可使用数据可视化插件、分析插件等。

- **社区支持**：了解可以从该工具的供应商那里获得的用户支持级别。供应商通常会通过各种沟通渠道、文档等提供高质量支持。如果使用的是开源软件，则可查看社区支持，还可以通过论坛、活跃成员等获得帮助。

性能测试工具只是提供测试指标的工具，它并不能解决性能问题。所以，性能测试的关键在于选到合适的工具，通过工具得到正确的数据，然后结合系统的实际情况来解决性能问题。

4.3　性能测试的方法、误区和流程

本节主要介绍性能测试的方法、误区和流程。

4.3.1　性能测试的方法

针对性能测试方法的标准很多，对每种测试方法的解读也很多。在狭义上，性能测试主要是指通过模拟生产运行的业务压力或用户使用场景来测试软件性能是否满足生产环境的要求。在广义上，性能测试是压力测试、负载测试、强度测试、容量测试、大数据量测试、基准测试、回放测试、稳定性测试等所有与性能相关的测试的总称。

性能测试的类型众多，但在实际工作中不同的性能测试很难严格区分，因此，我们只要理解了各种测试的特点和概念就可以了。这里主要介绍基准测试、负载测试、压力测试。

1. 基准测试

基准测试是在特定的软件、硬件和网络环境下模拟一定数量的虚拟用户来运行一种或多种业务。基准测试的结果将作为基线数据。在系统调优或系统评测过程中运行相同的业务并得到相应的结果，然后用这个结果与基准测试结果进行比较，以确定软件是否达到预期效果。基准测试通常通过单接口测试获取数据，并将这个数据作为基准来比较每次调优（包括对硬件配置、网络、操作系统、应用服务器、数据库等运行环境的调整）前后的性能是否有所提升。

2. 负载测试

通过分析软件功能模块以及用户的分布和使用频率，可以构造针对系统综合场景的测试模型，并模拟不同用户执行不同的操作。例如，10% 的用户执行登录操作，50% 的用户执行查询操作，40% 的用户执行数据库更新操作。根据需要，我们可以在每个操作之间加入思考时间。这样可以使模拟的场景尽可能接近真实场景，以准确预测系统投入使用后的性能水平。

一般来说，软件发布后会统计用户行为，然后根据不同用户行为所占比例进行负载测

试。通过负载测试结果可以评估软件的处理能力以及各个接口之间是否存在影响性能指标的因素。根据处理能力，我们可以确定容量规划、限流和超时等配置。

3. 压力测试

压力测试即通过逐渐增加系统负载，观察软件的性能变化，以确定其在何种负载条件下会失效。这种测试的目的是找出系统的瓶颈或者不能接受的性能点，以确定软件能提供的最大服务级别。

压力测试的核心理念是不断地增加压力，没有预设的性能指标。测试人员要观察软件在何时崩溃，以确定其瓶颈或不能接受的性能转折点，并确定最佳并发数。同时，也可以发现由于资源不足或资源争用而产生的问题。

压力测试并非要破坏系统，而是帮助我们更清晰地了解软件在崩溃时的表现。在进行压力测试时，需要重点关注以下几点。

- 软件是否能保存故障发生时的状态？在故障发生前是否会发出警报？
- 软件是突然崩溃并退出，还是停止响应？
- 停止压力测试后，软件是否能恢复到之前的正常运行状态？如果不能，那么重启后能否正常运行？

4.3.2 性能测试的误区

性能测试与功能测试不同，功能测试只需确保串行请求响应正常即可，而性能测试需要在并发请求下保证输入和输出符合预期。如果软件存在线程或锁使用不当的情况，则可能会出现反常表现，因此应从性能测试端、软件逻辑层、数据层等角度验证结果的正确性。

另外，即使软件已稳定，也可能遇到环境问题，如选择错误的性能测试工具或防火墙导致的网络堵塞、跨集群延时高等问题。遇到这类问题，应首先梳理整个核心链路，然后采用"反问法"逐一解决。

下面介绍在测试过程中笔者犯过的一些低级错误，供大家参考并引以为戒。

误区一：测试对象错误。计划测试 A，实际测试了 B，然后得出了结果 C。

笔者曾经参与过一个项目的性能测试，其整体调用示意图如图 4-4 所示。

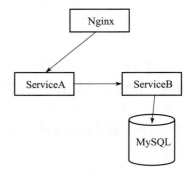

图 4-4　性能测试案例的整体调用示意图

在笔者负责的众多接口中，有一个接口通过 Nginx 访问 ServiceA，ServiceA 再调用 ServiceB 来获取信息列表，该列表用于展示 App 首页的新闻或视频列表，且无须登录就可查看。该接口已在之前的测试用例中被脚本化，但由于开发人员对其进行了一些调整和优化，笔者只需要例行执行测试，验证调整和优化工作没有产生性能影响即可。

测试过这个接口之后发现，性能比之前提高了一倍，TPS 上万，P99 延时可以控制在 100ms 以内。由于其完全满足业务目标，笔者并未深入探究。然而，当笔者分享性能测试数据时，负责这部分开发的同事发现了问题。他指出，这个列表查询 ServiceB 和 MySQL 的延时在 20ms 左右，连接池为 50，无论如何，性能不应超过 2500QPS（$1000/20 \times 50$QPS）。

经过深入探索，我们发现开发人员配置了一个容易触发的熔断策略。当延时超过某个阈值时，就会自动触发熔断，返回降级数据。由于降级数据缓存在服务内存中，因此查询速度非常快。

由此，笔者总结了如下 3 个经验教训。

- 在进行性能测试之前要清楚了解业务架构。
- 在测试过程中要观察核心链路指标变化。
- 无论结果是正向的还是不满足目标的，都要对性能数据进行推导和分析，给出合理的解释，而不仅为了完成目标。

从另一个角度来看，测试目标错误可能是由于对软件内部逻辑理解不足，或者一开始就设定了错误的目标。笔者在工作中见过一些测试人员对一些极其复杂的业务场景进行性能测试，发现确实存在性能瓶颈。但是，这个性能问题只有在极端情况下才会触发，也就是说，TPS 太低，资源有限，即使进行优化也不会带来大的收益。

因此，在进行性能测试之前，理解内部逻辑非常重要，但更重要的是理解本次性能测试的意义。

误区二：过于依赖专家的意见。遇到专家发言，就停止思考。

在日常工作中，笔者经常见到这样的情况：面对难以解释的性能问题时会寻求专家的建议。对于一些相对简单的问题，如数据库索引的添加或线程数量的配置，专家可以根据经验提供建议，这在一定程度上可以解决问题。但是，对于由复杂业务的多个环节共同引起的性能问题，特别是在不了解业务背景的情况下，专家很难提供有效的解决方案。专家提供的解决方案要么难以实施，要么就是"保持现状，寻找重构的机会"。

当专家发表意见后，性能测试人员会立即停止问题分析和优化方案的设计。他们在专家的背书下，过早地得出不能优化的结论，这使得实际问题得不到解决。

针对这种情况，笔者建议在性能测试过程中从如下两个方面来解决问题。

- 从性能测试开始的那一刻起，专家就需要参与其中，直到性能测试和优化结束。
- 清楚地介绍业务背景和性能测试情况，利用各项性能指标数据来说明性能瓶颈的位置，有针对性地请教问题并排除性能问题。

误区三：错把现象当原因。

在早期的工作中，笔者测试过公司的 WAF 服务。这项服务不仅包含一些 OWASP 规则判断，还依赖于 Redis 中间件。为了方便测试，笔者直接连接到公司云服务上的 Redis 集群。在测试过程中，性能很难达到 100QPS，且时延在 100ms 左右，这很难满足单核 1500QPS、99.9% 的时延在 50ms 以内的目标。笔者当时便大胆地推测是 WAF 服务本身存在性能问题。

笔者找到相关的开发人员，经排查发现，WAF 所在的服务器和 Redis 服务器之间存在约 100ms 的网络延时（如果调整到同一个机房，可以达到约 200μs）。如果服务和 Redis 之间使用单个连接，则查询速度无法超过 10QPS。

在这次性能测试过程中，笔者意识到当服务性能不符合预期时，应首先逐一排查各环节的时延分布，排除外界因素的影响，然后从服务本身寻找问题，而不应该直接怀疑服务本身存在问题。

虽然这个问题很基础，但在进行性能测试时却常常会犯这样的错误。例如，软件查询数据库的速度很慢，除了网络原因外，还可能是数据库 SQL 查询慢，或者可能是软件内部逻辑慢。如果是软件处理慢，那么为什么慢，慢在哪个环节？这就需要我们通过 strace 等工具或者一些链路追踪方案去排查和分析慢的根源。如果直接给出相对笼统和模糊的答案，将问题交给相关开发人员去分析和解决，那么开发人员就需要从头开始，这将大大降低性能测试的效率。

4.3.3　性能测试的流程

为了达到性能测试的目标，我们在进行性能测试之前，需要深入理解以下几点。

- **性能测试对象**。在当前微服务架构盛行的环境下，一个业务可能由几十个甚至上百个服务组成，一个接口的调用可能需要经过几十个服务的数据传递。部分接口可能还存在限流、超时、降级和熔断的情况。如果我们对服务间的处理机制不清楚，那么测试结果可能会不准确，需要重新进行。因此，在开始性能测试时，我们必须明确测试目标，按照"先整体，后细节"的方式厘清软件的全貌。
- **限制因素**。通常情况下，对于测试来说，生产环境的基础设施优于测试环境。如果我们直接在生产环境进行测试，那么可以得到更接近真实情况的测试结果。如果这次测试不能在生产环境中进行，那么我们需要列出生产环境和测试环境的差异，包括但不限于 CPU 型号、磁盘、内存大小、网卡配置、网络架构、数据库存储容量和现有数据量、依赖服务的版本和交互方式等。

- **结果处理**。如 4.3.1 节所述，性能测试方法有很多种。有时，我们进行性能测试可能仅是为了验证某个第三方系统，得到一组性能数据后交给领导，不需要关心具体的性能指标。这类似于功能测试中的黑盒测试，仅是验证性测试，更适用于一些成熟的系统。否则，可能会得出一些错误的结果。

一种更主动的性能测试方式是根据用户场景进行性能测试（通常情况下，可以同时进行基准测试、负载测试等），在测试过程中收集软件的性能指标，关注是否达到预期的性能水平。如果没有达到，则需要找出瓶颈在哪里。在必要的情况下，我们需要使用工具进行性能分析，发现问题并修改后再次验证结果是否符合预期。

下面将介绍性能测试流程，我们将重点强调性能测试的思路，而不会讲解性能测试工具或需求管理工具的使用。

1. 定义性能测试的范围和目标

确认范围和目标的过程通常需要找到被测服务的负责人、市场营销人员、开发人员、运维人员和功能测试人员。如果是一个较大的系统，那么还需要技术总监的参与。整个过程都应形成文档记录，只有在负责人确认无误后，才能执行后续的性能测试工作。

- **性能测试环境**。如果在生产环境中进行性能测试，就需要找到对正常用户影响最小或无影响的测试方式；如果在测试环境中进行性能测试，那么要建立一套硬件规格、操作系统、数据库配置、依赖服务与线上相似的最小化环境。如果找不到这样的环境，就需要确保不一致的环境不会对测试结果产生影响。这种性能测试环境通常需要在功能测试阶段建立和初步确认。
- **性能测试场景**。如果是已经对外提供的服务，可以通过监控指标看出各个接口的使用比例，按照使用比例设计场景即可。如果是一个未上线的系统，那么基本上只能靠经验评估了。据不完全统计，一个核心软件需要应对突发流量的接口在 5 个以内，例如我们常见的电商首页模块，主要有搜索商品、查看商品、加入购物车这 3 个高频使用的接口。因此，在设计性能测试场景时，我们只需针对这 3 个接口进行设计，包括用例的执行比例、性能测试方法选择、用户数量等，尽可能接近真实场景，以保证性能测试结果的正确性。

图 4-5 所示是一个电商首页服务的性能测试场景示例。

硬件资源	编号	性能测试类型	P99.9目标延时	场景	P99.9延时	实际TPS	CPU利用率	错误率	最大延时	平均延时
4C12G	1	单场景阶梯压测，探索每个接口的最大TPS	500ms以内	搜索商品						
				查看商品						
				加入购物车						
	2	混合场景阶梯压测，采用人为模拟录制，加入思考时间和步调时间，接近实际使用情况，探索混合场景的最大TPS	500ms以内	搜索商品（50%）						
				查看商品（30%）						
				加入购物车（20%）						
	3	混合场景阶梯压力测试，去除思考时间和步调测试，探索系统的极限TPS	500ms以内	搜索商品（50%）						
				查看商品（30%）						
				加入购物车（20%）						
	4	固定并发长时间稳定性测试，并发数量按照真实用户数量计算	500ms以内	搜索商品（50%）						
				查看商品（30%）						
				加入购物车（20%）						

图 4-5　电商首页服务的性能测试场景示例

　　如果软件高度依赖第三方系统，那就需要在性能测试之前拿到第三方系统的最佳实践和性能测试结果，并且在测试过程中关注第三方系统性能指标是否会影响当前系统，记录不同场景下第三方系统的性能指标。

　　如果软件高度依赖第三方系统，那么在进行性能测试之前，需要获取第三方系统的最佳实践和性能测试结果。同时，在测试过程中，要关注第三方系统的性能指标是否会影响当前系统，并记录第三方系统在不同场景下的性能指标。

　　根据服务场景设计性能测试用例也很重要。例如，如果用户的系统可用于网络转发服务，那么需要测试不同消息大小下的性能指标，并在真实场景中扩展性能测试矩阵。另外，性能测试本身就是一个无底洞，如果无限扩展，那么有限的工作时间根本无法完成。因此，当面对一些无法完成的场景时，一定要记录并假设这个系统能够按照预期工作。如果有必要，我们可以对某个系统进行进一步的测试，而不必从头开始。

　　在 4.1.2 节中，我们介绍了性能测试的度量指标，包括对外的延时和 TPS，以及对内的资源利用率和错误率。虽然可以参考业界的常见指标，但还需要根据实际情况定义自己的指标。例如延时，业界通常认为超过 3s 是不可接受的，但如果用户的系统可用于文件下载服务，那么即使 30s 的延时也可能被大众接受。

2. 性能测试环境搭建

　　性能测试环境应尽可能与生产环境保持一致。出于对成本和复杂性的考虑，数量上可能无法做到一致，但应确保硬件型号和软件版本一致，或者确保不一致的部分对性能测试不产生重大影响。

如果有条件在生产环境中进行测试，那么一般会在非正常服务时间进行，同时也要避免污染线上数据。

1）**硬件环境，包括服务器和网络环境。**生产环境通常采用集群部署以处理海量请求。如果过分要求性能测试环境与生产环境完全一样，则可能导致无法承受的成本。可以通过对集群中的一个节点进行性能测试，得出该节点的处理能力，然后计算每增加一个节点的性能损失。通过这种方式，也可以通过建模得到大型负载均衡下的预计承载能力。

2）**软件环境，具体涉及以下几个方面。**

- **版本一致性**：包括操作系统、数据库、中间件、第三方系统、被测系统等的版本。
- **配置一致性**：系统（操作系统、数据库、中间件、被测试服务）参数的配置应保持一致，因为这些系统参数的配置可能对系统性能产生巨大影响。
- **部署模型一致性**：各软件服务的网络拓扑部署应尽可能与生产环境保持一致。例如，如果生产环境中的部分第三方服务部署在广域网，而性能测试环境中的所有服务都部署在局域网，那么可能导致测试数据指标与实际情况不一致。
- **数据一致性**：应根据业务预测生成与生产环境相似的数据量和数据类型分配。例如，数据库表中有 10 条数据和几千万条数据时，在进行性能测试时，获取的数据指标可能有很大差异。
- **监控告警**：正常情况下，每个子系统都应有可视化的指标仪表盘。应统一收集网络链路的每个环节的监控指标，并进行监控面板的建设。
- **施压机器**：作为性能测试的发起点，必须保证有足够的机器数量来产生压力。性能测试工具可以模拟出多个虚拟用户。具体产生的并发数量很大程度上取决于被测系统架构和内部逻辑处理机制。测试过程中需要时刻关注压力机器的各项指标，否则可能产生无意义的数据。

3. 性能测试脚本编写

用户可以直接使用性能测试工具的录制功能，也可以自行编写性能测试脚本和参数化业务逻辑。

进行单条用例测试时，检查服务内部是否有错误日志，并确保数据能正确更新到数据库，这样可以保证脚本输入和输出的准确性。

对于没有编程经验的测试人员来说，这部分可能较为复杂。但是，如果存在编写代码的场景，一定要亲自尝试编写，这是一个提升技能和成长的机会。从长期从事性能测试工作的角度来看，能编写代码的测试人员有更广阔的职业发展空间。

4. 性能测试执行

如图 4-6 所示，通过管理控制端对压力系统进行操作，模拟用户行为发出期望请求。被测试软件接收这些请求，用户可以持续观察到被测试软件的指标反馈。

理想情况下，性能测试应仅作为验证业务性能指标的过程，而不是修复 Bug 的过程；然而，在实际工作中，测试人员可能需要进行多次部署和重复测试。因此，在执行性能测试前，建议在每个环节中都用性能测试工具进行一次或多次完整预演，一旦预演得到正确的结果，再按照以下流程进行。

（1）基准测试

在基准测试过程中，经常会遇到"设置多大并发用户数合适"的问题。这里有一个简单的公式：

$$并发压测用户数（VU）= 每秒执行事务数（TPS）× 响应时间（RT）$$

因此，在寻找合适的并发用户数时，建议使用性能测试的"梯度模式"逐渐增加并发用户数。这时，压力也会逐渐增大。当 TPS 的增长率小于响应时间的增长率时，这就是性能的拐点，也就是最合理的并发用户数。当 TPS 不再增长或者开始下降时，此时的压力就是最大的，所使用的并发用户数就是最大的并发用户数。

如图 4-7 所示，当压测端并发达到 Ay 时，此时 TPS 达到最大值 t，资源消耗为 Ax。如果继续提高压测并发数，则会出现下降趋势，此时的 t 就是软件性能的最优点。

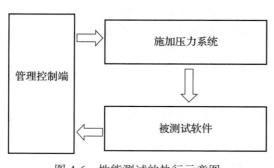

图 4-6 性能测试的执行示意图

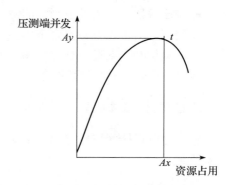

图 4-7 并发测试的最大用户数

（2）负载测试

在基准测试的基础上开始进行负载测试，所有的性能测试脚本都应该按照实际场景的比例为目标用户数量分配虚拟用户。

（3）压力测试

压力测试主要用于评估服务在当前硬件基础设施支持下的极限承压能力。

（4）稳定性测试

稳定性测试是一种性能测试，也被称为浸泡测试。它通过模拟软件的常见场景，并以天和周为单位进行性能测试，主要用于发现软件的内存泄漏以及长时间运行导致的不稳定因素。

5. 性能测试结果报告

首先收集性能测试数据，编写性能测试报告，建立性能基线，确保已完成性能测试数据的收集，并对整个测试过程的数据进行备份。

然后将性能测试结果与目标结果进行对比，查看差异。在这个过程中，可能需要进行复测。

接着向相关人员分享测试过程的关键执行步骤和性能指标。在大家一致认可后，完成性能测试。

最后将这些测试结果作为生产环境中限流和监控告警的基线数据。如果超过这些阈值，就需要触发告警。这正是性能测试的重要意义。

6. 资源回收

性能测试完成后，应释放测试过程中占用的硬件资源。特别是许多企业已经完成了100% 的上云，借助软件虚拟化和 Kubernetes 编排调度能力，可在几分钟内生成上百个副本，极大地方便了性能测试。但是，测试完成后，一定要记得进行缩容操作，否则可能产生不必要的资源消耗。

4.4　性能测试的结果分析与评估

当开始进行性能测试的那一刻，用户就会看到部分测试结果，但这些结果可能只是假象或者中间状态。在日常工作中，大部分性能测试人员往往只关注获得测试结果，却忽视了对性能根源的分析。这种测试方式，只完成了任务的一部分。剩下的任务是找出软件的性能瓶颈，找到这些问题的根源。有人可能会说，只关注指标结果就可以了，无须关心资源消耗点。但实际上，这种观点是错误的。性能优化本身就像一个无底洞，我们无法预知何时应该停止优化。如果我们已经清楚地知道软件的资源消耗点，就可以根据成本和收益来决定是否需要优化。即使这次没有进行性能优化，后续也可以有现成的低成本性能优化方案（例如，升级依赖库版本以优化某个算法，从而提升性能）。这样，我们就能"对症下药"，一次性解决性能问题。从另一个角度来看，在性能测试过程中找到资源消耗点，可为后续打造高性能软件开发奠定基础。

性能根源分析是性能测试中的重要环节，一般分为实时分析和事后评估。

实时分析是指在性能测试执行过程中查看服务器节点资源利用率、延时和 TPS，找出系统瓶颈，进行系统调优。这个过程可能会比较烦琐，需要多次修改运行参数、代码和进行测试，部署后还可能发现效果不明显，甚至性能指标下降。调试半天，成果有限。这时，我们需要查阅文档，反复琢磨和测试这些参数的含义。性能分析需要有耐心和综合技术能力，这是一项既有趣又有挑战性的工作。

通常，事后评估意味着已经完成整个性能测试过程，需要向相关人员分享性能指标数据、性能消耗点、测试前中后的过程和完整记录。在这个过程中，我们要推导和评估各项指标数据的准确性。

4.4.1 施压机器的指标观测

监控压力测试机器的状态，确保它们不会过载。需要特别关注的是 CPU、内存、磁盘 I/O 和网络 I/O。图 4-8 所示为服务器资源总览示例。图 4-9 所示为性能的度量指标。在进行性能测试时，应始终关注总览表，如果出现问题，则查看详细页面。在必要时，可以为压力测试节点设置告警阈值，以便在出现问题时及时发出告警。

服务器资源总览表，主机总数：28

IP（链接到明细）	运行时间	内存	CPU核	5m负载	CPU使用率	内存使用率	分区使用率*	磁盘读取*	磁盘写入*	连接数	TCP_tw	下载带宽*	上传带宽*
11.12.110.120	6.09 week	251.07 GiB	64	2.23	3.44%	6.33%	40.00%	1.21 kB/s	2.87 MB/s	1147	60	27.06 Mb/s	14.37 Mb/s
11.12.110.121	1.14 year	251.09 GiB	64	13.06	0.81%	13.36%	7.83%	364.09 B/s	1.20 MB/s	710	27	11.27 Mb/s	11.67 Mb/s
11.12.110.122	1.14 year	251.09 GiB	64	2.53	2.92%	3.97%	7.83%	364.09 B/s	2.86 MB/s	975	98	16.60 Mb/s	9.21 Mb/s
11.12.110.123	1.14 year	251.09 GiB	64	17.52	1.57%	4.28%	12.25%	242.73 B/s	3.24 MB/s	798	50	27.26 Mb/s	22.19 Mb/s
11.12.110.124	1.14 year	251.09 GiB	64	19.09	3.04%	4.95%	8.45%	242.73 B/s	2.09 MB/s	840	57	44.19 Mb/s	23.74 Mb/s
11.12.110.125	1.14 year	251.09 GiB	64	0.83	2.06%	12.49%	7.83%	728.18 B/s	1.26 MB/s	537	28	5.47 Mb/s	5.28 Mb/s

图 4-8　服务器资源总览示例

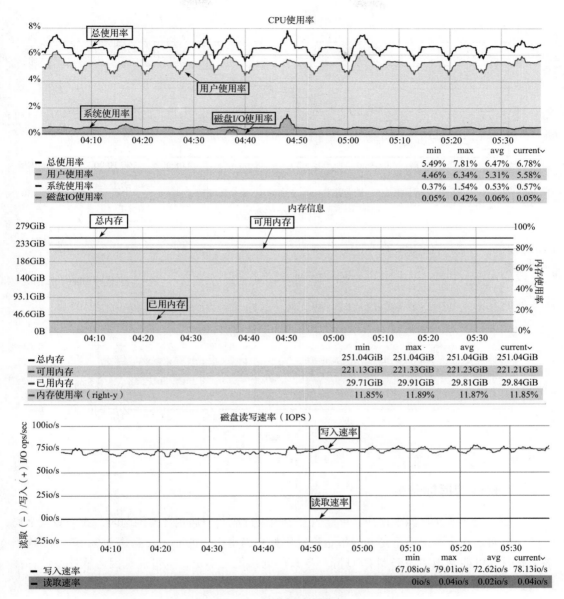

图 4-9　性能的度量指标

在性能测试过程中，建议采用阶梯式并发压力测试，逐步增加压力，直到被测试的软件资源耗尽或延时无法满足要求。此方法可以找出软件能够支持的最大 TPS。如图 4-10 和图 4-11 所示，随着 TPS 的上升，延时开始逐渐增加并趋于稳定。

当压力测试服务器没有出现任何性能问题时，应开始关注被压测软件的性能指标和资源消耗情况。

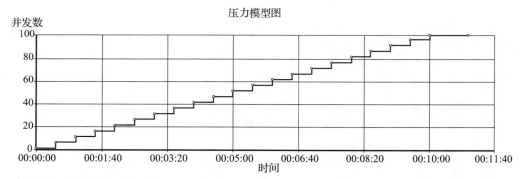

初始并发1，间隔30s，增加并发5，最大并发100，持续60s，整个压测持续11min

图 4-10 压力模型图

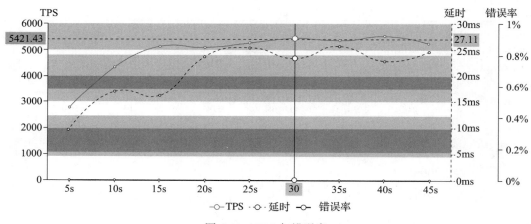

图 4-11 TPS 与错误率

4.4.2 软件的指标分析

性能问题通常并非孤立存在，可能由多个因素造成。当遇到性能问题时，我们应从全局角度分析问题的根源，而不是仓促下定论。例如，当指标中的 iowait 高达 95% 或 CPU 使用率满载时，可能是由于服务器 CPU 降频导致的处理能力不足，也可能是因为软件设计存在问题。因此，性能指标分析至少需要从系统资源消耗和软件指标两个维度来分析性能瓶颈。

1. 系统资源消耗分析

观察关联服务器操作系统层面的指标（CPU、内存、网络 I/O、磁盘 I/O），这些指标可以根据软件的特性进行调整。例如，如果软件是 CPU 密集型程序，那么需要重点关注用户态和内核态的 CPU 占用、系统负载、上下文切换次数、缺页异常等。

在观测过程中，我们需要不断完善监控平台指标的采集。在非必要情况下，无须远程登录到具体的节点上执行性能分析命令，因为通过监控平台可以直接观测到绝大多数的性能问题。

笔者曾遇到一个问题，即在测试过程中，软件部分节点的 CPU 利用率频繁升高，即使在停止性能测试后，CPU 利用率还会频繁升高。一开始，笔者推测可能是监控指标采集问题，因此，笔者按照常规思路登录到相应节点并输入 top 命令，看到 CPU 利用率确实很高。但是，当输入 pidstat 1 时，笔者仍然无法确定是哪个进程占用了这么高的 CPU。

后来，笔者找到了很多 CPU 分析工具，并阅读了其中的文档。其中的一种工具是 execsnoop，笔者就是通过这个工具找到了问题的根源。原来，机器节点上的镜像分发工具由于配置错误，导致了快速反复重启，从而引发了 CPU 利用率频繁升高的问题。通过修改其配置，问题得到了解决。

由于性能测试和分析是一个相对耗时的工程，资源消耗会体现在服务器的 CPU、内存、I/O 指标上。一般来说，服务器本身不会出现性能瓶颈问题。所以，当操作系统出现不可解释的现象时，我们应该首先分析软件的指标，而不是假设服务器本身存在问题。如果在同一服务器的不同节点上发现了同一软件的指标差异，那么我们需要反过来进行服务器性能指标分析。

2. 软件指标分析

观察整个调用链路的延时消耗情况，通常情况下，不同服务的延时 SLA（服务等级协议）有所区别。例如，缓存服务 Redis 的延时 SLA 可以保证 P99.9 在 10ms 以内，而大多数软件的 P99.9 在 200ms 以内就能满足需求。对于需要重点关注延时的接口，应在不同层面构建自身的监控指标。

如图 4-12 所示，服务 A 通常更关注 A 接口发起调用到 B 接口返回结果的总耗时，而 B 接口更关注从收到请求到处理结束的耗时。为了方便查看，所有的时延指标都应尽可能放到一个面板上，一般使用分位数表示。

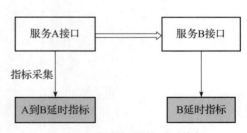

图 4-12　服务调用的延时指标

通过这种方式，如果出现延时问题，那么我们基本可以直观地判断是由于服务 A 自身的问题还是由于服务 B 处理过慢导致的。然而，对于极少数的请求超时情况，因为存在平均的问题，所以很难从监控指标层面发现问题。在这种情况下，需要从链路追踪日志或堆栈信息层面来排查具体的异常。

例如，图 4-13 所示是面向服务视角的延时指标。服务 A 调用服务 B 接口，服务 B 的处理时间大约为 10ms，服务 A 从发起调用到获取返回结果，总共耗费大约 50ms（通过 hping3 探测，从服务 A 到服务 B 的网络传输精确耗时为 15ms）。但是，服务 A 在大约 1min 的时

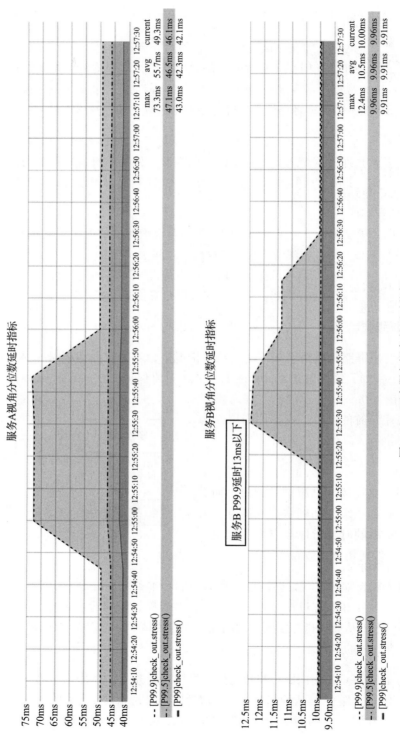

图 4-13　面向服务视角的延时指标

间里，P99.9 的延时增加了 20ms，而服务 B 虽然有一些波动，但 P99.9 的延时可以控制在 13ms 以下。通过排查，我们发现这段时间的性能测试数据是平时的 3 倍，因为服务 A 每次都需要对这些数据进行解密和签名操作，所以导致服务 A 的延时有一个明显的上升。因此，我们在代码中添加了数据大小限制逻辑来解决这个问题，因为在实际场景中不会存在过大的数据输入。

这个案例主要讨论了由于性能测试数据过大引起的延时问题。然而，延时可能是多个因素的连锁反应，如数据量过大、占用过多的内存、触发了编程语言底层的垃圾收集（GC）机制等。频繁启动的 GC 线程占用了过多的 CPU 资源，导致软件没有可用的 CPU 资源，最终表现为频繁 GC 导致的延时指标上升。在解决这个性能问题的过程中，如果没有找到 GC 线程频繁启动的根本原因就开始进行 GC 调优，同时后续软件创建了更大的对象或存在引用泄漏，那么这次的调优可能失效。

上文主要介绍了服务之间的延时指标查看方法。当确定一个服务内部接口的处理时间过长，但这个内部接口逻辑非常复杂，无法直观看出是什么逻辑导致耗时过高时，就需要对单个接口耗时情况进行排查，单接口的耗时跟踪如图 4-14 所示。阿里巴巴开源的 arthas 可以通过字节码增强技术跟踪 Java 代码从调用开始到结束的耗时情况。

```sh
1    $ trace demo.MathGame run '#cost > 10'
2    Press Ctrl+C to abort.
3    Affect(class-cnt:1 , method-cnt:1) cost in 41 ms.
4    `---ts=2018-12-04 01:12:02;thread_name=main;id=1;is_daemon=false;priority=5;TCCL=sun.misc
5        `---[12.033735ms] demo.MathGame:run()
6            +---[0.006783ms] java.util.Random:nextInt()
7            +---[11.852594ms] demo.MathGame:primeFactors()
8            `---[0.05447ms] demo.MathGame:print()
```

图 4-14　单接口的耗时跟踪

操作系统层面提供了 strace 工具以追踪操作系统调用时间的消耗，但要注意，strace 本身会占用一定的系统资源。因此，在使用 strace 进行性能测试的过程中应谨慎。

在满足延时指标的前提下，可以逐渐增加压力，从而提高 CPU 资源的使用效率，以获取软件的最大处理能力。性能测试资源占用通常有如下两种结果。

- 达到一定的 TPS 后，CPU 资源基本上会被耗尽。
- TPS 在某个值附近固定，无论如何增加压力，CPU 资源都无法得到充分利用。

一些性能测试人员非常担心压力测试过程中 CPU 的利用率达到 90% 及以上，他们认为这是不正常的。实际上恰恰相反，只要在 SLA 范围内，CPU 作为可伸缩的弹性计算资源是没有问题的。

接下来，我们需要分析 CPU 具体的使用情况，可以使用 perf + flamegraph（火焰图）、profile、Async-profiler（Java）进行 CPU 的定量分析。从图 4-15 所示的火焰图，我们可以清楚地看到 readSerialData 函数占用了 39.83% 的 CPU。火焰图是由 Brendan Gregg 发明的，它以直观的方式展示了软件的调用栈信息。从垂直方向看，顶部的框表示在 CPU 上执行的函数，下面的则是它的调用者。从水平方向看，框的宽度表示函数在 CPU 上运行的时间。火焰图是交互式的，用户可以通过单击查看其中的各个方法信息。利用这些特性，我们可以通过火焰图来快速定位软件中的性能瓶颈，即哪些方法消耗了较多的 CPU 资源，它们是否可以被进一步优化等。

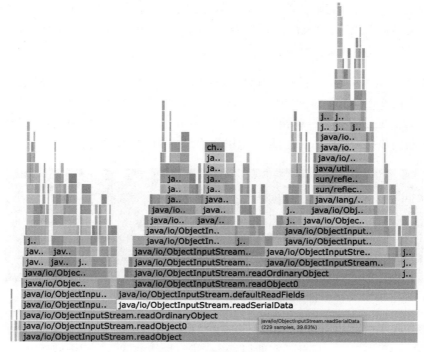

图 4-15　火焰图示意

对于 CPU 无法利用的情况，可以使用 perf offline、offcputime 等命令来观察 CPU 闲置期间的调用栈信息。通常，这种问题主要由以下两种情况引起。

- 由 I/O 密集型软件导致。可以通过使用本地缓存、增加 I/O 操作的线程数量、进行批量化处理、异步调用等方式进行有效优化。
- 代码中存在同步锁。应确保是否真的需要加锁，并针对性地进行锁消除。

在工作中，笔者曾遇到过由网络 I/O 引起的性能问题。公司内部的软件需要获取第三方软件的历史数据。在运行过程中，经常出现 iowait 高达 90%，而 CPU 利用率只有大约

20%，但由于 I/O 等待而导致请求延时过高的现象。经过分析发现，要获取的数据不会有太大的变动，因此我们直接将每次同步的数据缓存在内网的 Redis 集群中。当遇到不存在的数据时，可以进行增量拉取更新。通过将网络 I/O 改为缓存 I/O，iowait 从原来的 90% 几乎降低到 0，性能提升了近 2 倍。

4.4.3　软件的事后评估

事后评估主要利用一些常识来验证性能测试报告的准确性，并充分利用指标数据。

图 4-16 所示为一个性能测试报告的指标数据。测试报告不仅要涵盖核心指标（如延时、TPS、CPU 利用率、错误率），还要包括这些核心指标的截图以及依赖于底层中间件或第三方软件的指标数据。同时，也可以记录从搜索引擎中找到的权威性的性能瓶颈优化方案。

场景	P99.9 延时	实际 TPS	CPU 利用率	错误率	最大延时	平均延时
搜索商品	400ms	1500	90%	0%	4s	100ms
查看商品	200ms	2000	94%	0%	2s	78ms
加入购物车	420ms	1200	90%	0%	5s	110ms
搜索商品（50%）	410ms			0%	5s	150ms
查看商品（30%）	180ms	1550	88%	0%	3s	70ms
加入购物车（20%）	450ms			0%	5s	180ms

图 4-16　一个性能测试报告的指标数据

"查看商品"的 TPS 是 1550，为什么不是 2000？如图 4-17 所示，随着 TPS 的上升，内存 GC 正常，软件逐渐完全占用了服务器的所有 CPU 资源（图 4-18）。如果再进行加压，那么其中加入购物车的 P99.9 延时超过 450ms（图 4-19）。在观测期间，依赖的操作系统和其他服务正常。这表明已经压测到软件的极限，如果想进一步提高，那么必须针对性地进行性能优化。

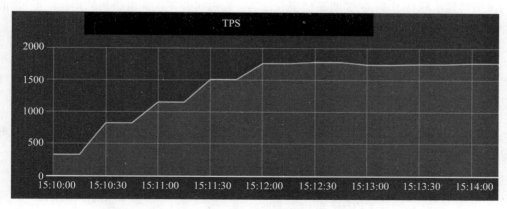

图 4-17　TPS 峰值

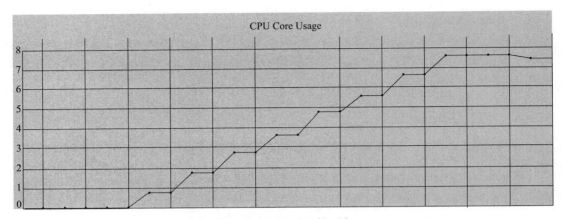

图 4-18　CPU 核心使用率

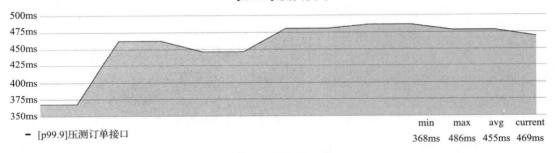

图 4-19　服务端延时

我们需要不断质疑并推导数据指标的合理性。例如，当看到搜索商品 P99.9 的延时是 400ms 时，应该问为什么延时是 400ms？这时需要通过测试报告来定位这 400ms 的调用耗时分布图，通过这种方式发现有误导的性能指标。例如，软件 A 依赖于软件 B 的某个接口，但测试结果显示软件 B 的 QPS 明显低于软件 A，通过排查发现，由于负载均衡的配置问题，软件 A 的部分流量并未路由到软件 B，而是发送到生产环境。

在查看性能测试报告数据时，我们至少需要从当前软件指标和资源消耗两个方面来验证数据的正确性。正确的测试报告应该符合现实逻辑，可复现，可用数据图表展示，且性能测试结论能被所有人理解和分析。

在确认性能测试数据无误后，我们需要计算每个请求消耗的 CPU 资源。通过下面的公式，我们可以推导出软件上线后所需的硬件资源：

$$每个请求的\ CPU\ 利用率 = 总\ CPU\ 利用率\ /\ 请求总数$$
$$所需\ CPU\ 数量 = 总\ TPS \times 每个请求的\ CPU\ 利用率$$

例如，如果 1550 TPS 占用 8 核 CPU，那么每个请求的 CPU 利用率为 $8 \times 90\%/1550 \approx$ 0.46%。如果要满足 50 000 TPS 的需求，那么就需要 230 核（$50\,000 \times 0.46\%$）。当然，这是根据性能测试指标评估出来的资源占用，上线初期最好预留 20% 缓冲资源。我们需要不断观察监控指标，计算生产环境的 TPS 和资源占用的实际大小，并与性能测试数据进行比较，不断校正其中的偏差，从而使软件的 TPS 和资源配比达到一个合理的状态。

4.5　本章小结

本章主要介绍了软件的性能测试指标、常用工具，以及性能测试的方法、误区和过程。前期，我们将实现软件指标的可视化，并在性能测试过程中采用"先现象后原因"的分析方式，找到影响性能的根本原因。总的来说，我们首先通过监控指标找出资源利用率过高的软件，然后分析占用资源过多的代码逻辑，当发现延时过高时，我们需要找出耗时过多的软件，并分析其内部耗时逻辑，最后找到无法提高 TPS 的根本原因。

虽然我们已经找到了影响性能的根本原因，但要优化这些性能问题还需要进一步努力。在性能优化的过程中，我们会面临诸多挑战。"过早优化是万恶之源"这句话是由 Tony Hoare 在《计算机编程艺术》一书中提出的，他其实并不反对优化，而是在强调优化的必要性。他真正的意思是，我们不应该浪费时间去做那些并不必要的优化。这句话为一些工程师提供了一个偷懒的借口，让他们觉得"性能不足，补充资源"是最好的解决方案。而有些工程师不怕犯错，大胆进行必要的性能优化，笔者认为这种工程师在代码和技术上是有追求的。但优化意味着变更，变更就可能会出错，出错就可能会被当作反例。因此，性能优化应尽可能向前移动，在高并发的业务场景中，我们应尽量从性能的角度进行软件的设计，即使后期出现性能问题，也能进行快速调整和优化，尽可能降低性能优化的成本。

实　践　篇

Chapter 5

第 5 章

网络性能

互联网软件应用系统的最大性能瓶颈在哪里？在很多情况下，限制因素是网络传输，也就是数据在互联网上在服务器和终端用户之间的来回传输时间。

如今，在设计网络应用时，服务端的基础设施往往受到较多的关注，这也是架构师能够控制的部分。良好的基础设施性能和可靠性似乎是一个相对容易理解和处理的问题。然而，从终端用户的角度来看，为了实现强大的应用性能和可靠性，服务端的基础设施只是一个必要但不足够的条件。

难以控制且常被忽视的是，互联网的"中间网络"将延时瓶颈、吞吐量限制和可靠性问题引入了软件应用系统的性能公式中。实际上，"中间网络"这个词本身就是模糊的，因为它指的是由许多竞争实体拥有的、可能跨越数百或数千千米的异构基础设施。

5.1 互联网的性能问题

虽然我们通常将互联网视为一个单一实体，但实际上它是由数以万计的不同且互相竞争的网络组成的，每个网络都提供一部分终端用户的访问。随着市场需求的增长，承载服务器的数据中心（IDC）和用户的接入网络都得到了极大的提升，互联网的容量也在持续发展。

然而，由网络流量交换的对等节点和中转节点组成的互联网"中间网络"实际上是一片空白地带。在这里，从经济角度看，几乎没有动力去扩大其产能。相反，中间网络更希望减少流入其中的无偿流量。因此，对等节点通常负载过重，从而导致数据包丢失和服务质量下降。对等节点经济模型的脆弱性可能引发更严重的问题，其他的可靠性问题也困扰着它们。互联网中断的原因多种多样，包括跨洋电缆中断、断电和分布式拒绝服务攻击（DDoS）。互联网的主要路由算法协议是边界网关协议（BGP），它和物理网络基础设施一样容易受到影响。

互联网可靠性和对等节点问题的普遍存在，意味着数据在中间网络中的传输时间越长，就越容易出现网络拥塞、数据包丢失和性能下降的问题。

5.1.1　规模问题

随着宽带和可用性需求的增长，用户对更快的网站、更丰富的媒体以及高度交互的软件的期待也在提高。这种持续增长的流量负荷和性能要求反过来又给互联网的"中间网络"带来了巨大的压力。

5.1.2　距离瓶颈

视频和富媒体文件的增大产生了一个有趣的副作用，即服务器和最终用户之间的距离对用户感知到的性能产生了更大的影响。

如果数据包可以以接近光速的速度穿过网络，那么在网络并不拥堵的情况下，为什么一个"大文件"需要这么长的时间才能穿过网络到达用户呢？这是由底层网络协议的工作方式决定的，延时和吞吐量是直接关联的。例如，TCP 窗口一次只允许发送一小部分数据，然后必须暂停并等待接收端的确认。这意味着网络往返时间（延时）有效地限制了吞吐量，这可能成为文件下载速度和视频观看数量的瓶颈。

数据包丢失使问题变得更复杂，因为如果检测到数据包丢失，那么这些协议会在等待确认之前停止并发送更少的数据。较长的距离增加了拥塞和数据包丢失的可能性，从而进一步降低了吞吐量。

5.2　内容分发的方式与性能

考虑到各种瓶颈和可扩展性的挑战，我们应如何通过互联网有效地传送内容？我们应如何提升软件所需的性能和可靠性？在内容分发体系中，主要有 4 种方法：集中托管、数据中心、分布式 CDN 以及 P2P 网络。这 4 种网络架构各有优缺点，为我们考虑优化内容分发性能提供了方向。

5.2.1　集中托管

传统的 Web 站点通常使用一个或少数几个配置站点来承载内容。为了提供更高的性能、可靠性和可扩展性，商业站点通常至少会有两个地理分散的镜像站点。

这种方法对于只需要满足本地用户需求的小型网站来说已经足够了。然而，由于用户体验受到互联网"中间网络"不稳定性的影响，这种方法的性能和可靠性可能无法满足商业级网站和应用的需求。

此外，站点镜像既复杂又昂贵，并且难以管理。流量波动大，需要为峰值流量提供更多的冗余资源，导致昂贵的基础设施在大部分时间内无法得到充分利用。预测流量需求非常困难，集中托管无法灵活应对流量突增的情况。

5.2.2　数据中心

内容分发网络通过将可缓存内容从源服务器转移到更大的共享网络，提供了更好的可伸缩性。一种常见的内容分发网络被描述为"数据中心"，它包括可能连接到主干网络的几十个高容量数据中心，用于缓存和分发资源。

尽管这种方法相比集中托管具有更多的性能优势和更好的规模经济性，但它的改进空间有限，因为数据中心的服务器仍离大多数用户较远，且受到中间网络瓶颈的影响。仅有自己的主干网络并不能实现商业级的性能，这似乎与常理相悖。事实上，即使是最大的网络控制终端的用户数量也有限，互联网用户在网络上呈现长尾分布。即使连接到主干网络，数据也必须穿过"中间网络"的泥潭，才能到达互联网的大多数用户。

5.2.3　分布式 CDN

高度分布式 CDN 拥有数千个网络服务器，而不是几十个。虽然这看似与 CDN 的"数据中心"类似，但实际上，它是一种完全不同的内容服务器部署方式，其分布程度远超过两个数量级。例如，通过将服务器放置在终端用户的 ISP 中，高度分布式 CDN 消除了对等、连接、路由和距离问题，并减少了依赖互联网组件的数量。此外，这种架构具有可扩展性。

然而，部署高度分布式 CDN 的成本高、耗时长，且伴有许多挑战。从部署和管理的角度来看，网络规模必须有效地设计，包括：

- 复杂的全球调度、映射和负载平衡算法。
- 复杂的缓存管理协议，以确保高缓存命中率。
- 分布式控制协议和可靠的自动监控和报警系统。
- 分布式内容更新机制、数据完整性保证和管理系统。
- 自动故障转移和恢复方法。
- 大规模数据聚合和分发技术。
- 健壮的全球软件部署机制。

这些都是 CDN 的核心技术，也是非常重要的挑战。

5.2.4　P2P 网络

鉴于高度分布式架构在视频分发的可扩展性和性能中起着至关重要的作用，自然会考虑 P2P（点对点）架构。P2P 可以被视为将分布式架构推向了逻辑极限，理论上提供了近乎无限的可扩展性。此外，在当前的网络定价结构下，P2P 提供了很有吸引力的经济效益。

然而，在实际应用中，P2P 面临着一些严重的限制，主要是由于 P2P 网络的总下载容量受其总上传容量的限制。对于用户的宽带连接，上传速度通常远低于下载速度。这意味着在实时流媒体等场景中，上传（对等节点共享内容）的数量受到下载（对等节点请求内容）数量的限制。平均下载吞吐量等同于平均上传吞吐量，因此常常不能支持高质量的 Web 流量。采用混合方法，即利用 P2P 作为 CDN 的扩展，可以获得更好的结果，P2P 可以在某些情况下降低总体分发成本。然而，由于 P2P 网络的容量有限，网络中非 P2P 的架构仍然决定了整体的性能和可扩展性。

5.3　CDN 的选择

在网络中，大量组件或其他部分可能会在任何时候发生故障。互联网系统会出现各种故障模式，如机器故障、数据中心故障、连接故障、软件故障和网络故障等。所有这些故障的发生频率都比我们想象的要高。尽管发生故障，我们仍希望网络能正常运行，不影响用户使用。

因此，在我们的应用系统中，需要选择一个健壮且高度分布式的 CDN。下面是从技术层面给出的一些建议。

1. 确保所有系统具有大量冗余，以便进行故障转移

拥有一个高度分布式的 CDN 可以带来大量的冗余。如果某个组件出现故障，那么可以有多种备份可用。然而，为了确保所有系统的健壮性，可能需要突破现有协议的限制并与第三方软件进行交互，这可能涉及成本的权衡。用户需要检查是否在每个级别都设定了适当的故障切换机制。

2. 使用软件逻辑提供消息的可靠性

需要明确是否在数据中心之间建立了专用连接，还是通过公共互联网在 CDN 网络中传输数据，包括控制信息、配置信息、监控信息和客户内容，以及是否使用了 UDP 的多路复用和有限次重传在不牺牲延时的情况下实现可靠性。

3.使用分布式控制进行协调

在考虑服务器时，还要考虑错误容忍性和可扩展性，这涉及许多因素，包括机器状态、与网络中其他机器的连接以及监控能力。当本地主服务器的连接性降低时，系统是否会自动选择一个新的服务器来承担主服务器的角色？这一点非常重要。

4.简单故障，优雅重启

网络应当被设计为能够迅速及无缝地处理服务器故障，并且能够从最后一个已知的良好状态重新启动服务器，这样可以降低服务器在潜在故障状态下工作的风险。如果某一台服务器持续不断地重启，那么只需将其置于"休眠"模式，就能尽可能减少对整个网络的影响。

5.阶段性软件发布

用户需要确定 CDN 供应商是否会分阶段将网络软件发布到实时网络中，也就是先在单台服务器上部署，然后在执行适当的检查后进行单个区域的部署，接着部署到网络的其他部分，最后进行全网部署。发布的方式决定了每个阶段持续的时间和数量。

6.主动检查缺陷

隔离故障的能力，在面向恢复的计算 / 系统中可能是最具挑战性的问题之一。如果一组特定内容的罕见配置参数请求会引发潜在的 Bug，那么仅仅让受影响的服务器失效是不够的，因为这些内容的请求将被定向到其他服务器，从而扩大故障范围。是否有缓存算法将每组内容限制在特定的服务器上？这些限制是否根据当前对内容的需求水平动态确定，同时确保网络安全？这两个问题需要明确回答。

考虑到 CDN 的规模巨大和异构性，以及地理、时区和语言的多样性，维护大型的、高度分布的、基于互联网的网络可能会非常困难。我们需要的是操作简单、成本低、易于扩展的 CDN 网络。

5.4　应用层的网络性能优化

从历史角度看，CDN 方案主要关注静态内容的卸载和交付。然而，随着 Web 应用变得越来越动态化和个性化，受业务逻辑驱动的趋势越来越明显。因此，提高处理非内容的速度对于提供优质的用户体验变得越来越重要。

加快数据往返的速度是一个复杂的问题，但是通过使用高分布式的基础设施，许多优化方案都有可能实现。

5.4.1　减少传输层开销

TCP 存在较大的开销，数据需要在通信双方之间多次传输以建立连接，这使得初始数据交换速率非常缓慢，并且从数据包丢失状态恢复的速度也非常缓慢。相比之下，采用持久连接并优化参数以提高效率的网络，可以通过减少传输同一数据组所需的往返次数来显著提高网络性能。

5.4.2　寻找更好的路由

除了减少往返的开销外，我们还希望缩短每次通过互联网数据往返的时间。乍一看，这似乎无法实现，因为所有的互联网数据必须通过 BGP 路由，并且必须通过许多自治网络进行传输。

尽管 BGP 简单且可扩展，但其效率和健壮性并不强。然而，通过利用 CDN，我们可以选择更快、更少拥堵的路由，从而将通信速度提高 30% 甚至更多。此外，当默认路由中断时，我们还可以通过寻找替代路由来实现更高的通信可靠性。

5.4.3　内容预取

我们可以在软件层面上执行许多操作，以提高终端用户的 Web 软件响应性。一种方法就是内容预取：当边缘服务器向用户提供资源时，它也可以解析并缓存相关资源，然后在用户浏览器发出请求之前检索所有预取的内容。

这种优化的有效性依赖于接近用户的服务器。尽管实际上一些预取的内容是通过长距离获取的，但用户感知到的软件响应性却类似于直接从附近服务器获取的。需要注意的是，与链接预取不同，内容预取不会消耗额外的带宽资源，也不会请求与用户请求无关的对象。在这些情况下，预取对于 Web 软件的用户感知响应能力有显著的影响。

5.4.4　使用压缩和增量编码

对基于文本的组件进行压缩可以将内容减少到原始大小的十分之一。利用增量编码，也就是服务器仅发送缓存页面与动态生成页面之间的差异，可以大大减少必须在互联网上传输的内容量。

通过使用内容分发网络（CDN）控制"中间网络"的两个端点，无论使用何种浏览器，都可以成功应用压缩和增量编码。在这种情况下，性能得到了提升，因为只有少量的数据需要传输到中间网络。然后，边缘服务器解压缩内容，将完整且正确的内容交付给最终用户。

5.4.5 边缘组装

边缘组装是在边缘服务器上缓存页面片段,并在边缘节点动态地组装它们以响应最终用户请求的过程。页面可以包含个性化数据,如最终用户的位置、连接速度、Cookie 值等。边缘组装页面不仅可以减轻源服务器的压力,还可以避免中间的延时,从而降低最终用户的响应时间。

5.4.6 边缘计算

将软件分发到边缘服务器可以极大地提高软件的性能和可扩展性。如同边缘页面组装,边缘计算支持全面的源服务器加载,这为终端用户带来了巨大的可扩展性和极低的软件延时。

虽然并不是所有类型的软件都适合使用边缘计算,但许多流行的应用(如产品目录、存储、产品配置、游戏等)都非常适合使用边缘计算。

5.5 计算密集型应用的性能提升——高性能网络

如今,数据中心内部服务器的接入带宽逐年增大,各大互联网企业正在将接入带宽从万兆(10Gbit/s)升级到 25Gbit/s,某些用于机器学习的服务器甚至已经使用了 100Gbit/s 的接入带宽。增大的接入带宽使传统的 TCP/IP 协议栈遇到了严重的性能瓶颈。

然而,100Gbit/s 的接入带宽可能只能实现不到 13Gbit/s 的实际吞吐量。在当前的操作系统中,使用 TCP 传输数据需要大量的 CPU 参与,包括报文的封装解析、TCP 的流量控制处理等。由于一个 TCP 流的报文由一个 CPU 核处理,因此单个 TCP 流的最大吞吐量受制于 CPU 单核的处理能力。遗憾的是,CPU 单核计算能力的提升已经变得非常困难。这就意味着采用传统 TCP/IP 协议栈的数据传输必然会遇到吞吐量的上限。如果想充分利用 25Gbit/s 或 100Gbit/s 的接入带宽,就必须使用多流并行传输。多流并行传输一方面增加了程序的复杂度,另一方面也意味着必须将更多的、昂贵的计算资源投到网络传输的数据处理中。

除了带宽问题,时延也是使用传统 TCP/IP 协议栈的另一个困扰。假设一个软件要发送一段数据,必须先通过 Socket API 将数据从用户态进入内核态,经过内核的报文处理后,再交给网络协议栈发送出去。类似地,在接收端,内核先收到报文,处理后提取出数据,等待用户态取出。其中包含了内核态/用户态的转换、CPU 的报文处理,以及操作系统的中断。因此,在一小段数据的传输时延中,真正占主要部分的并非在物理网络上的传输时延,而是在发送端和接收端软件协议栈中的处理时延。

传统的 TCP/IP 协议栈采用软件方式处理报文,无法解决上述问题。随着数据中心内通信的高带宽、低时延需求日益普遍，高性能网络应运而生。

5.5.1 Infiniband 网络与 RDMA

在高性能计算集群中，广泛使用的网络并不是以太网 +TCP/IP，而是 Infiniband。Infiniband 是一套从物理层到传输层的完整协议栈。事实上，Infiniband 的物理接口与常见的以太网接口完全不同。Infiniband 网络（简称 IB 网络）是一种完全不同于一般数据中心中常见的以太网架构的网络。

Infiniband 的设计理念与以太网完全不同。首先，Infiniband 基于集中控制的网络设计，这简化了交换设备的复杂性，有助于降低转发时延，但这也导致了 Infiniband 网络的扩展性不如 Ethernet（以太网）。其次，Infiniband 希望上层表现为一条计算机内的总线（这是超级计算机思想的自然延伸），因此 Infiniband 并不像 Ethernet 那样采用 Best Effort 的转发策略，而是采用了尽可能避免丢包的无损设计，并且上层编程接口开放了直接针对远程内存的读写。Infiniband 传输层的协议就是 RDMA，即远程直接内存访问，它利用了底层网络的无损特性，并向上层软件提供了一种称为 Verbs API 的编程接口。RDMA 从设计之初就是让硬件网卡 ASIC 而非 CPU 来执行网络传输的相关操作。

2000 年，首个 Infiniband 标准诞生，并在 HPC 领域得到广泛应用。然而，Infiniband 网络并不适合一般的网络连接场景，因此，Ethernet 一直主导着互联网数据中心。在 Infiniband 出现的 10 年里，Infiniband 网络和以太网各自在其擅长的领域内得到发展。到了 2010 年，首个 RDMA over Converged Ethernet（RoCE）标准形成，使得 Infiniband 网络的传输层协议 RDMA 能够以 Overlay 的形式运行于 Ethernet 之上。此时，Infiniband 网络和以太网开始交汇，原本属于 HPC 的 RDMA 技术逐渐进入一般数据中心，为即将到来的 AI 计算和云计算的快速增长提供了关键的支持。

需要注意的是，与 Infiniband 相比，RoCE 的性能稍逊一筹。近年来，一些 AI 计算集群也开始直接使用 Infiniband，但这并非主流，原因如下：

- Infiniband 网络的构建成本比以太网高出约一倍，如果再考虑到运维成本和运维难度，那么 Infiniband 网络的成本确实过高。
- Infiniband 网络只适用于 HPC（虽然 IPoIB 的方式可以让 Infiniband 网络支持原有的 TCP/IP 软件，但这就像在 MAC 计算机上安装 Windows 系统一样，毫无必要），并且与现有的以太网难以互联。

因此，出于兼容性的考虑，一般不会选择 Infiniband。RoCE 技术已经成为互联网企业数据中心使用 RDMA 的标准方式。RoCE 的报文结构如图 5-1 所示。

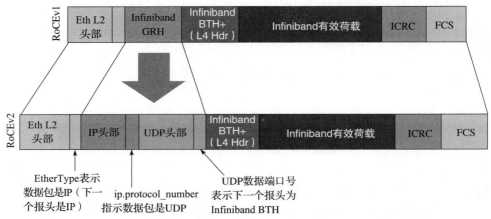

图 5-1　RoCE 的报文结构

RoCE 经历了两个版本——RoCEv1 和 RoCEv2。它们的主要区别在于，RoCEv1 是 MAC 地址上的 RDMA Overlay，不能跨子网，而 RoCEv2 则是基于 UDP 的 RDMA Overlay，可以跨子网。目前，RoCEv2 基本已替代 RoCEv1。封装在 UDP 中的 RoCE 报文有特殊的目的端口号 4791，源端口号则是任意的。这样，网络中的交换设备可以将 RoCE 报文视为普通的 UDP 报文，利用五元组 ECMP 进行流量负载均衡。在 UDP 的有效负载（Payload）中，RoCE 报文还有一个 Infiniband 协议栈中传输层（即 RDMA）的头部 BTH，其中包含两端 L4 endpoint 等信息，用于识别后面的数据与哪个软件的哪段内存相关联。

5.5.2　RDMA 的关键特性

如果读者稍微了解 RDMA，就会发现有两个关键词经常与 RDMA 同时出现，即 Kernel Bypass 和 Zero Copy。图 5-2 所示为 RDMA 与 TCP/IP 协议栈的处理对比。

在 TCP/IP 协议栈中，软件的数据首先通过 Socket API 复制进入操作系统内核，然后内核调用 TCP/IP 协议栈进行报文封装等处理，最后交给网卡发送。接收端则执行这一过程的逆向操作。而在使用 RDMA 时，软件的数据无须经过内核处理，也无须进行内存复制，而是由 RDMA 网卡（即 RNIC）直接从用户态内存中获取数据并传送到网卡上，再由网卡硬件进行封装等处理。接收端从网卡解封装后，直接将数据从内存中取出并传送给用户态内存。这就是 RDMA 技术中 Kernel Bypass 和 Zero Copy 两个特性的真正含义。图 5-2 中，RDMA 左边经过 libibverbs 的部分通常被称为 Command Channel，这是软件调用 Verbs API 时的命令通道，并非真正的数据通道。

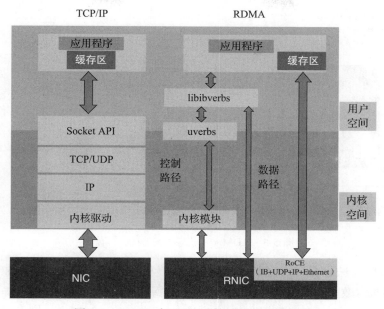

图 5-2　RDMA 与 TCP/IP 协议栈的处理对比

正是由于 Kernel Bypass 和 Zero Copy 的存在，RDMA 获得了 3 个关键的衍生特性——低延时、高带宽和低 CPU 消耗。这 3 个衍生特性经常被提出作为 RDMA 相对于 TCP/IP 协议栈的主要优势。但这 3 个特性是由 Kernel Bypass 和 Zero Copy 带来的。需要特别注意的是，Kernel Bypass 和 Zero Copy 都需要网卡的硬件支持，普通的以太网卡无法实现。这意味着想要使用 RDMA，就必须拥有支持 RDMA 技术的网卡。没有硬件支持，RDMA 就无法使用（当然，也有一些方案使用软件模拟 RDMA 网卡的行为，如 Soft-RoCE，但这显然已经违背了 RDMA 的基本特性）。

5.5.3　RDMA 的上层接口

软件通过使用 Verbs API 而非 Socket API 来实现 RDMA。对于缺乏相关经验的开发人员来说，Verbs API 可能会显得很陌生。为了更好地理解 Verbs API，我们必须明白 RDMA 在主机端的操作机制。图 5-3 所示为 RDMA 主机端的一些重要概念。

RDMA 具有 3 种队列——发送队列（SQ）、接收队列（RQ）和完成队列（CQ）。SQ 和 RQ 通常成对出现，被统称为队列对（QP）。SQ 是发送请求（即 Send Work Request，Send WR）的队列，RQ 是接收请求（即 Recv Work Request，Recv WR）的队列，而 CQ 是记录发送请求和接收请求完成情况的队列。这些队列以及其他一些资源的创建（API：ibv_create_qp、ibv_create_cq 等）是通过图 5-2 所示的 libibverbs 中的 API（控制路径）实现的。

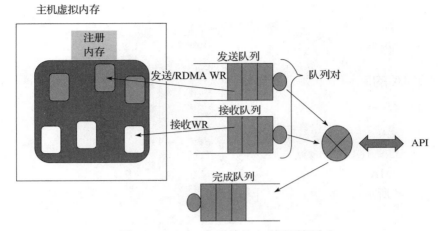

图 5-3   RDMA 主机端的一些重要概念

当软件需要发送数据时，它会向 SQ 提交一个发送请求（API：ibv_post_send）。请注意，此请求不包含数据本身，而只包含指向数据的指针和数据的长度。这个提交操作是通过图 5-2 所示的 libibverbs API（数据路径）实现的。请求会传递到网卡，网卡根据地址和长度获取要发送的数据，然后通过网络发送。发送完成后，CQ 中会生成一个发送完成说明。

在接收端，软件必须预先向 RQ 提交一个接收请求（API：ibv_post_recv），该请求包含了接收数据应存放的内存指针和最大接收数据长度。当数据到达时，网卡会把数据放在 RQ 队列头部的接收请求所指定的内存位置，然后在 CQ 中生成一个接收完成说明。

Verbs API 的发送和接收都是异步非阻塞的调用。软件需要检查 CQ 中的完成情况说明（API：ibv_poll_cq）来判断请求是否完成。这里的 QP 可以视为类似于 TCP/UDP 中的 Socket，标识一个 L4 的端点。如果采用基于可靠连接的 RDMA 模式，那么在开始建立连接时，需要绑定本端的 QP 和对端的 QP。

图 5-3 中有一个名为"注册内存（Registered Memory）"的概念。SQ 和 RQ 中的请求必须指向已经注册的内存位置。这里的"注册"是指将软件的虚拟地址和物理地址绑定，并将这个映射关系注册给 RDMA 网卡。软件需要自己负责内存的注册（API：ibv_reg_mr）。如果发送请求或接收请求指向了未注册的内存，那么请求就会失败，因为网卡无法判断请求中指定的虚拟地址在物理内存中的具体位置。

实际上，在 RDMA 中，除了 Send/Recv 外，还有 RDMA Write/Read 两种特别的请求，它们可以直接访问远端软件的虚拟内存。RDMA Write/Read 请求也是提交给发起端的 SQ（如图 5-3 中的 RDMA WR 所示），但是与 Send/Recv 不同的是，另一端并不需要事先提交接收请求到 RQ。这种单边的 RDMA 传输方式通常会比 Send/Recv 有更好的性能，但是挑战在于必须事先知道数据在对端的确切地址。

以上就是 Verbs API 的核心内容。当然，在实际的 RDMA 程序中，使用会更复杂。

5.5.4 RDMA 的底层实现

Infiniband 网络是无丢包的底层网络，这意味着没有交换机或网卡 Buffer 溢出的丢包，但是链路中断、传输物理错误等丢包是无法避免的。丢包是网络传输性能的杀手，为了从丢包中快速恢复，需要引入复杂且难以用硬件实现的处理逻辑。然而，以太网是有丢包的，那么以太网上的 RDMA（RoCE）是如何实现的呢？实际上，以太网可以通过 Pause 机制变成无丢包的，图 5-4 所示为 Pause 的作用机制。

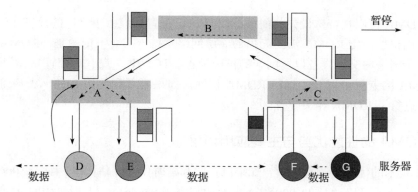

图 5-4　Pause 的作用机制

假设服务器 E 和 G 同时以最大速率向 F 发送数据，交换机 C 连接到 F 端口的出队列将首先出现 Buffer 堆积。此时，交换机 C 会通知其余两个端口停止向其转发报文。因此，剩下的两个端口的入队列将会紧接着出现 Buffer 堆积。

进一步说，两个端口会向上游发送一个暂停帧（一种以太网二层帧）。这将导致交换机 B 的右端口和服务器 G 停止发送数据，交换机 B 右端口的出队列会出现 Buffer 堆积，而服务器 G 的网卡则会停止发送报文。

交换机 B 会继续向服务器 E 发送暂停状态，导致 E 也停止发送报文。这种停止只在一段时间内有效。实际上，服务器 E 和 G 会在暂停的调控下，断断续续地以最大速率向 F 发送数据，从而避免 Buffer 溢出丢包。

需要注意的是，不同的交换芯片对出入队列的管理方法是不同的，这里并没有进行区分。

虽然这种逐跳的流控机制看似很好地解决了丢包问题，但在一般情况下并不适用，因为它对无关流有负面影响。以图 5-4 为例，假设服务器 D 也在向其他交换机下的某服务器发送数据，数据流通过交换机 A 的上联端口。由于交换机 A 的上联端口被暂停，来自服务器 D 的数据也被无差别地暂停。问题是，服务器 D 并不是导致拥塞的相关方，这种不公平的限速使 Pause 机制默认不启用。但是，无丢包是 RDMA 的关键，因此我们在 RoCE 中启用 Pause 机制，尽可能限制其副作用。例如，可以在网络中分出不同的优先级队列，只在特定的队列上开启暂停，这就是以太网的优先级流控（PFC）机制，已经作为 DCB 标准的一部分。现在大多数的数据中心交换机都支持 PFC。在 PFC 配置生效时，让 RDMA 流量在开启了 Pause 机制的优先级下运行，而让 TCP 流量在没有开启 Pause 的优先级下运行，从而尽可能限制 Pause 机制的副作用。尽管有了 PFC，Pause 机制的副作用在实际中仍不可忽视。因此，新版的 RoCE 网卡已开始支持相对简单的端到端拥塞控制机制，这种机制依赖于网络的 ECN 配置，也就是要求交换机可以进行显式拥塞通告。

虽然 RDMA 可以在特殊设计的前提下放弃 PFC 配置，但由于这样的设备并没有真正诞生，所以我们仍然假定 RDMA 需要无损的底层网络支持。需要牢记的是，RDMA 的正常使用高度依赖于网络内交换设备以及网卡的正确配置（TCP/IP 中没有的配置）。因此，不要期望插上 RDMA 网卡就可以开始运行 RDMA 程序。如果要顺利使用 RDMA，应确保服务器所在的网络进行了 RDMA 相关配置。

5.5.5　RDMA 的性能优势与主要应用场景

RDMA 技术的优势究竟有多大？如果以带宽和延时作为评估标准，对于 100Gbit/s 的网卡带宽，其吞吐量可以达到 11 000MB/s，大约相当于 88Gbit/s。此时，CPU 的消耗几乎为零，RDMA 下的单程延时平均值只有几微秒。

RDMA 目前主要有两类应用场景：一是高性能计算，包括分布式机器学习训练，特别是在使用 GPU 的时候；二是计算存储分离。前者主要关注高带宽，代表案例有 Tensorflow、Paddlepaddle、Mpi、Nccl 等。后者主要关注低延时，代表案例有 Nvmf、Smb Direct 以及阿里的盘古 2.0 等。除了以上两类场景，RDMA 在大数据处理（如 Spark）和虚拟化（如虚拟机迁移）等场景中也有应用。

5.6　网络性能观测工具

随着微服务架构的日益流行，其下的一些问题也日益凸显。例如，一个请求可能会涉及多个服务，而这些服务本身可能还依赖于其他多个业务，因此整个请求路径就形成了一个网状的网络调用链。在这个调用链中，一旦某个节点发生异常，就可能影响整个调用链的稳定性。因此，当网络出现故障或性能问题时，如何更好地发现和定位问题成了需要解决的关键问题。

5.6.1　网络可观测性建设

网络可观测性基于网络监控收集的数据。它能帮助用户维护网络健康，提供一种更高效且可扩展的方法。可观测性可以对各种系统形态和实时状态进行结构化的收集，并提供一系列观察和测量手段。简而言之，它利用各种技术，使开发人员、测试人员、运维人员能实时了解系统运行状态，而非仅仅进行"监控"。

网络可观测性主要包括收集、组织和分析 3 个步骤。

收集的目的是了解网络的实时延时情况。这些网络延时指标包括外部网络的延时和软件的延时数据。通常，互联网用户从远程访问公司的 4 层代理，然后转发到 7 层代理，最后到达软件。软件内部可能会存在多个 RPC 和数据库调用。我们应该重点采集各个阶段的延时情况，特别是软件内部的调用延时。这部分通常是故障发生的主要区域。除了软件层面的延时指标，还需要关注以下网络指标。

- 吞吐量：网络吞吐量是在一定时间内通过网络传输的数据量，也可以理解为网络传输的速率。吞吐量反映了网络的数据传输效率，越高则网络传输数据的速度越快，可以更快地传输大量的数据。网络吞吐量直接影响用户的体验，并且是衡量网络性能是否能满足业务需求的重要指标。如果网络吞吐量不能满足业务需求，那么它会影响工作效率和生产力。因此，我们需要关注并监控网络吞吐量，针对吞吐量不足的情况进行优化和升级，以提高网络的性能和效率。
- 连接数：连接数是服务器能同时处理的点对点连接数量，这个参数的大小直接影响服务器所能支持的最大连接数。过多的连接数可能导致网络拥塞、内存压力、系统负载过高等问题。为避免此类问题，我们应该采集连接数量指标，并根据负载情况和系统容量控制连接数大小。如果需要处理大量连接，则可以考虑使用负载均衡、缓存技术等方式来分散压力，提高系统性能。
- 错误：常见的错误包括网卡发送和接收队列丢包、网络错误等。
- TCP 重传：重传机制是 TCP 实现可靠传输的方式之一。常见的重传方式有超时重传、快速重传、SACK、D-SACK。重传可能会导致时延上升，我们应该把 TCP 重传作为衡量网络性能指标的方式之一。
- TCP 乱序数据包：TCP 乱序是指 TCP 数据包在传输过程中的顺序与发送顺序不一致的现象。这通常是由于网络中的报文分片和重组、网络设备的缓存队列或者网络拥塞导致的。TCP 在重组数据包时会依据数据包的序号进行重组，因此，如果一些数据包在网络中延时了，那么这些延时的数据包可能先于其他数据包到达目的地，从而导致数据包的顺序错误。TCP 乱序是由网络环境所带来的，无法完全避免，但是，可以通过采集乱序数据包指标，然后改进网络算法等方式来减小其发生的频率和影响。

网络请求数据是典型的时间序列数据，我们通常使用时序数据库（Time Series Database，TSDB）来存储网络指标。这种方法通过在时间维度上压缩存储监控数据，降低了写入开销。另外，时序数据库通常具有丰富的统计和计算能力，如中位数、平均值、概率分布等。

我们组织数据的目的是将网络延时和软件内部延时进行上下文化，建立指标、日志、链路系统之间的关联。这会使我们更容易理解网络性能趋势如何影响软件或业务场景。在组织数据时，必须保证数据的统一性。否则，如果日志系统、链路追踪系统、指标系统是分开的，就很难实现数据与数据之间的关联。例如，如果日志中的字段在主机系统中被称为Host，在监控指标系统中被称为 Host Name，而业务系统使用 IP 地址，那么在进行自动化关联分析和连接查询时就会发现无从下手。

分析数据是网络可观测性的最后一步。我们可以利用可观测性平台进行性能问题的剖析和故障原因的排查。

5.6.2　网络分析工具

网络通常因其潜在的拥塞和固有的复杂性而被指责性能不佳或频繁故障。当可观测性平台无法解释某些问题时，网络分析工具可以通过使用其提供的关键指标来找出问题的根源，排除网络的"责任"，使分析能够继续进行。

对于网络通信，以下是常用网络分析工具可以检查的一些内容。

- tcpdump、Wireshark、tshark。tcpdump 是一款运行在 Linux 平台上的强大网络抓包工具，能够分析和调试网络数据。要想掌握 tcpdump，必须对网络报文（如 TCP/IP）有一定的理解。Wireshark 是一款网络数据包分析软件，可以打开网络数据包，显示出尽可能详细的网络数据包内容。我们通常使用 tcpdump 抓取网络数据包并保存到本地，然后导入 Wireshark 中进行分析。tshark 是 Wireshark 的命令行版本，它不仅有过滤抓包的功能，还有网络分析的能力。巧妙运用 tshark 提取数据包可以节约大量的网络分析时间。
- traceroute/ping。traceroute 命令用于测试数据包从发送主机到目的地所经过的设备，主要检查网络连接是否可达，以及网络的哪个部分出现了故障。ping 命令可以告诉用户目标是否可达以及一次请求往返所花费的总时间。
- Netperf/iperf。Netperf 和 iperf 都是网络性能的测量工具。Netperf 主要对基于 TCP 或 UDP 的传输进行测试。根据应用的不同，Netperf 可以进行不同模式的网络性能测试，即批量数据传输模式和请求 / 应答模式。iperf 可以测试最大 TCP 和 UDP 带宽性能，具有多种参数和特性，可以根据需要进行调整，可以报告带宽、时延抖动和数据包丢失。

- ss/netstat。ss 命令可以用来获取 Socket 统计信息，如网络连接、路由表、接口统计状态、无效连接等。它可以显示和 netstat 类似的内容，但 ss 的优势在于它能够显示更详细的有关网络连接的状态信息，而且比 netstat 更快速、更高效。

5.7　本章小结

在互联网的软件应用系统中，许多优化技术都依赖于高度分布式的 CDN 网络。路由优化依赖于大规模地覆盖网络的可用性，这个网络包含了许多不同网络上的机器。如果交付服务器靠近最终用户，那么内容预取和页面动态组装的优化方法将最有效。另外，许多传输层和应用层的优化需要在网络中使用双节点连接。为了最大化这种优化连接的效果，端点应尽可能接近源服务器和最终用户。

这些优化是协同工作的。TCP 开销在很大程度上是保证在不确定的网络条件下的可靠性的结果。由于路由优化为我们提供了高性能、无拥塞的路径，所以它允许我们采用更积极、更有效的方法来优化传输层。

在数据中心内部或计算密集型应用中，性能提升通常依赖于高性能网络。RDMA 通过内核绕过和零拷贝实现了网络传输的低延时、高带宽和低 CPU 消耗。软件需要通过 Verbs API 使用 RDMA，而 RDMA 则需要底层网络具备无丢包配置。RDMA 技术降低的延时通常在微秒级到百微秒级。如果延时在毫秒级，则应首先分析这些延时的具体构成，很可能瓶颈并不在网络传输上。

Chapter 6 第 6 章

通信性能

现代软件不再仅限于单一的系统空间，而是分布在多个系统空间中，这些软件正在从基于单个系统或主机的系统转变为分布式多系统。也就是说，网络软件的设计应以通信或交互为基础。

通信的本质是数据信息的传输，重点在于"数据组装、复用、纠错和流量控制"。为了提升网络应用软件的性能，我们需要有效地组装数据，提高连接和通信协议的复用率，采取高效的纠错机制，并适时进行流量控制。

6.1　面向互联网的软件

我们不仅要将应用视为一个层次化的程序，而且要将其视为通过设备进行的网络通信，由不同的人参与。与独立的软件不同，网络软件在不同的代理实现交互时就会完成操作。这些操作接收来自网络的代理进行的状态更改，并可能影响网络上其他代理的状态。基于网络的软件是运行在网络基础设施之上的。

6.1.1　网络应用并非只是计算

数字时代要求人和设备共同创建整体的商业体验，所有位于不同系统空间的计算代理都可能进行相互通信。简单来说，这些代理应相互询问和告知，以建立完整的解决方案。这种数字时代的事件编排是同时进行的，因此是一个并发的问题。

编程由顺序运算符（如 Java）或赋值运算符分隔的语句组成。这些运算符将表达式的值赋予内存位置，并指示编译器前往下一条指令。语言的基本结构使编程有序。在有顺序约束的并发环境中编程，对程序员来说是一项挑战。

一般来说，程序的运行由两个主要部分保证：一是程序的控制，二是控制移动时传输的数据。控制时，程序运行的光标在顺序编程中自上而下地移动。更改程序控制的方法是使用 if 语句、异常语句和迭代 / 循环语句，以及 goto 语句。编程还包括准备数据，以便处理器处理信息。软件的创新部分是通过对程序控制的管理实现的。

在顺序程序中，我们假设程序控制会向前移动，而所使用的语言本身并不具备处理跨系统空间的能力。如果部分执行在另一个系统空间中，那么如何处理控制问题呢？语言如何充分利用概念来处理多系统空间计算的各种问题呢，如传输控制、处理延时、处理异常等？一段代码如何告诉位于不同系统空间中的另一段代码它已经成功地继续运行或者已经抛出异常？

数字时代的解决方案必须视人和设备为对等的协作系统。从顺序程序中创建这样的协作系统是一个重大挑战。有没有一种更好的方式，可以更直接地表达并发系统，使得数字解决方案更易实现呢？为此，我们需要消除程序的默认顺序控制。默认的顺序控制使表达并发问题变得困难，程序员必须操控顺序控制来创建并发性。

其中一个最大的问题是跨系统空间的状态共享。在当前的编程范式中，状态通过函数和变量进行检查。这些只能在语言的限制范围内使用，不能在操作语言之外使用。在某些情况下，软件知道数据的位置，但却不确定所有数据何时到达。这使得现有程序的确定性在本质上变得不适用。数字时代数据的这种不确定性导致许多程序设计无法解决数字时代的问题。尽管基础编程没有处理不确定性的系统方法，但可以通过遵循一种称为响应式编程的范式来实现确定性。

一旦程序的状态和控制被共享，那么是否可以确保只有经过授权的人才能访问这两个关键元素呢？当前的编程语言没有信息隐藏的概念。理想情况下，编程语言应该具有状态共享的功能，并有选择地提供对状态的受控访问。一个能够跨系统空间工作的网络软件需要一种新的视角来看待计算问题。我们应该将通信而非计算思维（如过程、函数等）作为网络应用编程范式的基础。

6.1.2　计算中的通信视角

考虑两个算术表达式：$y = x + a$ 和 $a = b + c$。在顺序程序中，我们按照 $\{a = b + c$；$y = x + a\}$ 的顺序编写。程序按照这个顺序运行就可以得到正确的答案。如果不慎将它们写成 $\{y = x + a$；$a = b + c\}$，那么程序虽然还会运行，但得到的答案是错误的，这可能是一个 Bug。那么，有没有办法消除这种异常呢？

同样地，当 a 为共享变量时，我们可以并发运行这两个表达式并将它们组合起来。也就是说，我们可以将 $a = b + c$ 和 $y = x + a$ 这两个表达式作为两个独立的代理来并发运行。在这种情况下，算术表达式的右边是值的接收器，左边是信息源。以 $a = b + c$ 为例，b 和 c 是输入值，a 是信息源。同时，$y = x + a$ 正在等待 x 和 a 的值。假设 x 的值已经得到，那么当第一次计算引用 a 时，第二次计算会自动使用这个值来得出 y 的值。

整个计算过程都是并发运行的，而且是根据值的到达情况自行驱动的。计算不再基于固定的算法，而基于两个计算代理之间的值交换。数据流是通过命名这两个变量来实现的。因此，要将 y 的值传递给另一个代理，我们只需要将这两个代理组合起来，然后让新的代理来处理 y 的值，这样就可以通过通信来表示计算过程了。

6.1.3 网络应用的通信视角

网络应用与独立应用有所不同，它没有单个机器的视图。网络应用由许多并发运行的机器组成的集群构成。这些代理在单一或多个系统空间中协调工作。每个代理在某种情况下都可能充当客户端，而在另一种情况下则可能充当服务器。

1. 应用控制

简单地说，应用控制就是为软件的控件设置程序运行的节奏。一旦程序从操作系统（通过 C 语言中的 main 函数）或 Web 服务器获取控制权后，程序员就通过使用的语言提供的各种控制语句来管理程序控制。程序完成后，控制权交还给操作系统或服务调用者。

当 C 语言的独立软件接收控制权后，它会通过运行函数来执行 I/O 操作，从而与外部世界进行交互。在执行 I/O 语句期间，程序被阻塞，这是跨多系统的边界，我们应该允许状态被另一个实体观察。程序及其语言应该有符号表的概念，以便在运行时动态共享数据，而不需要额外的工程。

一个独立的软件控件包含两个元素：控件的前进和返回移动以及在这些移动过程中的数据传输。这些功能受到处理器状态机（依托现行程序计数器运作）固有限制的影响，且控制流与数据流的前进和回退是紧密同步的。例如，一旦调用过程被暂停，执行就只能在控制权返回至该调用者后才能继续。将软件控制从计算转移到通信，使软件能够在多个系统空间中一致地工作。

2. 延时

简而言之，一个基于计算的 C 语言程序转变为一个基于通信的程序，就可以将其表示为一个网络软件。主函数和 print 等同步点会协调各个代理，形成一个连贯的整体。这些协调元素可以位于单个系统空间内，也可以跨越多个系统空间。如果这些同步点跨越了系统空间，就会引入新的约束，即网络延时。同步点可以确定整个软件的运行速度。在典型的网络软件中，当不使用网络时，延时会降低。引入缓存可以减少对网络的使用，从而提高整个软件的运行速度。

3. 范围界定

信息隐藏是计算机系统的重要特性之一。编程语言应积极支持这一点。例如，在面向对象的程序设计中，程序员可以设定信息的可见性，将其设为私有、受保护或公开。若声明为私有，则信息仅对该对象可见；若声明为公开，则信息对整个程序可见。这些声明是通过编译器控制信息可见性的指令来实现的。运行时，信息的可见性需要在设计和构建过程中由程序员确定。对于独立软件，将运行时信息隐藏在内存中是理想的方式。而对于网络软件，应支持跨网络的作用域。那么，如何实现跨网络的作用域呢？

在网络软件中，状态转换被公开作为同步点，信息通过这些同步点传输。客户端可以通过与同步点交互来影响软件。这个原理被用来控制网络上的信息可见性，通过隐藏行为，选择性地为不同的代理同步名称控制。客户端和服务器可以存在于多个系统空间中，从而在网络上创建受控的信息安全。

网络软件带来了新的挑战，如多系统空间、延时、间歇性网络可用性和安全性。为了应对这些挑战，可以将软件视为通信而非功能。

网络软件在通信的情况下处理数据。与网络应用中的功能性计算模型（即将数据从一个变量移动到另一个变量的功能）不同，数据的移动是通过通信完成的。在物理学中，电流的流动是用电势来定义的，同样，网络软件是通过设置通信潜力来定义的。将所有网络软件连接在一起，实现创新，以确保信息从源头到接收者的流动。例如，"Hello，World"网络应用有两个代理——MainAgent 和 PrintAgent，它们同时运行以交付功能。

MainAgent 是由两个动作组成的序列。当这个代理被激活时，它会同时激活 main 和 nPrint：

```
MainAgent = Compose [
    Sequence [ Ask(main);
    Tell(print)];
    Sequence [
        Ask(nPrint);
        Tell(rtnMain)
    ]
]
```

第二个代理是 PrintAgent：

```
PrintAgent = Sequence [
    Ask(print);
    Tell(rtnPrint)
]
```

"Hello，World"软件由两个并发操作的代理组成：HelloWorldApplication = Compose [MainAgent; PrintAgent]。这些操作被表示为URI，因此可以通过网络进行交互。网络编程非常简单，只需将代理程序加入配置中，就可以加速交互。

6.2 通信协议的分层设计与优化

通信协议是源和目标实体进行通信或服务时需要遵循的规则和约定。简单地说，通信协议就像将一种信息转换为另一种信息的字典和语法（元数据）。通信协议主要包括以下3个要素：

- 语法，即通信的方式，包括数据格式、编码和信号等级等。
- 语义，即通信的内容，包括数据内容、含义以及控制信息等。
- 时序，即通信的时间，应明确通信的顺序、速率匹配和排序等。

6.2.1 通信协议的分层设计

对网络通信进行分层设计是为了简化复杂的协调问题，使之分解并分别处理，从而便于理解网络并设计其各部分。通信协议栈的设计是一个典型的分层架构模式，具体包括：

- 将通信功能分为多个层次，每个层次完成一部分功能，所有层次共同配合以完成通信的全部功能。
- 每个层次只与其直接相邻的两个层次交互，当前层利用下一层提供的功能，并向上一层提供本层能完成的服务。
- 每个层次都是独立的，可以采用最适合的技术来实现，每个层次都可以单独开发和测试。当某个层次的技术发生改变时，只要接口关系保持不变，其他层次就不会受影响。

图6-1所示的是我们熟悉的OSI的7层模型，与TCP/IP模型一样，协议通常只针对某一层，为同级实体之间的通信制定规则。这种机制易于实现和维护，具有很好的灵活性，而且结构上可以分割。

由于网络通信协议栈模型的存在，因此我们的软件应用系统通常会构建应用层的协议。为了提高软件应用系统的通信性能，我们应该重点关注应用层协议的设计与优化，并充分利用底层通信协议的特性。

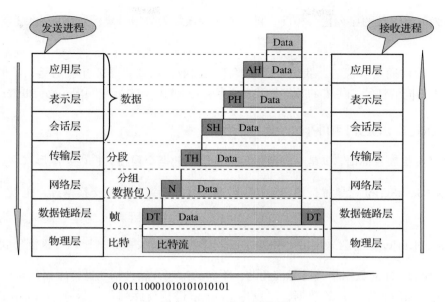

图 6-1　OSI 的 7 层模型

6.2.2　通信协议的优化

通信协议可以用于编码和解码信息。对于人类来说，常见的协议形式是语言，但还存在许多其他协议形式，如交通标志、烤面包机、计算机及移动设备的用户界面等。

开发协议的主要工作是创建一套字典和语法规则。对于协议开发，有两种优化方式可供选择：

- 资源效率。数据本身包含的元数据越多，编码的效率就越高，但是信息解码工作过多时，编码效率将依赖于字典的长度。使用非常少的元数据（信号）编码大量信息的协议通常被认为是简洁的。
- 灵活性。在现实世界中，事情一直在变化。协议必须以某种设计形式来适应变化，人们往往希望可以不停服来升级协议。

元数据权衡是优化通信协议时涉及的众多权衡中的一个。要么包含更多的元数据，允许协议更好地处理未来的需求；要么包含更少的元数据，从而使协议更加高效和简洁。

6.3　软件通信中的数据组织

软件通过网络通信来传输数据。这些数据可以代表冯·诺依曼体系结构中的信息流、控制流或指令流。数据在网络上的传输以序列的方式进行。我们将数据对象转换为字节序列的过程称为数据对象的序列化，相反，将字节序列恢复为数据对象的过程称为数据对象的反序列化。

在设计软件通信协议时，我们可以选择不同的数据格式。需要注意的是，不同的数据格式表现出不同的性能。主流的数据格式有 3 种——XML、JSON 和 Protocol Buffer。

6.3.1　XML、JSON 和 Protocol Buffer

XML（可扩展置标语言）是一种通用且重量级的数据交换格式，以文本形式存储。

JSON（JavaScript 对象置标语言）是一种通用且轻量级的数据交换格式，也以文本形式存储。

Protocol Buffer 是谷歌采用的一种独立且轻量级的数据交换格式，以二进制形式存储。

XML 和 JSON 的数据格式是标准化的，不同的第三方软件都能进行序列化和反序列化。例如，使用 fastjson 序列化的数据，可以用 jsoncpp 进行反序列化。尽管 Protocol Buffer 支持多种语言的序列化和反序列化，其标准却是私有的，主要由谷歌自家的产品支持。如果数据格式是文本格式，那么我们能直接看出内容的具体含义。但如果数据格式是二进制格式，如 Protobuf 序列化的数据，那么其可读性就会较差。

从性能角度看，基于 Protocol Buffer 的通信协议在数据组织上更高效，序列化和反序列化的速度也更快。因此，在追求高性能的情况下，使用 Protocol Buffer 设计通信协议是不错的选择。

6.3.2　性能视角的数据包大小

从性能的角度来讲，在满足业务需求的前提下，数据包越小，通信性能越好。但是，究竟多大的数据包才算合适？

要清楚地理解数据包大小对通信性能的影响，我们需要了解数据包的组成和结构。以太网数据包（Packet）的大小是固定的，最初是 1518 字节，后来增加到 1522 字节。其中，1500 字节是负载（Payload），22 字节是头信息（Header）。IP 数据包在以太网数据包的负载中也有自己的头信息，至少需要 20 字节，所以 IP 数据包的负载最多为 1480 字节。以太网数据包的结构如图 6-2 所示。

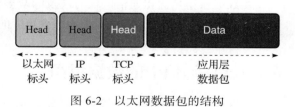

图 6-2　以太网数据包的结构

TCP 最为常见，TCP 数据包位于 IP 数据包的负载中。其头信息至少需要 20 字节，因此 TCP 数据包的最大负载是 1480 − 20 = 1460 字节。由于 IP 和 TCP 通常有额外的头信息，所以 TCP 负载实际上大约是 1400 字节。如果一个数据包有 1400 字节，那么在一次性发送大量数据时，自然会分成多个数据包。例如，一个 10MB 的文件，需要发送超过 7400 个数据包。HTTP 2 协议的一大改进是压缩了 HTTP 的头信息，使得一个 HTTP 请求可以放在一个 TCP 数据包里，而不是分成多个，从而提高了传输速度。

通信协议生成数据包的大小取决于网络环境，其中一个重要的指标是链路中的路由器缓存大小。通常，随着路由器缓存的增大，丢包率会逐渐下降。在相同的缓存下，数据包越大，丢包率越高。当缓存小于 40KB 时，缓存大小成为吞吐量的瓶颈，吞吐量明显减小；当缓存大于 40KB 时，缓存大小不再显著影响吞吐量。当缓存足够时，TCP 流的吞吐量会随着数据包大小的增加而缓慢增加，当数据包大小超过 1KB 时，吞吐量趋于稳定。因此，为了提高通信性能，尽可能满足需求，数据包的大小最好不超过 1KB。

6.4　软件通信中的复用机制

在通信术语中，复用指的是信道复用。复用可以分为频分复用、时分复用、统计复用、波分复用、码分复用和空分复用。然而，在一般的软件通信中，复用主要指的是 I/O 多路复用。简单来说，就是操作系统的多个线程利用一个套接字（包括 IP 和端口号）发送消息。

TCP 连接复用技术将前端多个客户的 HTTP 请求复用到与后端服务器建立的一个 TCP 连接上。这种技术能够显著减小服务器的性能负载，减少新建 TCP 连接与服务器之间的延时，尽可能减少客户端对后端服务器的并发连接数请求，从而减少服务器的资源占用。

通常情况下，客户端在发送 HTTP 请求之前需要先与服务器进行 TCP 三次握手以建立 TCP 连接，然后才发送 HTTP 请求。服务器在收到 HTTP 请求后进行处理，并将处理结果发送回客户端，接着客户端和服务器互相发送 FIN 并在收到 FIN 的 ACK 确认后关闭连接。在这种情况下，一个简单的 HTTP 请求需要十几个 TCP 数据包才能完成处理。

在使用 TCP 连接复用技术后，客户端（如 ClientA）会与负载均衡设备进行三次握手并发送 HTTP 请求。收到请求后，负载均衡设备会检查服务器是否有空闲的长连接。如果没有，服务器将建立新的连接。当 HTTP 请求响应完成后，客户端会与负载均衡设备协商关闭连接，而负载均衡设备会保持与服务器的连接。当其他客户端（如 ClientB）需要发送 HTTP 请求时，负载均衡设备会直接通过与服务器的空闲连接发送 HTTP 请求。这样就避免了建立新的 TCP 连接所带来的延时和服务器资源消耗。

在 HTTP 1.0 中，客户端的每个 HTTP 请求都需要通过单独的 TCP 连接进行处理。而在

HTTP 1.1 中，这种方式得到了改进。客户端可以在一个 TCP 连接中发送多个 HTTP 请求，这种技术被称为 HTTP 复用（HTTP Multiplexing）。TCP 连接复用和 HTTP 复用的根本区别在于，前者是将多个客户端的 HTTP 请求复用到一个服务器端的 TCP 连接上，而后者是一个客户端的多个 HTTP 请求通过一个 TCP 连接进行处理。前者是负载均衡设备的特色功能，而后者是 HTTP 1.1 支持的新功能，现在的大多数浏览器都支持这个功能。

有些用户喜欢用连接复用率来评价负载均衡设备的 TCP 连接复用技术的优劣。通常，TCP 连接复用率指的是一段时间内负载均衡设备成功处理的客户端 HTTP 请求总数与这段时间内负载均衡设备和服务器建立的 TCP 连接总数的比值。但是，TCP 连接复用率和应用的特性、服务器设置、计算周期以及请求的发送模式等因素都有很大的关系。在不同的应用环境下，计算出来的 TCP 连接复用率可能会有很大的差异。实际上，连接复用效率的关键在于负载均衡设备能否及时释放已经空闲的服务器端连接。有些制造商的做法是：发送 HTTP 响应后等待一定的时间，如果这段时间内没有数据传输，则释放该连接。但是，等待的时间通常是以秒为单位的，对于以毫秒为单位的数据往返时间来说，其复用效果显然不会很好。最有效的连接复用技术是在负载均衡设备向客户端发送 HTTP 响应后，一旦收到客户端的确认 ACK 数据包，就释放该连接。这种方式避免了任何额外的等待时间，在理论上没有更高效的复用方法。

6.5 软件通信的纠错处理

纠错是一种用于修正在传输或存储数据过程中产生的错误的方法。为了保证数据的完整性和一致性，纠错通常需要在原始负载之外增加辅助数据，这可能会对性能产生影响。纠错有多种方法，其中较常见的是前向纠错和重传纠错。

6.5.1 前向纠错与重传纠错

在前向纠错（Forward Error-Correction，FEC）中，发送端会发送纠错码，接收端收到这个纠错码后就能自动纠正传输过程中的错误。前向纠错不需要反馈信道，因此适用于多播或广播通信，能满足实时通信的需求。但是，纠错码的纠错能力是有限的，在常用的前向纠错系统中，冗余码需要占总发送码的 20% ～ 50%，这大大降低了数据传输效率。简单来说，前向纠错的特点是单向传输，实时性强，但解码比较复杂。

重传纠错也称为自动重发请求。发送端将信息编码后发送出能检错的码；接收端收到相关信息后进行检验，然后通过反向信道将一个应答信号反馈给发送端；发送端收到应答信号后进行分析，如果接收端认为有误，发送端就会重新发送存储在缓冲器中的原始数据；这个过程会反复进行，直到接收端认为已正确接收到信息为止。

6.5.2　重传机制

由于通信协议栈采用分层设计，因此我们无须关注底层的纠错技术。对于应用层协议，主要采用重传机制来确保数据的准确性，从而提升软件的性能。在软件应用系统中，数据错误和系统超时等场景主要应用重传机制。

1. 数据错误

为简化问题，我们暂时不讨论服务端回调客户端的情况。通常，服务端在收到客户端发送的数据后，需要进行数据验证，这符合防御性编程的原则。

数据错误可能由多种原因产生，包括无法避免的网络原因，如传输过程中的链路终端或网卡异常等。这种情况下，发送端需要重新传输目标数据。

如果链路正常，那么如何判断收到的数据是否有误呢？特别是在传输大量压缩后的数据或大文件时，网络抖动可能导致数据丢失，最终可能导致无法成功解压收到的压缩包，这既未能获得目标数据，也浪费了时间。通常，在这种情况下，我们会在传输大文件时使用某个算法生成数据摘要，然后在终端收到数据后，使用相同的算法再生成一个数据摘要，并比较网络传输的数据摘要与本地生成的数据摘要是否相同。如果不同，就说明存在数据错误，需要重新传输数据。生成数据摘要的方法很多，MD5 是一种常见的方式，而更安全的算法还包括 SHA 系列。

2. 通信超时

通信超时是软件通信过程中必然要面对的问题，除数据错误外，只有在通信超时后，才能判断是否需要重传数据。那么，应如何确定超时的阈值呢？

确定超时阈值首先需要明确超时的类型。通常，超时分为连接建立的超时、连接保持的超时和响应超时，其中，响应超时又分为多操作的响应超时和读写操作的响应超时。在设定连接建立的超时阈值时，无线网络和有线网络的超时阈值设定应有所区别。在保持长连接时，应注意握手请求的发出时机，以减少重建连接的次数。读写响应超时的设定也依赖于业务需求，根据业务对时延的要求来设定超时阈值，例如，交易系统和业务流程系统的通信超时阈值设定应有显著差别。

确定系统超时后，就可以发起数据重传请求。但是，在连接超时或响应超时的情况下，如果连续出现超时失败，则可能是因为网络故障或服务器资源紧张，频繁重试通常无济于事，甚至可能进一步增加服务器负载。这时，重传机制通常需要采用指数避让的机制，即客户端会定期重试失败的请求，并不断增加各次请求之间的延时时间。当重试超过一定次数时，需要发出告警提示，以减少系统性能损失。通常情况下，可以从平均预期服务响应时间的 150% 开始发出告警，并从那里开始进行调优。

6.6　软件通信中的流量控制

许多成功的互联网企业都经历过成长的痛苦。业务量的突然增加可能导致服务器超载，软件的性能可能出现断崖式下降，甚至服务可能完全不可用。实际上，这属于系统弹性的问题。但从系统性能的角度看，我们也需要解决服务器超载的问题，这涉及的具体技术就是流量控制，也称为流控。

在软件通信过程中，主要的流量控制方式包括反向压力、减负载和熔断。我们需要针对不同的场景采用不同的技术手段。

6.6.1　反向压力

假设在一个异步系统中，客户端产生的工作负载速度有时候会远超过服务器的处理速度。这会导致什么结果呢？我们会看到一个非常长的请求队列，并且在某个时刻，这个请求队列可能会满载。接下来，客户端可能会被阻塞，或者收到意外的错误，这会导致系统出现问题。为了解决这个问题，我们可以采用技术手段允许一种信号通过系统反馈回客户端，让客户端知道服务器已经超载，继续发送更多的请求已经没有意义。这就是我们所说的反向压力。

创建反向压力的方法有很多种，包括在队列满的时候阻止写操作、在队列满的时候返回重试错误，或者在发送请求之前使用中间件检查队列状态等。通过这样的反向压力机制，我们可以处理高负载的情况，否则可能会导致系统复杂的故障，因为超时和被阻塞的请求会级联影响到备用请求树，从而导致不可预知的结果。

反向压力的局限性在于，它要求客户端必须能够正常地响应操作。反向压力只能向客户端发送一个信号，目的是降低客户端的处理速度，从而减轻服务器的负载。如果一个实现不佳或者处理不当的客户端忽视了这个反向压力信号，那么服务器的负载就不会得到减轻。因此，反向压力通常需要和其他策略一起使用，例如我们接下来要讨论的减负载。

6.6.2　减负载

在一个系统中，获得更好性能的最简单方法是确定一个设计，该设计只需要较少的工作负载就能达到所需的输出。相对地，我们可以简单地拒绝那些无法处理或会导致系统不稳定的工作负载。这种做法通常被称为减负载。

我们可以在系统的边缘使用减负载，即在不符合要求的工作负载进入系统时将其拒绝，或者在系统内部限制其正在进行的工作。这在系统的边界上特别有用，因为使用反向压力可能会阻止调用者，这可能会导致与需要解决的问题同样多的问题。减负载机制可以通过返回一个清晰的状态码来表明请求不能被处理，也不应该立即重试（例如，HTTP 503 代表服务不可用，HTTP 429 代表请求过多）。减负载机制可以完全控制系统的工作。

对于编写合理的客户端，减负载可以在请求流量中提供足够的空白，允许系统处理积压的工作，或者在需要时进行人工干预。即使客户端忽略错误代码并立即重试，请求也仍然会被拒绝（不像反向压力）。

减负载通常可以使用 API 网关、负载均衡器和代理等基础设施的标准特性来轻松实现。这些特性通常可以配置为将 HTTP 返回代码解释为在一段时间内不使用的信号。

减负载的一种变体是速率限制（也称为限流或频控），有时也被认为是一种独立的方法。速率限制通常由处理网络请求的基础设施软件提供。减负载是基于系统状态（如请求处理时间增加或总的入站通信量水平）来拒绝入站请求的，而速率限制通常是基于一段时间内从特定来源（如客户端 ID、用户或 IP 地址）发出请求的速率来定义的。与减负载一样，一旦超过限制，额外的请求将在速率限制场景下被拒绝，并返回合适的错误代码。

6.6.3　熔断

如果服务失败或出现问题，那么超时机制可以帮助保护客户端不被阻塞。而熔断器则是请求端的一种机制，其主要目的是保护服务不被超载。熔断器是一个小型的基于状态机的代理，位于处理请求的代码之前。图 6-3 所示是熔断器的示例状态图。

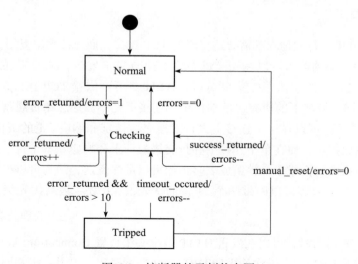

图 6-3　熔断器的示例状态图

图 6-3 所示的状态图采用的是统一建模语言（UML）标记法。矩形表示熔断器可能的状态，箭头表示可能的状态转换。斜杠（/）之前的文字表示导致状态转换的条件，斜杠之后的文字表示状态转换过程中的动作。虽然有许多方法可以设计一个熔断器代理来保护服务不被过载，但这个例子使用了 3 种状态——正常、检查和跳闸。

代理以正常状态启动，并将所有请求传递给服务。如果服务返回一个错误，那么代理将进入检查状态。在这种状态下，代理继续调用服务，并在错误状态图变量中记录遇到的错误数量，同时根据成功调用的次数进行平衡。如果错误数量为零，那么代理将返回到正常状态。

如果错误变量超过一定的级别，那么代理将进入跳闸状态，并开始拒绝对服务的调用。这样可以为服务提供恢复时间，防止可能的无用请求堆积，这些请求可能会使情况变得更糟。超时过期后，代理返回到检查状态，再次检查服务是否正常工作。如果服务仍然异常，那么代理将返回到跳闸状态；如果服务已恢复正常，那么错误级别将迅速降低，代理将返回到正常状态。

最后，如果需要，还有一个手动重置的选项，可以将代理从跳闸状态直接切换回正常状态。

6.7　通信协议的优化示例：基于 HTTP 的性能优化

此处以 HTTP 为例，主要使用了 3 种性能优化方式：链路复用、数据压缩和 SSL 加速。

6.7.1　链路复用

在 HTTP 1.0 中，每次请求都需要建立新的 TCP 连接，而连接无法复用。但在 HTTP 1.1 及以后的版本中，新的请求可以在先前建立的 TCP 连接上发送，从而实现连接的复用。然而，到了 HTTP 2，由于引入了二进制分帧，HTTP 2 不再依赖 TCP 连接，实现多流并行。在 HTTP 2 中，同一域名下的所有通信都在单个连接上完成。这意味着同一域名只需要占用一个 TCP 连接，并且可以在一个连接上并行发送多个请求和响应。这个单个连接可以承载任意数量的双向数据流，而在单个连接上并行交错的请求和响应互不干扰。数据流以消息的形式发送，而消息由一个或多个帧组成。多个帧可以乱序发送，因为可以根据帧首部的流标识重新组装。每个请求都可以附带一个 31 位的优先值，0 表示最高优先级，数值越大，优先级越低。

在优化 HTTP 通信时，可以在发送 HTTP 请求头中设置 Connection: keep-alive。具体来说，就是在当前的 URL 和上一次请求的 URL 之间进行对比。如果主机相同，则使用上一次的 socket_id；如果不同，则关闭上一次的 Socket，重新连接服务器，获取新的 Socket。因此，需要对 URL 进行排序，将同一站点的 URL 放在一起。

6.7.2 数据压缩

HTTP 在 1.1 版本之后添加了数据压缩功能。如果客户端浏览器和服务器都支持这个功能，那么就可以通过协商来对客户端的响应请求进行压缩处理。这个功能大大节省了传输内容所需的带宽，并提高了客户端的响应速度。然而，压缩算法本身需要消耗大量的 CPU 资源。因此，支持 HTTP 压缩功能的负载均衡设备，可以减少 Web 服务器的资源消耗，提高其处理效率。另外，由于负载均衡通常采用硬件进行压缩，所以压缩效率更高。对于一些不支持 HTTP 压缩功能的旧版 Web 服务器，可以通过启用负载均衡的压缩功能来优化和加速系统。

HTTP 压缩使用的是 HTTP 1.1 中支持的标准压缩算法。因此，当前主流的浏览器（如 Chrome、Firefox、Opera 等）默认支持 HTTP 1.1 的压缩功能。用户无须修改浏览器配置或安装任何插件。使用负载均衡代替服务器进行压缩，可以大大节省服务器资源，让服务器专注于处理应用，从而提高业务处理量。即使服务器不支持 HTTP 压缩，通过负载均衡也能实现压缩功能。压缩效率取决于被压缩对象的性质。一般来说，HTTP 压缩算法对文本格式的内容有较好的压缩效率；对于 GIF 等已经压缩过的图片格式内容，压缩效率并不高。负载均衡支持选择性压缩，即可以根据对象类型进行选择性压缩。

6.7.3 SSL 加速

通常，HTTP 在网络中以明文形式传输，这可能会被非法窃听，尤其是用于认证的口令信息等。为了避免这种安全问题，通常采用 SSL 协议（即 HTTPS）对 HTTP 进行加密，以确保传输过程的安全性。在 SSL 通信中，首先使用非对称密钥技术交换认证信息，并交换服务器和浏览器之间用于加密数据的会话密钥，然后利用这个密钥对通信过程中的信息进行加密和解密。

SSL 是一种需要消耗大量 CPU 资源的安全技术。目前，大多数负载均衡设备都采用 SSL 加速芯片进行 SSL 信息处理。这种方式比传统的服务器 SSL 加密方式具有更高的 SSL 处理性能，从而节省了大量的服务器资源，使服务器能够专注于业务请求的处理。此外，集中处理 SSL 还可以简化证书管理，减少日常管理的工作量。

6.8 本章小结

在上一章的网络性能基础上，本章重点讨论了软件在网络通信中的性能优化。网络应用并不仅仅是计算，尤其是面向互联网的系统，它们本质上是面向通信的应用。通信的本质是数据信息的传输，重点在于"组装、复用、纠错和流控"。

　　在明确通信协议设计的技术之后，本章围绕"组装、复用、纠错和流控"这 4 个通信中的核心技术，讨论了它们各自的特点，尤其是对软件性能的影响和处理方式。在数据组装环节，我们关注的是数据的格式和数据包的大小。复用并不指软件组件的可重用性，而是指数据链路的可重用性，也就是编程中的 I/O 多路复用。纠错是为了保证数据的完整性和一致性，我们需要关注辅助信息对系统性能的影响。流量控制是为了保证系统性能的有损措施，主要有反向压力、减负载和熔断等技术。最后，我们以 HTTP 为例，介绍了通信优化的一般方法。

第 7 章 *Chapter 7*

客户端性能 / 前端性能优化

随着业务的持续迭代和项目的扩大，前端开发需要更加重视性能优化，以提供更优秀的用户体验。一款优秀的产品应该具备丰富的功能和快速的响应速度，让用户享受流畅的体验。

如果页面加载时间过长或交互不流畅，那么用户体验将受到严重影响。特别是对于使用时间较长的产品，用户对体验的要求更高。如果出现卡顿或加载缓慢，那么可能会导致用户流失。

虽然性能优化的解决方案比较常见和通用，但实施需要根据具体项目进行分析。对于前端应用来说，网络耗时、页面加载耗时、脚本执行耗时和渲染耗时等因素都会影响用户的等待时间。同时，CPU 占用、内存占用和本地缓存占用等因素可能导致页面卡顿甚至卡死。

7.1　性能优化指标

在进行性能优化之前，首先需要明确性能优化的具体方向。理解性能指标是关键，可以使用专业工具来量化评估网站或应用的性能，以确定速度标准。对产品页面响应的生命周期进行分析，找出导致性能不佳的原因，并采取技术改造、可行性分析等优化措施，以实现持续优化迭代。

性能是相对的概念，对于用户而言，页面加载速度可能会因网络环境和网站加载方式的不同而有所差异。在讨论性能时，准确且可量化的指标非常重要。然而，仅因一个度量标准基于客观和可量化，并不意味着这些标准一定有用。对于 Web 开发人员来说，如何准确度量 Web 页面的性能一直是一个难题。

最初，开发人员使用" Time to First Byte（第一字节时间）""DomContentLoaded（当初始的 HTML 文档被完全加载和解析完成之后，DomContentLoaded 事件被触发，而无须等待样式表、图像和子框架的完成加载）"和" Load（当一个资源及其依赖资源已完成加载时，将触发 load 事件）"等指标来度量文档加载的进度，但它们无法直接反映用户的视觉体验。为了准确度量用户的视觉体验，Web 标准定义了一些性能指标，这些指标已经被各大浏览器标准化实现，如"首次绘制（First Paint）"和"首次内容绘制（First Contentful Paint）"。此外，Web 孵化器社区还提出了一些性能指标，如"最大内容绘制（Largest Contentful Paint）""可交互时间（Time to Interactive）""首次输入延时（First Input Delay）"和"第一个 CPU 空闲（First CPU Idle）"。Google 提出了"首次有意义渲染（First Meaningful Paint）"和"速度指数（Speed Index）"。百度提出了"首屏渲染（First Screen Paint）"。

这些指标之间存在关联，它们都是为了满足以用户为中心的目标而不断演进的。有些指标已经不再建议使用，有些已被各种测试工具实现，有些可以作为通用标准用于在生产环境中测量的 API。

7.1.1　以用户为中心的性能指标

以用户为中心的性能指标主要包括以下几个。

1）首次绘制（First Paint，FP）：此指标记录页面第一次绘制像素的时间，如显示页面背景色。FP 不包括默认背景绘制，但包括非默认的背景绘制。

2）首次内容绘制（First Contentful Paint，FCP）：FCP 是指页面开始加载到最大文本块内容或图片显示在页面中的时间。如果 FP 及 FCP 两指标在 2s 内完成，我们的页面就被认为体验优秀。

3）最大内容绘制（Largest Contentful Paint，LCP）：此指标记录视窗内最大的元素绘制的时间，这个时间会随着页面渲染的变化而变化，因为页面中的最大元素在渲染过程中可能会发生改变。此指标会在用户第一次交互后停止记录。官方推荐的时间是在 2.5s 内，表示体验优秀。

4）首次输入延时（First Input Delay，FID）：此指标记录在 FCP 和 TTI 之间用户首次与页面交互时的响应延时。

5）可交互时间（Time to Interactive，TTI）：此指标计算过程稍微复杂，需要满足以下几个条件。

- 从 FCP 指标后开始计算。
- 持续 5s 内无长任务（执行时间超过 50ms）且无两个以上正在进行的 GET 请求。
- 往前回溯至 5s 前的最后一个长任务结束的时间。

- 对于用户交互（如点击事件），推荐的响应时间是 100ms 以内。为了达成这个目标，推荐在空闲时间里执行任务不超过 50ms（W3C 也有这样的标准规定），这样能在用户无感知的情况下响应用户的交互，否则会使用户感到延时。

6）总阻塞时间（Total Blocking Time，TBT）：此指标记录 FCP 到 TTI 之间所有长任务的阻塞时间总和。

7）累积布局偏移（Cumulative Layout Shift，CLS）：此指标记录了页面上非预期的位移波动。例如，页面渲染过程中突然插入一张巨大的图片，或者单击了某个按钮突然动态插入一条内容等情况，这都会严重影响用户体验。此指标就是为这种情况而设计的，计算方式为"位移影响的面积 × 位移距离"。

7.1.2　三大核心指标

Google 在 2020 年 5 月提出了 Web 网站用户体验的三大核心指标——LCP、FID 和 CLS。

1. LCP

最大内容绘制（Largest Contentful Paint，LCP）是一个重要的页面速度指标。虽然还有其他一些指标可以体现页面速度，但 LCP 在以下几个方面更为突出，如图 7-1 所示。

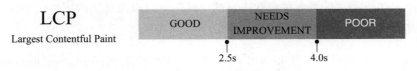

图 7-1　LCP 指标

1）LCP 指标具有实时更新的特性，因此能提供更精确的数据。这意味着它能及时反映页面加载性能的变化，为性能优化提供更准确的指导。

2）LCP 代表页面中最大元素的渲染时间。通常情况下，当页面中最大的元素能快速加载时，用户会感觉到页面的性能较好。这是因为页面的主要内容能迅速展示给用户，提供更好的用户体验。LCP 作为一个速度指标，在实时性和代表性方面都具有优势。通过关注和优化 LCP，可以提升页面的加载速度，改善用户体验。

下面的元素可以被定义为最大元素。

- <img> 元素。
- <image> 元素内的 <svg> 元素。
- <video> 元素。
- CSS background url() 加载的图片。
- 包含内联或文本的块级元素。

下面是一些在线测量 LCP 的工具。

- Chrome User Experience Report：也称为 CrUX，是 Google Chrome 浏览器用户体验数据的集合。它提供了真实用户在不同网络和设备上的实际加载时间数据，包括 LCP 数据。
- PageSpeed Insights：这是 Google 提供的一个工具，能够分析网页性能并提出建议。它会显示页面的 LCP 以及其他性能指标，并提供优化建议。
- Search Console（Core Web Vitals Report）：这是 Google 搜索控制台的一个功能，用于监控 Core Web Vitals 指标，包括 LCP。它提供了关于页面性能的数据和建议。
- web-vitals JavaScript 库：这是 Google 开发的一个 JavaScript 库，可以用于测量 Web Vitals 指标，包括 LCP。用户可以将这个库集成到网站中，以在用户访问时测量性能。

下面是一些在实验室里测量 LCP 的工具。

- Chrome DevTools：这是 Google Chrome 浏览器内置的开发者工具，其中的 Performance 面板可以用来记录和分析页面性能，包括 LCP。
- Lighthouse：这是 Google 提供的一个开源工具，可以分析网页的质量和性能，并提供详细的报告，包括 LCP 数据。
- WebPageTest：这是一个在线性能测试工具，可以模拟真实的用户访问环境，提供丰富的性能数据，包括 LCP。

除此之外，LCP 还可以通过 JS API 进行测量，主要使用 PerformanceObserver 接口。目前，除 IE 外，其他浏览器基本上都支持这个接口。

```
new PerformanceObserver((entryList) => {
for (const entry of entryList.getEntries()) {
console.log('LCP candidate:', entry.startTime, entry);
}
}).observe({type: 'largest-contentful-paint', buffered: true});
```

LCP 可能受到以下 4 个因素的影响，这也是优化 LCP 的 4 个关键方向。

（1）服务器响应时间

服务器响应时间是指客户端请求服务器并收到响应的时间。如果服务器响应时间过长，那么会延长网页的加载时间，从而影响 LCP。为了优化这一因素，可以考虑以下措施。

- 使用内容分发网络（CDN）来减少服务器响应时间。
- 优化服务器端代码，提高数据库查询效率。
- 使用缓存技术，如浏览器缓存和服务器端缓存，减少重复请求。

（2）由 JavaScript 和 CSS 引起的渲染卡顿

复杂的 JavaScript 和 CSS 可能会导致浏览器渲染卡顿，从而延长 LCP 的发生。为了优化这一因素，可以考虑以下措施。

- 将 JavaScript 和 CSS 进行压缩和合并，减少文件大小。
- 使用异步加载 JavaScript，将不必要的脚本延时加载。
- 使用浏览器的预加载技术，提前加载可能需要的资源。

（3）资源加载时间

图片、字体和其他外部资源的加载时间也会影响 LCP。为了优化这一因素，可以考虑以下措施。

- 压缩图片，使用适当的图片格式，如 WebP。
- 使用响应式，根据不同设备加载适合的图像尺寸。
- 使用懒加载技术，将非关键资源推迟加载。

（4）客户端渲染

如果网页采用客户端渲染方式，那么可能会导致加载时的白屏延时，影响 LCP。为了优化这一因素，可以考虑以下措施。

- 在关键内容渲染前使用服务端渲染（SSR）或静态生成（SSG）技术。
- 最小化客户端渲染的 JavaScript 复杂性，避免阻塞主要内容的渲染。

2. FID

FID（首次输入延时）是一个关键的页面交互体验指标。用户通常希望页面在交互触发后能快速响应，因为这能提供流畅的网页体验。FID 指标衡量的是用户触发交互事件到页面响应之间的延时时间。如果有运行时间过长的任务，那么响应时间会相应延长。一般建议将用户交互的响应时间控制在 100ms 以内，如图 7-2 所示。

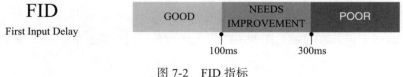

图 7-2　FID 指标

优化 FID，可以提高页面的交互响应速度，确保用户在与网页交互时获得流畅的反馈，从而大大改善用户的交互体验。

以下是在线测量 FID 的工具。

- Chrome User Experience Report：也被称为 CrUX，它是 Google Chrome 浏览器用户体验数据的集合。它提供了真实用户在不同网络和设备上的实际交互性数据，包括 FID 数据。
- PageSpeed Insights：这是 Google 提供的工具，用于分析网页性能并提供建议。它会显示页面的 FID 以及其他性能指标，并提供优化建议。
- Search Console（Core Web Vitals report）：这是 Google 搜索控制台的一个功能，用于监控 Core Web Vitals 指标，包括 FID。它提供了有关页面性能的数据和建议。
- web-vitals JavaScript 库：这是 Google 开发的 JavaScript 库，用于测量 Web Vitals 指标，包括 FID。用户可以将此库集成到网站中，以便在用户访问时测量性能。

以下是原生 JavaScript API 的测量方法：

```
new PerformanceObserver((entryList) => {
  for (const entry of entryList.getEntries()) {
    const delay = entry.processingStart - entry.startTime;
    console.log('FID candidate:', delay, entry);
  }
}).observe({type: 'first-input', buffered: true});
```

FID 可能受到以下 4 个因素的影响，这也是优化 FID 的 4 个方向。

（1）减少第三方代码的影响

第三方脚本、样式和资源可能会对页面的交互性能产生影响，因为它们可能会阻塞主线程，从而影响用户的交互。为了优化这一因素，我们可以：

- 仔细审查并选择必要的第三方代码，移除不必要的插件和库。
- 异步加载或延时加载第三方资源，以减少对主线程的影响。
- 使用内容安全策略（Content Security Policy，CSP）控制外部资源的加载，避免出现不受控制的第三方内容。

（2）减少 JavaScript 的执行时间

复杂的 JavaScript 脚本可能会阻塞主线程，从而延长用户交互的响应。为了优化这一因素，我们可以：

- 压缩并合并 JavaScript，以减少文件大小。
- 延时加载非关键的 JavaScript，尤其是与页面初始化不直接相关的脚本。
- 使用 Web Workers 将一些计算密集型的任务转移到后台线程中，以避免主线程阻塞。

（3）最小化主线程工作

主线程上的繁重任务会影响用户交互的响应性。为了优化这一因素，我们可以：

- 将主线程工作分解为较小的任务，使用 requestAnimationFrame() 进行分批处理。
- 避免在主线程上执行过多的计算或操作，以保持响应性。
- 减少请求数量和请求文件大小。

（4）减小交互影响

大量的请求和大文件会延长页面加载时间，从而影响交互性。为了优化这一因素，我们可以：

- 减少 HTTP 请求的数量，合并 CSS 和 JavaScript 文件。
- 使用图像压缩和适当的格式，以减小图像文件大小。
- 使用现代的图像格式，如 WebP，以减少图像的传输大小。

3. CLS

CLS（累积布局偏移）是一个衡量页面稳定性的指标，用于评估页面的排版是否稳定。在移动设备上，此指标尤为重要，因为手机屏幕相对较小，如果 CLS 值过高，那么用户可能会有不良的页面体验。

CLS 度量了页面加载过程中元素意外移动或变形的累积程度。较低的 CLS 值意味着页面元素更稳定，用户在浏览页面时不会遇到意外的布局变化。一般来说，如果 CLS 分数在 0.1 或以下，那么就被认为是好的。

通过关注和优化 CLS，我们可以提高页面的稳定性，确保用户在浏览页面时不会遇到突然的布局变化，从而提供更好的视觉体验。特别是在移动设备上，优化 CLS 对于提升用户对网页的满意度非常重要，如图 7-3 所示。

图 7-3　CLS 指标

下面是测量 CLS 的线上工具。

- Chrome User Experience Report：也被称为 CrUX，它是 Google Chrome 浏览器用户体验数据的集合。它提供了真实用户在不同网络和设备上的实际加载时间数据，包括 GLS 数据。

- PageSpeed Insights：这是 Google 提供的工具，用于分析网页性能并提供优化建议。它会显示页面的 GLS 以及其他性能指标，并提供优化建议。
- Search Console（Core Web Vitals report）：这是 Google 搜索控制台的一个功能，用于监控 Core Web Vitals 指标，包括 GLS。它提供了有关页面性能的数据和优化建议。
- web-vitals JavaScript 库：这是 Google 开发的 JavaScript 库，用于测量 Web Vitals 指标，包括 GLS。用户可以将这个库集成到网站中，以便在用户访问时测量性能。

下面是测量 GLS 的实验室工具。

- Chrome DevTools：这是 Google Chrome 浏览器内置的开发者工具，其中的 Performance 面板可以用来记录和分析页面性能，包括 GLS。
- Lighthouse：这是 Google 提供的一个开源工具，用于分析网页的质量和性能，并提供详细的报告，包括 GLS 数据。
- WebPageTest：这是一个在线性能测试工具，可以模拟真实的用户访问环境，提供丰富的性能数据，包括 GLS。

下面是原生的 JavaScript API 测量方法：

```
let cls = 0;

new PerformanceObserver((entryList) => {
  for (const entry of entryList.getEntries()) {
    if (!entry.hadRecentInput) {
      cls += entry.value;
      console.log('Current CLS value:', cls, entry);
    }
  }
}).observe({type: 'layout-shift', buffered: true});
```

我们可以根据以下原则来避免非预期的布局移动。

- 图片或视频元素应具有大小属性，或者为它们保留一定的空间。可以通过设置 width 和 height，或者使用 unsized-media feature policy 来实现。
- 除非响应用户输入，否则不要在已存在的元素上方插入内容。
- 使用 animation 或 transition，而不是直接修改布局。

7.1.3 前端性能测量工具汇总

Google 开发的所有工具都支持 Core Web Vitals 的测量。选择合适的工具并充分利用它们进行性能分析至关重要。下面是主要的性能工具及其使用建议。

- Lighthouse：Lighthouse 是一款强大的工具，能够在本地评估网页性能。运行 Lighthouse 后，用户可查看生成的报告，了解页面的性能瓶颈，并根据报告中的建议进行优化。
- PageSpeed Insights：PageSpeed Insights 是一款在线工具，能够评估线上页面的性能。用户可输入网页的 URL，查看生成的报告，了解页面的性能指标和改进建议。
- Chrome User Experience Report API：Chrome User Experience Report（CrUX）提供了过去 28 天内的真实用户体验数据。使用 CrUX API，可以获取关于页面性能的宝贵数据，帮助了解用户的实际体验。
- DevTools：浏览器的开发者工具（DevTools）是一组强大的调试工具，能够帮助用户定位代码中的性能问题。用户可使用 DevTools 进行分析，查看网络请求、JavaScript 执行时间、布局问题等，以找出潜在的性能优化点。
- Google Search Console 的 Core Web Vitals 报告：Google Search Console 提供了 Core Web Vitals 报告，可以查看网站的整体性能，并获取关于 LCP、FID 和 CLS 的数据和建议。这将帮助用户跟踪和改善网站的核心性能指标。
- Web Vitals：Web Vitals 是一个 Chrome 浏览器的扩展程序，用户可以方便地查看页面的核心指标，如 LCP、FID 和 CLS。使用该扩展，用户可以实时监控和评估网页的性能，以便及时进行优化。

用户应选择适合自己需求的工具，并结合不同工具的优势，更全面地了解和优化网页性能。重要的是持续迭代和改进，通过分析和使用这些工具，不断优化网站以提供更好的用户体验。

7.2　前端系统优化

7.2.1　HTTP 中的性能优化

在 HTTP 中进行性能优化是提高网站速度和用户体验的关键一步。下面是一些在 HTTP 中进行性能优化的常见方法和技巧。

1. HTTP 1.1

在 HTTP 1.1 中，减少对服务器的 HTTP 请求是一种常见的网站性能优化技术。由于浏览器同时建立的 TCP 连接数量有限，因此资源下载是一个线性过程，也就是所谓的"队头阻塞"。为解决这个问题，Web 开发者通常会将网站的所有 CSS 文件合并为一个，将 JavaScript 压缩并合并为一个文件，并将图像合并到一个大的雪碧图中。这种做法可以大幅减少 HTTP 请求的数量，从而在 HTTP 1.1 中提升性能。

然而，这种优化方法也有问题。为了减少请求次数，文件合并和雪碧图使单个请求的内容变大，增加了延时。此外，合并的资源无法有效地利用缓存机制，因为每次加载页面时都需要重新下载整个合并的文件。

2. HTTP 2

HTTP 2 引入了一些重要的性能优化特性，包括二进制分帧传输、多路复用和服务端推送。

- 二进制分帧传输。在 HTTP 2 中，原有的 HTTP 报文被拆分成一个个二进制帧进行传输。这种做法消除了 HTTP 1 中的队头阻塞问题，帧之间没有先后关系，可以并行发送和处理，从而提高了数据传输效率。
- 多路复用。HTTP 2 引入了流的概念，实现了在单个 TCP 连接上并行通信多个数据帧。每个帧都有一个标识符，表示属于哪个流，这样多个请求可以并发进行，解决了 HTTP 1 中多个请求需要建立多个 TCP 连接的问题，减少了连接数量和慢启动带来的延时。
- 服务端推送。HTTP 2 允许服务器在建立 TCP 连接后主动向客户端推送资源。例如，服务器可以在返回 HTML 文件时，将 HTML 中引用的其他资源一起推送给客户端，减少客户端的等待时间。这种机制可以提前向客户端提供可能需要的资源，从而加快页面加载速度。

通过这些优化特性，HTTP 2 突破了性能瓶颈，提高了网页加载速度和用户体验。它能更高效地利用网络连接，减少不必要的延时，提供更快的页面响应和更高的并发能力。Server-Push 主要是对资源内联的优化，相对于 HTTP 1.1，资源内联的优势包括：

- 客户端可以缓存推送的资源。
- 客户端可以拒绝接收推送过来的资源。
- 不同的页面可以共享推送的资源。
- 服务器可以按照优先级推送资源。

3. HTTP 2 Web 优化最佳实践

在 HTTP 2 中，性能优化的方法确实有所改变。相比于 HTTP 1.1，Web 开发者应更专注于网站的缓存优化，而不是过分关注如何减少 HTTP 请求的数量。根据多路复用和二进制分帧传输的特性，可以同时传输多个资源，且帧之间没有先后顺序的限制。这为资源的细粒度独立缓存和并行传输提供了可能，如图 7-4 所示。

因此，开发者应该采用以下方式来优化性能。

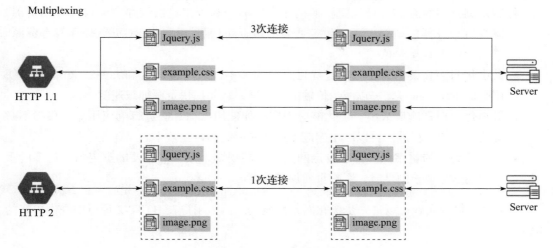

图 7-4　HTTP 2 中的复用

- **传输轻量化资源**。将资源划分为更小、更细粒度的单元，以便可以独立缓存和并行传输，这可以提高资源的重复利用率和加载效率。
- **使用缓存机制**。利用浏览器缓存和代理服务器缓存，尽可能减少对服务器的请求。合理设置缓存策略，包括缓存过期时间、验证机制等，以确保客户端能够从缓存中获取资源。
- **优化资源加载顺序**。通过分析页面依赖关系，合理安排资源的加载顺序，尽可能减少页面的等待时间。将关键资源（如 CSS 和 JavaScript）尽早加载，以提高页面的渲染速度。
- **考虑使用 HTTP 2 服务器推送**。根据页面的特点和需求，合理利用 HTTP 2 的服务器推送功能，提前向客户端推送可能需要的资源，减少客户端的等待时间。

HTTP 2 的优化策略主要集中在资源的缓存和并行传输上，通过细粒度资源的独立缓存和利用缓存的并行传输，可以提高网站的加载速度和用户体验。

在 HTTP 2 中，一些最佳实践依然适用，这些可以进一步提升网站性能。下面是在 HTTP 2 中依然适用的一些最佳实践：

- **减少 DNS 查询时间**。通过减少域名解析时间，可以减少连接延时。使用 CDN、将资源集中到较少的域名上，以及设定合理的 DNS 缓存时间等方法，可以降低 DNS 查询时间。
- **使用 CDN 托管静态资源**。将静态资源（如图片、CSS、JavaScript 文件等）托管在 CDN 上，利用 CDN 的分布式网络加快资源传输，从更接近用户的节点处提供资源，以减少传输延时。

- **利用浏览器缓存**。合理设定资源的缓存策略，利用浏览器缓存存储可缓存的资源，减少对服务器的请求。通过设定适当的缓存头信息，可以让浏览器缓存静态资源，以提高页面加载速度。
- **最小化 HTTP 请求大小**。通过优化资源的大小，如压缩 CSS 和 JavaScript 文件、使用图像压缩技术等，可以减少传输的数据量，从而加快资源加载速度。
- **最小化 HTTP 响应大小**。优化响应内容，如使用压缩算法进行响应压缩、移除不必要的空格和注释等，可以减小响应大小，从而提高传输效率。
- **减少不必要的重定向**。合理设定网页的跳转规则，减少不必要的重定向。过多的重定向会增加请求的延时，影响页面加载速度。

遵循这些最佳实践可以进一步优化网站性能，从而为用户在 HTTP 2 环境中提供更好的体验。

7.2.2 代码压缩

gzip 是一种用于改进 Web 软件性能的压缩技术，在 HTTP 中被广泛使用。通过对文本文件（如 HTML、CSS、JavaScript 等）进行 gzip 压缩，可以显著减小文件的大小，从而提高传输速度和减少带宽消耗。通常情况下，gzip 可以达到很高的压缩率，一般可以将文件大小压缩到原始大小的 30% 左右。这意味着，如果网页原始大小为 30KB，经过 gzip 压缩后，可以减小到 9KB 左右，从而显著降低传输所需的时间和带宽消耗。

重要的是，为了使用 gzip 压缩，Web 服务器和浏览器必须同时支持该功能。大多数主流的 Web 浏览器（如 Chrome、Firefox 等）都支持 gzip 压缩，常见的 Web 服务器（如 Apache、Nginx、IIS 等）也都提供了 gzip 压缩的支持。

开启 gzip 压缩，可以有效地减少文件大小，加快页面加载速度，提升用户体验，并减少网络带宽的消耗。

下面是开启 gzip 压缩的步骤。

1）**在 Web 服务器上启用 gzip 压缩功能**。具体方法取决于所使用的 Web 服务器。对于 Apache 服务器，可以通过修改服务器配置文件（如 .htaccess）或使用 mod_deflate 模块来启用 gzip 压缩。对于 Nginx 服务器，可以在配置文件中添加相应的配置项来开启 gzip 压缩。

2）**配置 gzip 压缩的文件类型**。可以通过指定需要进行 gzip 压缩的文件类型来控制压缩的范围。通常，文本文件（如 HTML、CSS、JavaScript、XML 等）适合进行 gzip 压缩，而二进制文件（如图片、视频、音频等）通常不适合进行压缩。

3）**验证 gzip 压缩是否生效**。可以使用在线工具或浏览器的开发者工具来检查响应是否被成功压缩。检查响应头中的 Content-Encoding 字段是否包含 gzip。

开启 gzip 压缩后，服务器会在响应时对内容进行压缩，然后在传输到客户端时进行解压缩。这不仅可以减少传输的数据量，提高传输速度，还能节省带宽资源。然而，对于已经压缩过的文件（如图片、视频等），再次进行 gzip 压缩可能不会有显著的效果，甚至可能增加传输体积。

同时，当使用 HTTPS 进行加密传输时，由于数据已经在加密过程中被压缩，再次进行 gzip 压缩可能不会产生显著效果。因此，在使用 HTTPS 的环境下，是否开启 gzip 压缩需要综合考虑。

最后，开启 gzip 压缩时，用户需要平衡压缩率和服务器处理压缩的性能开销。过高的压缩率可能会增加服务器负载和响应延时，而过低的压缩率则无法发挥 gzip 压缩的优势。因此，用户需要根据实际情况进行测试和调整，以找到适合的压缩配置。

7.2.3　JavaScript 中的性能优化

JavaScript 的性能优化是确保网站或应用在用户体验和加载速度方面保持高效的关键。下面是在 JavaScript 中进行性能优化的常见方法和技巧。

1. 减少请求次数

提升页面性能的有效方法之一是减少包含的 <script> 标签数量，因为每一个 <script> 标签的初始下载都会阻塞页面的渲染。这包括限制外链脚本和内嵌脚本的数量。每当浏览器在解析 HTML 页面时都会遇到一个 <script> 标签，执行脚本会造成一定延时，因此减少这种延时可以显著提升整体页面性能。

然而，处理外链 JavaScript 文件时有一些不同。因为 HTTP 请求会带来额外的性能开销，所以下载一个 100KB 的文件比下载 5 个 20KB 的文件要快。因此，减少页面中外链脚本的数量可以提升性能。

通常，大型网站或应用会依赖多个 JavaScript 文件。用户可以将这些文件合并成一个文件，以此减少引用 <script> 标签的数量，降低性能消耗。文件合并可以通过离线打包工具或在线服务实现。

值得注意的是，将内嵌脚本放在引用外链样式表之后会阻塞页面等待样式表的下载。这是为了确保内嵌脚本在执行时能获取最准确的样式信息。因此，建议不要将内嵌脚本直接放在标签后面。在页面加载过程中，最耗时的部分并非 JavaScript 文件的加载和执行，而是与后端建立连接以获取资源的时间，这涉及 HTTP 请求。因此，减少 HTTP 请求是需要重点优化的方面。实际上，优化页面中 JavaScript 文件的加载对性能的提升往往是显著的。

2.无阻塞脚本加载

在 JavaScript 的性能优化中，减少脚本文件大小和限制 HTTP 请求次数只是加快界面响应的第一步。随着 Web 应用的功能日益丰富，JavaScript 脚本越来越多，仅依赖于缩小源代码大小和减少请求次数并不总是有效的。即使只有一个 HTTP 请求，如果文件太大，界面也会被锁定很长时间，这是不理想的情况。因此，无阻塞加载技术应运而生。简单来说，就是在页面加载完成后再加载 JavaScript 代码，也就是在 window 对象的 load 事件触发后才开始下载脚本。为实现这种方式，常用以下几种方法。

- 延时加载（Lazy Loading）：在页面其他内容加载完成后再加载 JavaScript 代码。可以通过将脚本标记为 async 或将脚本动态插入页面中实现延时加载。这样可以防止 JavaScript 的加载和执行阻塞页面的呈现。
- 动态脚本加载（Dynamic Script Loading）：使用 JavaScript 动态创建 \<script\> 元素，并设置其 src 属性来异步加载脚本文件。可以通过使用原生的 JavaScript 方法（如 createElement）或库和框架提供的加载器（如 RequireJS、Webpack）来实现动态脚本加载。
- 资源预加载（Resource Preloading）：在页面加载过程中预先加载将来需要用到的 JavaScript 文件，以减少后续的延时。可以使用 \<link rel="preload"\> 标签或使用 JavaScript 的 fetch API 提前加载资源。
- 按需加载（On-Demand Loading）：根据页面需要，在特定的交互或条件下加载相应的 JavaScript 代码。例如，使用异步模块定义（AMD）或通用模块定义（UMD）等模块化加载方案，按需加载模块或组件。
- 缓存策略优化：合理设置缓存头部信息，使浏览器能够缓存 JavaScript 文件，减少重复的下载和执行。

综合运用这些无阻塞加载技术，可以提升页面的响应速度和性能，同时优化用户体验。

3.动态添加脚本元素

动态添加脚本元素的好处在于，无论何时启动下载，该脚本的下载和执行过程都不会阻塞页面的其他进程。我们甚至可以将脚本直接添加到带有头部（\<head\>）标签的部分，而不会影响页面的其他部分。因此，作为开发人员，可能已经见过类似以下代码块的示例：

```
var script = document.createElement('script');
script.src = 'path/to/script.js';
document.head.appendChild(script);
```

通过 JavaScript，我们可以动态创建一个 \<script\> 元素，并设置其 src 属性为需要加载的脚本文件的路径，然后将此脚本元素添加到页面的头部（<head>）中。这种做法可以确保脚本的加载和执行不会阻碍页面的其他操作，允许页面在加载脚本的同时进行其他处理。

动态添加脚本元素能够使我们更灵活地控制脚本的加载时机，根据需要动态加载不同的脚本文件，从而优化页面的性能和用户体验。

在现代浏览器中，动态创建的脚本会等待所有动态节点加载完成后再执行代码。为了确保当前代码中的其他接口或方法能被成功调用，我们需要在其他代码加载前进行准备。解决这个问题的一种思路是，当 <script> 标签的内容下载完成后，会触发一个 load 事件，可以在此事件后执行想要加载和运行的代码。在 IE 浏览器中，会触发 loaded 和 complete 事件，理论上，loaded 事件完成后才会有 complete 事件，但实际上这两个事件的顺序并不确定，有时候甚至只会触发其中一个。因此，我们可以通过封装一个函数来处理这个问题。

```javascript
function loadScript(url, callback) {
  var script = document.createElement('script');
  script.src = url;
  script.onload = script.onreadystatechange = function() {
    if (!this.readyState || this.readyState === 'loaded' || this.readyState ===
      'complete') {
      callback();
      // 清除事件处理器
      script.onload = script.onreadystatechange = null;
      if (script.parentNode) {
        script.parentNode.removeChild(script);
      }
    }
  };

  document.head.appendChild(script);
}

// 使用示例
loadScript('path/to/script.js', function() {
  // 在这里执行依赖该脚本的代码
});
```

我们定义了一个名为 loadScript 的函数，该函数接收脚本文件的 URL 和回调函数作为参数。在函数内部，我们创建了一个 <script> 元素，并将其 src 属性设置为指定的 URL。然后，我们使用 onload 和 onreadystatechange 事件处理器来监听脚本的加载状态。当脚本的状态变为 "loaded" 或 "complete" 时，触发回调函数以执行相应的操作。最后，将该脚本元素添加到页面的 <head> 部分。

通过这种方式的封装，我们可以确保在脚本加载完成后执行相应的代码。加载完成后，我们将清除事件处理器并移除脚本元素，以保持页面的整洁。

4. XMLHttpRequest 脚本注入

通过 XMLHttpRequest 对象获取脚本并注入页面是实现无阻塞加载的另一种方式。这种方法的思路与动态添加脚本相似。以下是具体的代码示例：

```
function injectScript(url, callback) {
  var xhr = new XMLHttpRequest();
  xhr.open('GET', url, true);
  xhr.onreadystatechange = function() {
    if (xhr.readyState === 4 && xhr.status === 200) {
      var script = document.createElement('script');
      script.textContent = xhr.responseText;
      document.head.appendChild(script);
      if (typeof callback === 'function') {
        callback();
      }
    }
  };
  xhr.send();
}

// 使用示例
injectScript('path/to/script.js', function() {
  // 在这里执行依赖该脚本的代码
});
```

我们定义了一个 injectScript 函数，它接收脚本文件的 URL 和回调函数作为参数。在函数内部，首先创建一个 XMLHttpRequest 对象，然后使用 open() 方法打开一个异步请求，并设置请求的 URL 和方法。

接着，我们通过监听 readystatechange 事件，在请求的状态为 4（完成）和状态码为 200（成功）时，将获取的脚本内容注入页面中。我们创建一个新的 <script> 元素，将脚本内容设置为请求返回的文本内容，然后将此脚本元素添加到页面的头部（<head>）。

最后，如果提供了回调函数，那么将执行它。

通过这种方法，我们可以使用 XMLHttpRequest 对象获取脚本文件的内容，并在请求完成后将其注入页面中，实现脚本的无阻塞加载。这种方式不仅可以更灵活地控制脚本的加载和执行，还允许在加载完成后执行依赖于该脚本的代码。

5. 合理放置脚本位置

脚本的位置和引用顺序对页面加载体验有显著影响。由于 JavaScript 的阻塞特性，每个

<script> 标签的出现都会导致页面等待脚本加载、解析和执行。此外，<script> 标签可以放在页面的 <head> 或 <body> 中。

把脚本放在 <head> 标签中意味着在页面加载过程中，脚本会立即加载和执行。这样做的优点是确保脚本在页面其他内容加载之前可用，但缺点是页面加载速度变慢，因为浏览器必须等待脚本完全加载和执行后才能继续渲染页面其他部分。

相反，把脚本放在 <body> 标签的底部，也就是页面最后，可以让页面的其他内容优先加载和渲染，再加载和执行脚本。这样可以提高页面加载速度和用户体验，因为用户能更快地看到页面内容。然而，如果脚本依赖于页面的其他元素或操作，则需要注意脚本的加载时机，确保脚本在需要时能访问到所需元素或操作。

正确的脚本引用顺序也很重要。如果一个脚本依赖另一个脚本，则需要确保被依赖的脚本在依赖脚本之前加载和执行。否则，依赖脚本可能无法正常工作，从而导致错误或功能异常。

总的来说，在优化页面加载体验时，需要仔细考虑脚本的位置和引用顺序，以尽早加载和渲染页面内容，同时满足脚本的依赖关系。

7.2.4　Webpack 优化

本小节介绍一些常见的 Webpack 优化方法。根据具体项目和需求，可以选择适合的优化策略。同时，使用 Webpack 的性能分析工具，如 webpack-bundle-analyzer，可以帮助用户找到性能瓶颈并进行进一步的优化。

1. 代码分割（Code Splitting）

Webpack 提供了代码分割功能，可以将代码拆分为多个 bundle，按需加载。这种方式可以减少初始加载时间，并只加载当前页面所需的代码。用户可以使用 Webpack 的动态导入语法或 SplitChunksPlugin 来进行代码分割。在 Webpack 中，可以通过以下两种方式实现代码分割。

1）**动态导入语法**。使用 ES6 的动态导入语法，即 import() 函数，可以将模块定义为动态加载。这样，在需要的时候才加载模块。例如：

```
import('./module').then((module) => {
  //使用模块
});
```

在 Webpack 中，它会将动态导入的模块独立打包成一个 chunk，并在需要时进行按需加载。

2）使用 SplitChunksPlugin 插件。Webpack 提供了 SplitChunksPlugin 插件，该插件可以根据设置将公共模块提取到单独的 chunk 中。通过抽取公共代码，可以避免重复加载并减少文件大小。用户可以在 Webpack 的设置中添加以下配置：

```
module.exports = {
  // ...
  optimization: {
    splitChunks: {
      chunks: 'all',
    },
  },
};
```

上述配置中，chunks: 'all' 表示将所有模块进行代码分割。Webpack 会根据公共模块的大小和复用次数等因素进行自动分割，生成相应的 chunk。

代码分割可以根据业务需求来灵活配置，将公共的依赖库、第三方库或按路由进行代码分割。这样可以优化网页的加载性能，减少不必要的资源请求，从而提升用户体验。

2. 懒加载（Lazy Loading）

通过懒加载，我们可以延时加载某些模块，只在需要时加载，这有助于减少初始加载时间并提高页面响应速度。懒加载可以通过 Webpack 的动态导入语法或使用第三方库（如 react-loadable）来实现。

1）使用动态导入语法。Webpack 支持 ES6 的动态导入语法，允许我们将模块定义为动态导入。例如：

```
const handleClick = () => {
  import('./module').then((module) => {
    // 使用懒加载的模块
  });
};
```

在上述代码中，import('./module') 语句会在 handleClick 函数被调用时才加载 "./module" 模块，从而实现按需加载。

2）使用第三方库（如 react-loadable）。对于 React 应用，可以使用 react-loadable 库来实现懒加载。react-loadable 提供了 Loadable 组件，可以用于异步加载。例如：

```
import Loadable from 'react-loadable';

const MyComponent = Loadable({
  loader: () => import('./MyComponent'),
```

```
    loading: LoadingComponent,
});

// 在路由组件中指定某个路由加载 MyComponent
<Route path="/some-path" component={MyComponent}/>
```

在上述代码中，MyComponent 将在需要时进行异步加载。loading 参数定义了在加载组件时显示的占位符组件，可以是加载中的动画或提示信息。

懒加载可针对页面中的特定模块或组件，根据用户的实际需求进行加载。这样可以避免不必要的资源请求，从而提高页面的响应速度和性能。

3. 压缩和混淆代码

Webpack 的插件，如 uglifyjs-webpack-plugin，可以通过压缩和混淆代码来减少文件大小，从而提高加载速度。这种方法能够消除不必要的空格、注释和无效代码，并简化变量和函数名。具体操作步骤如下。

1）**安装插件**。通过 npm 或 yarn 安装 uglifyjs-webpack-plugin 插件。具体命令为：

```
npm install uglifyjs-webpack-plugin --save-dev
```

2）**配置插件**。在 Webpack 配置中引入插件并添加相应的配置。具体方法如下。

```
const UglifyJsPlugin = require('uglifyjs-webpack-plugin');

module.exports = {
  ...
  optimization: {
    minimizer: [new UglifyJsPlugin()],
  },
};
```

在上述配置中，UglifyJsPlugin 用于压缩和混淆代码。optimization 对象的 minimizer 属性则配置了要使用的优化插件。

压缩和混淆代码可以通过以下几种方式提升性能：

● 通过移除不必要的空格、注释和换行符，减少文件大小。
● 通过简化变量和函数名，降低代码体积。
● 通过消除无效的代码和不可达的代码，提高执行效率。
● 通过优化代码结构和算法，减少重复计算和冗余操作。

值得注意的是，在开发阶段，为了方便调试和排查问题，我们可以选择禁用压缩和混洧代码的过程，或者仅在生产环境中使用这些功能。这样就可以确保代码在开发过程中的可读性和调试能力。

4. Tree Shaking

通过 Webpack 的 Tree Shaking 功能，用户可以消除未使用的代码并只打包必要的模块。这将显著减小打包后的文件大小，从而提升性能。请确保在 Webpack 配置中启用了 Tree Shaking，并使用 ES6 模块化语法。

下面是启用 Tree Shaking 功能所需的注意事项。

1）**使用 ES6 模块化语法**。请确保在代码中使用了 ES6 模块化语法，即使用 import 和 export 关键字进行模块的导入和导出。这是启用 Tree Shaking 的基础。

2）**配置 Webpack**。在 Webpack 配置中，需要将 mode 设置为 production 模式，因为 Tree Shaking 功能通常在生产环境下生效。此外，确保 optimization 对象中的 usedExports 属性设置为 true，以启用 Tree Shaking。

```
module.exports = {
  mode: 'production',
  ...
  optimization: {
    usedExports: true,
  },
};
```

3）**检查 Tree Shaking 效果**。构建项目后，可以检查输出的打包文件中是否成功应用了 Tree Shaking。通过查看打包后的代码，可以确认未被使用的模块和代码是否已被删除。

启用 Tree Shaking 后，Webpack 会对代码进行静态分析，寻找并剔除未使用的模块和代码，以减小最终生成的文件大小。这有助于提高加载速度，减少不必要的资源请求，从而提升应用性能及用户体验。

请注意，Tree Shaking 的效果取决于代码和模块的编写方式。要确保代码模块化，并避免在模块导出时引入不必要的内容，以便 Tree Shaking 能够有效地删除未使用的代码。

5. 缓存和长效缓存

通过使用 Webpack 的文件指纹（hash）功能，我们可以为生成的文件添加唯一的哈希值，从而实现缓存及长效缓存。当文件内容发生变化时，哈希值也会随之改变，这将强制浏览器重新加载新文件。这种方式可以充分利用浏览器的缓存，减少对服务器的请求。在 Webpack 的配置中，我们可以通过 output 对象的 filename 属性来配置输出文件的名称，并且可以添加占位符（placeholder）来引入哈希值。

```
module.exports = {
  ...
  output: {
    filename: 'bundle.[contenthash].js',
  },
};
```

在上述配置中，[contenthash] 是一个占位符，会根据文件内容生成唯一的哈希值。文件内容变更时，哈希值也会随之变化，从而改变生成的文件名称。这样，当文件内容未变化时，浏览器可以直接从缓存中加载文件，无须再次向服务器发送请求，从而减轻服务器压力和网络延时。通过实现缓存和长效缓存，我们可以提高网页加载速度，减少用户等待时间，并减轻服务器负载。注意，为了保证缓存有效，我们需要在文件内容变化时更新哈希值。可以使用 Webpack 的插件（如 webpack-md5-hash）自动为文件生成哈希值。

```
const WebpackMd5Hash = require('webpack-md5-hash');

module.exports = {
  ...
  plugins: [
    new WebpackMd5Hash(),
  ],
};
```

因此，每次构建时，都会根据文件内容计算文件的哈希值，确保文件的唯一性和缓存的有效性。通过优化缓存和长期缓存，我们可以有效地减少资源请求和加载时间，从而提升用户体验和网页性能。

6. 使用 Webpack 的生产模式（Production Mode）配置

在生产环境中，使用 Webpack 的生产模式配置可以自动进行一些优化，如代码压缩和去除调试信息等。应确保在构建生产版本时使用正确的配置。要启用 Webpack 的生产模式配置，可以通过将 mode 选项设置为 production 来实现。

```
module.exports = {
  mode: 'production',
  // 其他配置项
};
```

一旦将 mode 设置为 production，Webpack 将自动应用以下优化。

● **代码压缩**。Webpack 将使用内置的压缩插件（如 TerserPlugin）对代码进行压缩，移除空格、注释和无效代码，从而减少文件大小。

- **作用域提升（Scope Hoisting）**。Webpack 会试图静态分析模块间的依赖关系，然后将模块封装到更少的函数闭包中，以减少运行时的代码量和函数调用的开销。
- **Tree Shaking**。如前所述，Webpack 会消除未使用的代码，并只打包所需的模块，从而减小打包后的文件大小。
- **去除调试信息**。Webpack 将移除源代码中的调试信息，以减少文件大小。

使用 Webpack 的生产模式配置可以显著提高代码性能和减少文件大小，适用于部署到生产环境的版本。同时，为了获得最佳的优化效果，还可以结合其他优化手段，如缓存和长效缓存、代码分割等。

值得注意的是，在开发环境中，应使用 Webpack 的开发模式配置（mode: 'development'），以便获得更好的开发体验和调试工具支持。

7. 模块路径优化

使用 Webpack 的解析（resolve）选项，可以优化模块的解析路径，从而提高构建速度。一种常见的优化方式是使用 alias 配置常用模块的别名。为常用模块创建别名可以减少 Webpack 在解析模块路径时的查找时间，这样可以加快构建速度。

下面是配置示例：

```
module.exports = {
  // ...
  resolve: {
    alias: {
      // 配置常用模块的别名
      '@utils': path.resolve(__dirname, 'src/utils'),
      '@components': path.resolve(__dirname, 'src/components'),
      ...
    },
  },
  ...
};
```

在上述示例中，我们为两个常用模块 src/utils 和 src/components 分别创建了别名 @utils 和 @components。这将使得在代码中使用别名引用这些模块时，Webpack 能够更快速地定位和解析它们。

下面是使用别名引用模块的示例代码：

```
import { utilFunc } from '@utils';
import { Component } from '@components';
...
```

Webpack 可以通过使用别名来快速定位和解析模块，这样可以减少路径解析的时间，从而提高构建性能。在大型项目中，使用别名能显著减少模块解析的时间，提高构建速度。

8. 并行构建

使用 Webpack 的多线程构建工具，如 HappyPack 和 thread-loader，能并行处理多个模块的构建以提高构建速度。这是一种优化 Webpack 构建速度的方法。传统的 Webpack 构建是单线程的，依赖关系逐个处理模块，大型项目可能会导致构建速度较慢。

为了加快构建速度，使用 Webpack 的多线程构建工具是一种有效的手段。这些工具能将模块的处理任务分配给多个线程并行执行。

其中，HappyPack 是一种常用的多线程构建工具，可以将 Webpack 的任务分解给多个子进程并行处理，从而减少构建时间。使用 HappyPack 时，需要按照特定步骤进行配置。

1）安装 HappyPack：

```
npm install happypack --save-dev
```

2）配置 Webpack：

```
const HappyPack = require('happypack');

module.exports = {
  ...
  module: {
    rules: [
      {
        test: /\.js$/,
        exclude: /node_modules/,
        use: 'happypack/loader?id=js', // 使用 HappyPack 处理 JavaScript 文件
      },
      // 其他规则
    ],
  },
  plugins: [
    new HappyPack({
      id: 'js',
      threads: 4, // 指定使用的线程数
      loaders: ['babel-loader'], // 指定需要处理的 loader
    }),
    // 其他插件
  ],
  ...
};
```

通过以上配置，Webpack 会将 JavaScript 文件的处理任务分配给 HappyPack 进行并行处理，从而提高构建速度。用户可以根据需求配置多个 HappyPack 实例来处理不同类型的文件。

另外，thread-loader 是另一个可选的多线程构建工具。它可以与 Webpack 的 loader 配合使用，将某个 loader 的处理任务分配给 Worker Pool 中的线程并行执行，以加快构建速度。下面是使用 thread-loader 的配置示例：

```
module.exports = {
  ...
  module: {
    rules: [
      {
        test: /\.js$/,
        exclude: /node_modules/,
        use: [
          'thread-loader', // 使用 thread-loader 处理 JavaScript 文件
          'babel-loader',
        ],
      },
      // 其他规则
    ],
  },
  ...
};
```

通过使用 HappyPack 或 thread-loader，我们可以充分利用多线程处理能力，将构建任务并行化，从而提高 Webpack 的构建速度。但是，需要注意的是，使用多线程构建工具可能会增加系统资源的占用。因此，在配置线程数量时，需要在系统资源和构建速度之间进行权衡。

7.2.5　Vue 项目性能优化

对 Vue 项目进行性能优化可以提升应用的加载速度和反应性，从而增强用户体验。下面是一些常见的 Vue 项目性能优化策略。

1. 优化 Vue 组件

下面是优化 Vue 组件的具体策略。

- **组件懒加载**：对于不常用或初始加载时不必要的组件，使用异步组件进行懒加载，以减少初始加载的文件大小。
- **使用 v-if 和 v-show 指令**：可根据实际需求选择使用 v-if 或 v-show。v-if 在条件不满足时会销毁并重新创建组件，而 v-show 只是控制组件的显示与隐藏。

- **降低计算属性和侦听器的复杂性**：复杂的计算属性和侦听器会增加渲染及响应的开销，因此应尽量简化它们的逻辑或用其他方式替代。
- **合理使用 Key 属性**：在使用 v-for 指令渲染列表时，可为每个列表项添加唯一的 Key 属性，这样 Vue 就能高效地跟踪和更新 DOM 元素。

2. 优化数据绑定

下面是优化数据绑定的具体措施。

- **避免不必要的双向绑定**：因为双向绑定会增加额外的性能压力，所以只在必要的情况下使用双向绑定，其他情况下尽量使用单向数据流。
- **使用 v-once 指令**：对于不会改变的静态数据，可以使用 v-once 指令进行一次性的渲染，以此来避免不必要的更新操作。

3. 优化网络请求

下面是优化网络请求的具体措施。

- **使用异步组件和路由懒加载**：按需加载页面，减少初始加载文件的大小，从而提高页面加载速度。
- **图片懒加载**：利用懒加载方式加载页面中的图片，仅在图片进入可视区域时才开始加载，以减少初始加载的数据量。
- **使用 CDN 加速**：将静态资源部署到 CDN，以加快资源的加载速度并减轻服务器压力。

4. 使用生产模式构建

在构建 Vue 项目时，使用生产模式进行构建，会自动应用一些优化，如代码压缩、去除调试信息等。

5. 使用 Webpack 进行打包优化

使用 Webpack 进行打包优化的措施如下。

- **配置 Webpack 的代码分割功能**：将项目分割为多个异步加载的模块，实现按需加载，从而减少初始加载时间。
- **配置 Webpack 的 Tree Shaking 功能**：消除未使用的代码，可以减少打包后的文件大小。
- **合理配置 Webpack 的优化选项**：如代码压缩、图片压缩等，以减少打包文件的体积。

6. 使用虚拟列表（Virtual List）

对于大型列表或表格，使用虚拟列表技术可以减少 DOM 元素，从而提高渲染性能。虚拟列表只渲染可视区域的部分内容，并在滚动或翻页时动态加载和卸载列表项，以减少不必要的 DOM 操作。

7. 合理使用 Vue 的 keep-alive 组件

对于频繁切换的组件，使用 Vue 的 keep-alive 组件进行缓存可避免重复渲染和重新创建组件，从而提高切换速度和响应性能。

8. 使用响应式数据的合理策略

下面是使用响应式数据策略的措施。

- 避免在模板中过度使用复杂的计算属性和侦听器。
- 合理使用 Vue 的 watch 选项，避免监听过多的数据。
- 使用 Vue 的 computed 属性替代复杂的模板表达式，将逻辑放在 computed 属性中，以降低模板的计算开销。

9. 使用 Vue Router 的懒加载

对于较大的路由配置，可以利用懒加载将路由拆分为多个异步加载的模块，实现按需加载，从而提高页面加载速度。

10. 使用缓存机制

对于耗时的计算结果或请求的数据，可以利用缓存机制进行缓存，避免重复计算或请求相同的数据。

11. 减少全局订阅事件

全局事件的频繁触发和处理会影响应用的性能，因此尽量减少全局订阅事件的数量和频率，合理使用事件总线或其他方式进行组件间的通信。

12. 使用适当的插件和库

选择合适的第三方插件和库，避免使用过于臃肿或性能较差的插件，尽量使用轻量级和高性能的解决方案。

13. 定期进行性能优化检查和测试

持续关注应用的性能瓶颈，使用性能分析工具和测试工具对应用进行检查和测试，及时发现并解决性能问题。

总的来说，Vue 项目的性能优化需要综合考虑各个方面，包括组件优化、数据绑定优化、网络请求优化、打包优化等。根据项目的实际情况，选择合适的优化策略和工具进行优化，不断迭代和改进应用的性能。

7.3 客户端系统优化

7.3.1 Flutter 项目优化

优化 Flutter 项目是确保用户的移动应用在性能、用户体验和资源使用方面保持高效的关键。下面是在 Flutter 项目中进行优化的一些常见方法和技巧。

1. 用 ListView.builder 或 ListView.separated 代替 ListView

ListView.builder 和 ListView.separated 都是懒加载的列表视图，只在需要显示时才构建和渲染列表项，这有助于节省内存和渲染时间。这两个小部件都不会一次性构建所有列表项。

ListView.builder 按照指定的 itemBuilder 构建列表项，并会自动回收不再显示的列表项，这也有助于节省内存和渲染时间。它非常适用于具有大量列表项的情况，例如从数据源中动态生成的列表。

下面是一个使用 ListView.builder 的示例。

```
ListView.builder(
  itemCount: itemCount, // 列表项的数量
  itemBuilder: (context, index) {
    // 根据索引构建列表项
    return ListTile(
      title: Text('Item $index'),
    );
  },
)
```

ListView.separated 则比 ListView.builder 多了一个 separatorBuilder 参数，用于构建列表项之间的分隔符。这在需要在列表项之间添加分隔符的情况下非常有用。

下面是一个使用 ListView.separated 的示例。

```
ListView.separated(
  itemCount: itemCount, // 列表项的数量
```

```
  itemBuilder: (context, index) {
    // 根据索引构建列表项
    return ListTile(
      title: Text('Item $index'),
    );
  },
  separatorBuilder: (context, index) {
    // 构建列表项之间的分隔符
    return Divider();
  },
)
```

使用 ListView.builder 或 ListView.separated 可以有效地减少内存和渲染时间，特别是在处理大量列表项时，能提升软件的性能和用户体验。

2. 使用 Key 来管理列表项

使用 Key 来管理列表项是一个重要的优化技术。Key 是 Flutter 用于识别和追踪小部件的唯一标识符。通过为每个列表项分配唯一的 Key，Flutter 可以在更新列表时准确地定位和处理每个列表项，从而提高性能。

在列表视图中，当列表项的顺序改变、数量变化或者重新构建时，Flutter 会使用 Key 来匹配和更新相应的列表项，而不是重新构建整个列表。这样可以避免不必要的重绘和布局操作，提高列表的性能和响应速度。

要正确使用 Key，需要遵循以下原则。

- 每个列表项都应有一个唯一的 Key。可以使用数据源中的唯一标识符作为 Key，或者使用自定义方法生成唯一 Key。
- Key 的值在列表项之间应保持稳定，不应随列表的重新排序而改变。
- 避免在构建过程中频繁改变 Key 的值，这会导致列表项频繁重新构建，降低性能。

下面是一个示例，展示如何使用 Key 来管理列表项。

```
ListView.builder(
  itemCount: items.length,
  itemBuilder: (context, index) {
    final item = items[index];
    return ListTile(
      key: Key(item.id), // 使用 item 的 id 作为 Key
      title: Text(item.title),
      subtitle: Text(item.subtitle),
    );
  },
)
```

在这个示例中，每个列表项都通过项目的 id 属性来分配唯一的 Key。当列表变化时，Flutter 会根据 Key 来精确地更新和管理每个列表项，从而避免重建整个列表。使用 Key 来管理列表项可以提高性能并减少不必要的重绘和布局操作，尤其在涉及列表项排序、插入和删除等操作时。

3. 避免频繁地调用 setState

setState 会触发小部件的重建和重新渲染，频繁地调用会导致性能下降。为了优化性能，我们应该避免频繁地调用 setState，并尽量将多个状态变化合并到一次 setState 调用中。此外，可以使用其他状态管理解决方案，如 Provider 或 Bloc。

下面是一些避免频繁调用 setState 的方法。

1）合并多个状态变化。如果有多个状态需要更新，应将它们合并到一次 setState 调用中，这样可以减少重建和重新渲染的次数，从而提高性能。

```
setState(() {
  // 更新多个状态
  state1 = value1;
  state2 = value2;
  state3 = value3;
});
```

2）使用异步更新。有些情况下，状态的更新可能是异步的，比如在网络请求完成后更新状态。可以使用 then() 方法或 async/await 来延时更新，以避免不必要的重建和重新渲染。

```
fetchData().then((data) {
  setState(() {
    // 更新状态
    state = data;
  });
});
```

3）使用状态管理解决方案。对于复杂的软件，可以考虑使用状态管理解决方案，如 Provider、Bloc、GetX 等。这些解决方案可以帮助用户更好地管理和共享状态，减少对 setState 的依赖，提高代码的可维护性和性能。

用户需要根据项目的规模和复杂度选择合适的状态管理解决方案。无论选择哪种方案，避免频繁地调用 setState 都是一个普遍的原则，此举可以有效提高性能和响应速度。

总的来说，合并多个状态变化、使用异步更新和使用状态管理解决方案都是避免频繁地调用 setState 的常见策略，都可以优化 Flutter 软件的性能。

4. 使用状态管理方案

对于大型软件或复杂的状态管理需求，应考虑使用 Flutter 的状态管理解决方案，如 Provider、Riverpod、Bloc 等。这些解决方案能帮助用户更有效地组织和管理软件的状态，提供更优的性能和可扩展性。下面是一些常用的状态管理解决方案。

- Provider。Provider 是 Flutter 社区中最常用的状态管理解决方案之一，利用 InheritedWidget 和 ChangeNotifier 的组合，提供了一种简单强大的方式来共享和管理状态。Provider 轻量、易于使用且性能高，适用于中小型软件或简单的状态管理需求。
- Riverpod。Riverpod 是 Provider 的改进版本，提供了更强大和灵活的依赖注入和状态管理功能。Riverpod 采用 Provider Container 的概念，可以更有效地组织和隔离状态，并支持异步操作和惰性加载等特性。它适用于大型软件或需要更复杂状态管理的情况。
- Bloc。Bloc 是一种基于流（Stream）和事件（Event）的状态管理模式，将软件的状态和用户交互行为分离，通过流和事件的组合来管理状态的变化。Bloc 提供了一种清晰的架构和单向数据流的模式，适用于复杂的业务逻辑和状态管理需求。

另外，还有其他的状态管理工具和库，如 GetX、MobX 等，用户可以根据需求选择合适的解决方案。使用状态管理方案可以帮助用户更有效地组织和管理软件的状态，避免状态散乱和难以维护的问题。它们提供了良好的封装和抽象，使得状态的变化和共享变得更加简洁和可控。同时，状态管理方案通常具有优化机制，可以避免不必要的重建和重新渲染，提供更优的性能和可扩展性。

5. 使用缓存技术

对于经常使用的数据或资源，应考虑使用缓存，以减少网络请求或计算的重复，提高数据获取速度和软件的反应速度。在 Flutter 中，用户可以考虑以下几种缓存技术。

- **内存缓存**。内存缓存可以将常用的数据保存在内存中，以便快速访问。Flutter 提供了一些内存缓存库，如 flutter_cache_manager 和 cached_network_image，这些库可以方便地管理网络请求和图片的缓存。
- **数据库缓存**。对于需要持久保存的数据，可以使用数据库作为缓存。在 Flutter 中，常用的数据库有 SQLite 和 moor，它们提供了轻量级的数据库解决方案，可以将数据保存在本地，以便在需要时快速访问。
- **图片缓存**。在应用中常常需要加载和显示图片，可以使用图片缓存技术来减少网络请求或本地读取的重复。Flutter 中的 cached_network_image 和 flutter_image_cache 等库可以帮助用户实现图片的缓存，提高图片加载速度和应用性能。

- **文件缓存**。对于经常读写的文件或资源，可以使用文件缓存来减少文件操作的重复。Flutter 中的 path_provider 库提供了对设备文件系统的访问，用户可以将数据保存在本地文件中，并使用缓存机制减少文件的读写次数。

在选择合适的缓存技术时，需要考虑应用的具体场景和需求。实施缓存时，还需要注意缓存策略、缓存过期时间和缓存更新机制，以确保缓存的有效性和一致性。同时，要适度使用缓存，避免过度缓存导致数据过期或不一致。对于经常变动的数据，及时更新缓存是非常重要的。另外，需要合理管理缓存的大小，避免过多占用设备资源。

6. 使用异步加载和懒加载

异步加载和懒加载是优化 Flutter 应用性能的有效策略。通过这些方法，可以延时加载和渲染大型资源或页面，提高应用的启动时间和内存使用效率。下面是一些常用的技术和方法。

- **异步加载**。异步加载将耗时的操作放在后台进行，不会阻塞应用的主线程，从而提高应用的响应速度。在 Flutter 中，可以使用 async/await 关键字与 Future、Stream 等异步操作配合，实现异步加载。例如，在应用启动时，可以异步加载必要的配置文件或初始数据，避免阻塞主线程。
- **图片的异步加载**。对于大量的图片资源，可以使用 Flutter 的 Image.network() 构造函数异步加载网络图片，或使用 cached_network_image 库实现图片的异步加载和缓存。这样可以在页面加载时减少对主线程的阻塞，提高用户体验。
- **懒加载**。懒加载是在需要时才进行加载和渲染，而不是一次性加载全部内容。对于大型资源或页面，可以将其拆分为多个模块或组件，并在需要时进行懒加载。Flutter 提供了一些懒加载机制，如使用 import deferred 关键字和 loadLibrary() 函数动态加载代码块或模块。懒加载可以减少初始加载时间和内存占用，提高应用的启动速度。
- **分页加载**。对于列表或长列表，可以使用分页加载来优化性能。分批加载数据可以减少一次性加载大量数据的压力，提高列表的加载速度和用户体验。可以使用 Flutter 的 ListView.builder 或 GridView.builder 来实现分页加载。
- **异步 UI 更新**。在处理复杂 UI 或大量 UI 更新时，可以将 UI 更新操作放在异步任务中进行，以避免阻塞主线程。Flutter 的 Scheduler 库提供了一些工具函数和方法，如 SchedulerBinding.scheduleTask() 和 SchedulerBinding.addPostFrameCallback()，可以将 UI 更新操作放在下一帧或延时执行，以提高应用的响应速度。

在选择适合的异步加载和懒加载方式时，需要考虑应用的具体场景和需求，并结合最佳实践进行使用。同时，还需要注意控制异步加载和懒加载的粒度，避免过度加载或过度延时加载导致用户体验下降。

7. 优化图片加载

对于图片资源，应使用适当的图片格式和尺寸，避免加载过大的图片文件。可以利用
Flutter 的 image_picker 和 cached_network_image 等插件优化图片加载和缓存。优化图片加
载是提升 Flutter 应用性能的重要部分。下面是一些优化图片加载的建议。

- **采用合适的图片格式**。选择合适的图片格式可以降低图片文件的大小，从而提高加
  载速度。常见的图片格式包括 JPEG、PNG 和 WebP。JPEG 适合保存色彩丰富的照
  片；PNG 适用于透明背景或图标等；而 WebP 是一种先进的图片格式，具有更佳的
  压缩率和质量。根据图片的特性和需求，可选择最适合的图片格式来减少文件大小。
- **优化图片尺寸**。确保图片尺寸与显示尺寸相匹配，避免加载过大的图片。将大尺寸
  图片加载到小的 Image 组件中会浪费内存和带宽。可以根据显示需求，在加载图片
  前将其缩放到合适的尺寸，以减少资源占用和加载时间。
- **使用缓存技术**。利用 Flutter 的缓存图片库，如 cached_network_image，可以实现图
  片的缓存和离线加载。缓存图片可以避免重复的网络请求，提高图片加载速度和用
  户体验。这些库可以将图片缓存在本地存储中，下次加载同一张图片时可以直接从
  缓存中获取，避免再次下载。
- **图片懒加载**。对于较大的图片或需要延时加载的图片，可以采用懒加载方式进行加
  载。只有当图片出现在可视区域时才开始加载，可以通过 ListView 的 itemBuilder 或
  GridView 的 children 属性进行懒加载。
- **压缩和优化图片**。利用专业的图片处理工具对图片进行压缩和优化，可减少文件大
  小。可以移除不必要的元数据、降低图片质量、使用渐进式加载等技术来优化图片。
  在压缩过程中，要注意在图片质量和文件大小之间找到合适的平衡。
- **使用矢量图形**。对于图标和矢量图形，可以考虑使用矢量图形而非位图。矢量图形
  可以无损缩放，不会失真，且文件大小较小。Flutter 的 Icon 组件和 Flutter 的矢量图
  形库可以帮助用户使用矢量图形。

通过选择适当的图片格式和尺寸、使用缓存技术、懒加载和压缩优化等方法，可以优
化图片加载，以提高 Flutter 应用的性能和用户体验。根据具体需求和场景，选择适合的优
化策略实施。

8. 避免过度绘制

可以使用 Clip 等小部件来限制绘制区域，避免不必要的绘制操作，优化布局结构，减
少不必要的嵌套和层级关系，从而有效地防止过度绘制。这是优化 Flutter 应用性能的关键。
下面是一些避免过度绘制的建议。

- **使用 Clip 小部件**。如果只需要显示部分区域的内容，则可以使用 Clip 小部件（如 ClipRect、ClipRRect、ClipOval）来剪裁子部件的绘制区域，从而只绘制指定区域内的内容。
- **优化布局结构**。合理优化布局结构可以减少不必要的嵌套和层级关系。过度嵌套和过于复杂的层级关系都会增加绘制的复杂性和消耗，导致过度绘制。因此，尽量保持布局结构简洁、扁平，避免不必要的包裹容器。
- **使用 Opacity 小部件**。Opacity 小部件可以标记透明度以避免不必要的绘制操作。如果子部件是透明的，则可以通过设置透明度来控制子部件的绘制。
- **避免不必要的动画**。过多或复杂的动画会导致频繁进行绘制操作，增加绘制负担。因此，在设计动画效果时，要考虑到性能影响，并避免不必要的动画效果。
- **使用缓存**。对于一些静态或少变化的内容，可以使用缓存来避免重复的绘制操作。例如，使用 RepaintBoundary 小部件将一部分静态内容缓存起来，在内容没有变化时，直接使用缓存的绘制结果。
- **使用 shouldRepaint 优化**。对于自定义绘制的小部件，如 CustomPainter，可以通过实现 shouldRepaint() 方法来优化绘制操作。shouldRepaint() 方法用于判断是否需要重新绘制，根据实际情况返回 true 或 false。

通过使用上述方法，可以有效地避免过度绘制，从而提高 Flutter 应用的性能和响应速度。根据具体场景和需求，选择适合的优化策略实施。

9. 使用性能监测工具

Flutter 提供了诸如 Flutter Performance 和 Flutter Observatory 的性能监测工具，它们能帮助用户分析和调试软件中的性能问题，找出并优化性能瓶颈。这些工具是优化 Flutter 应用性能的重要手段。下面是这两个工具的详细介绍。

- **Flutter Performance**。这个工具提供了帧率、UI 线程和 GPU 线程的耗时、内存使用情况等详细的性能信息，以帮助用户识别软件的性能瓶颈，例如找出导致掉帧的原因、UI 线程和 GPU 线程的性能问题等。通过分析这些性能数据，用户可以定位并解决问题，采取相应的优化措施。
- **Flutter Observatory**。这是一个强大的工具，可以帮助用户监测和调试 Flutter 软件的性能。它提供了内存使用情况、CPU 利用率、堆栈跟踪、对象分配和 GC 事件等信息，帮助用户检测内存泄漏、优化资源管理和调试性能问题。此外，它还提供了交互式的控制台，使用户能够在运行时执行命令和查询信息，进一步帮助用户分析和调试软件的性能问题。

通过使用这些性能监测工具，用户可以获取关键的性能指标和数据，了解软件的性能状况，并进行针对性优化。根据这些工具提供的信息，用户可以确定性能瓶颈所在，并采取适当的措施进行优化，从而提升软件的性能和用户体验。

10. 针对目标平台进行优化

针对不同的目标平台（如 Android 和 iOS），我们可以进行特定的优化，例如使用 Flutter 的 Platform 特性或调整软件的资源使用方式。下面是针对不同目标平台的优化建议。

1）Android 优化。

- **使用 Flutter 的 Platform 特性**：Flutter 的 Platform 类可以根据当前运行的平台执行不同的代码逻辑。用户可以利用 Platform 类来针对 Android 平台进行特定的优化。
- **使用 Android 的性能优化工具**：Android 平台有许多性能优化工具，如 Android Profiler 和 Systrace。这些工具能帮助用户分析软件的性能瓶颈，并进行相应的优化。
- **优化软件的资源使用**：由于 Android 设备的内存和存储容量可能有限，因此需要关注资源的合理使用，应确保正确释放资源，防止内存泄漏和过多的存储占用。

2）iOS 优化。

- **使用 Flutter 的 Platform 特性**：类似于 Android，用户也可以使用 Flutter 的 Platform 类来针对 iOS 平台进行特定的优化。
- **使用 Xcode 的性能工具**：Xcode 提供了一些性能分析工具，如 Instruments 和 Xcode Profiler。用户可以用这些工具来监测软件的性能，并找出潜在的性能问题。
- **优化软件的界面布局**：由于 iOS 设备的屏幕尺寸和比例各不相同，因此需要灵活地优化布局以适应目标设备。确保界面在不同的设备上都能提供良好的用户体验。

在对特定平台进行优化时，应考虑使用 Flutter 的平台相关特性、专门的性能工具和针对特定平台的优化策略。这样，软件在各种平台上都能提供出色的性能和用户体验。

7.3.2　PC 端 QT 项目优化

针对 PC 端的 QT 项目，下面是一些常见的优化策略。

- **使用正确的数据结构和算法**：选择合适的数据结构和算法能够提高代码执行效率。根据项目需求，可选用适当的容器类和算法，优化数据处理和计算过程。
- **延时加载和懒加载**：对于大型资源或页面，通过延时加载和懒加载可以减少初始加载时间和内存占用，仅在需要时加载和渲染相应的组件或资源。
- **减少绘制和刷新**：避免不必要的界面绘制和刷新操作，防止频繁重绘。使用 Qt 提供的绘制优化技术，如双缓冲绘制和局部刷新，可以提高界面渲染效率。

- **使用 Qt 的并发框架**：利用 Qt 的并发框架实现多线程和并行处理，以提升项目的响应性和性能。应合理分配任务并进行并行处理，避免阻塞主线程。
- **图像和资源的优化**：对于图像资源，应使用适当的压缩格式和尺寸，以减少文件大小和加载时间。对于其他资源，如字体和样式表，也需要进行合理的优化和缓存策略，以提高加载和使用效率。
- **内存管理和资源释放**：及时释放不再使用的内存和资源，防止内存泄漏和资源浪费。Qt 提供了内存管理工具和智能指针等机制，有助于有效地管理内存。
- **使用 Qt 的性能工具**：Qt 提供了一系列性能分析工具，如 Qt Creator 中的 CPU 和内存分析器，可以帮助用户监测和分析项目的性能瓶颈，找出优化的关键点。
- **编译优化**：在编译项目时，使用适当的编译优化标志，如优化级别、内联函数、循环展开等，可以提高生成代码的执行效率。

通过以上优化策略，可以提升 PC 端 Qt 项目的性能和响应速度，从而提供更好的用户体验。根据项目的具体情况和需求，选择合适的优化策略并进行测试和验证，以确保优化的效果和稳定性。

7.3.3　客户端性能监控的思考

当我们遇到性能问题时，通常会在线上打点收集用户数据进行性能分析，这属于"事后"处理。那么，如何做到"事前"监控，主动发现并解决问题，甚至在用户未察觉到性能问题时就已解决？

使用 Lighthouse CI、PageSpeed Insights API、Puppeteer 或 Playwright 等工具，可以非常有效地进行"事前"监控。通过将这些工具和流程集成到开发流水线中，可以在发布前对性能进行评估和分析，避免发布后才发现性能问题。

具体来说，下面是一些关键步骤和工具的应用。

- **Lighthouse CI 和 PageSpeed Insights API**：这些工具能自动运行 Lighthouse 或 PageSpeed Insights 的性能分析，生成详细的报告和分析结果。将它们集成到持续集成（CI）的流水线中，可以在每次提交代码或构建软件时自动运行性能分析，及时获取性能指标和建议。
- **Puppeteer 或 Playwright**：这些工具提供了自动化浏览器操作的能力，可以模拟用户的操作行为，如页面加载、交互等。在流水线中使用 Puppeteer 或 Playwright，可以模拟用户在真实环境下的操作，记录性能数据，如 Chrome Trace Files，从而更真实地模拟用户体验，并收集性能指标进行分析。
- **Chrome DevTools Protocol**：作为 Puppeteer 和 Playwright 的底层协议，Chrome

DevTools Protocol 提供了与 Chrome 浏览器通信和交互的接口。通过这个协议，可以更精确地控制浏览器行为，收集性能数据进行分析。

将以上工具集成到开发流水线中，开发团队可以在每次代码提交或构建过程中自动进行性能分析和测试，实时获取性能数据和报告。这样，性能优化团队能够在发布前及时发现和解决性能问题，而不是事后才进行排查。这种事前监控的方式可以帮助性能优化团队更主动地预防和解决性能问题，提高工作效率和用户体验。

7.4　本章小结

本章首先明确了前端系统和客户端性能优化的指标，尤其是三大核心指标（LCP、FID 和 CLS），以提高页面的交互响应速度和稳定性，还介绍了一些性能测量工具，如 Lighthouse、PageSpeed Insights、Chrome User Experience Report API 等。

然后讨论了前端系统及客户端性能优化的多个方面，包括 HTTP、JavaScript、Webpack 等的性能优化策略和方法技巧，并对 Vue 项目的性能优化做了特殊讨论，如组件懒加载、优化数据绑定、网络请求优化、使用 Webpack 进行打包优化、使用虚拟列表、使用 keep-alive 组件、响应式数据策略、使用 Vue Router 的懒加载、使用缓存机制、减少全局订阅事件、选择适当的插件和库，以及定期进行性能优化检查和测试等。

最后对基于 Flutter 和 Qt 的客户端软件的性能优化方法进行了描述，包括选择合适的图片格式和尺寸、使用缓存技术、懒加载、压缩优化、使用矢量图形、避免过度绘制、使用性能监测工具，以及针对目标平台进行优化。使用这些优化方法，可以提高软件的性能和用户体验。另外，还讨论了"事前"监控的重要性，包括使用 Lighthouse CI、PageSpeed Insights API、Puppeteer 或 Playwright 等工具进行性能分析，以在发布前发现和解决性能问题。

第 8 章 *Chapter 8*

单服务实体的性能优化

当系统性能遇到瓶颈时，工程上常采用水平扩展和垂直扩展的方式提升系统性能。垂直扩展的一种简单方式就是提升硬件性能，从而提升整个软件的性能。尽管提升软件服务单体实例的性能是一个复杂的系统工程，且具有一定的困难，但是这仍是工程师必须面对的问题。

对于单服务实体的性能优化，首先还是要定位性能问题。只有确定了问题的原因，才能针对性地采取进一步的行动。对于许多常见问题，直接的系统优化方式可能是进行操作系统的配置优化，甚至是定制操作系统。代码的优化是一个普遍问题，市场上有很多关于各种编程语言性能优化的书籍，本章不再赘述，但静态代码分析可作为代码性能的基础保障。

对服务实体的软件优化，可以分为进程内的性能优化和进程间的性能优化。为了便于理解，本章将进程内和进程间的函数调用统称为 API。因此，在设计和实现 API 时，需要关注性能的约定。需要特别强调的是，对于运行时和存储效率的性能优化，池化是一种典型的优化方法，其核心在于复用。

8.1　单服务实体性能问题定位的简单策略

性能问题通常复杂且神秘，往往提供很少或根本不提供关于其来源的线索。在没有明确的起始点或方法的情况下，性能问题通常需要通过随机分析来解决：猜测问题可能出现的地方，然后做出一些改变，直到问题消失。虽然这种方法可能有效，但可能耗费大量时间，可能带有破坏性，并可能最终忽略一些问题。

针对每个资源，我们都可以检查其利用率、饱和度和错误。资源包括所有单独检查的物理服务器功能组件（如 CPU、磁盘、总线等），一些软件资源也可以用相同的方法进行检查。

利用率是指资源在特定时间段内工作的时间百分比。即使在繁忙时期，资源也可能能够承受更大的负载，具体情况可以通过饱和度来确定。对于某些资源类型，如内存，利用率是所使用资源的容量，这与基于时间的定义不同。一旦容量资源达到 100% 的利用率，就需要将负载（饱和度）排队，或者返回错误。错误指的是错误事件的数量，当故障模式是可恢复的时候，它们可能不会立即被注意到。错误信息包括失败和重试的操作，以及冗余设备池中失败的设备。

建议迭代系统资源，而不是从工具开始，创建一个问题列表，只搜索用于回答这些问题的工具。即使我们最后没有找到回答这些问题的工具，这个列表也是非常有用的，它们可以将存在的问题变为“已知的未知”。

尝试指向有限数量的关键指标，以便尽快检查所有系统资源。在此之后，如果没有发现问题，则可以转向其他方法。

8.1.1 度量指标

度量标准包括：

- 利用率：此为一个时间间隔内的百分比（例如，一个 CPU 的利用率为 90%）。
- 饱和度：指的是等待队列的长度（例如，CPU 的平均运行队列长度为 4）。
- 错误报告中的错误数量（例如，最后 50 次网络交互中的冲突）。

同时，表示度量的时间间隔也非常重要。尽管这似乎有些反直觉，但即使在更长的时间间隔内总利用率较低，短时间内的高利用率也会导致性能问题。例如，CPU 的利用率在秒级可能存在很大的差异，5min 内的平均利用率可能会掩盖短时间内饱和度达到 100% 的问题。

8.1.2 资源列表

要快速定位性能问题，需要一个完整的资源列表。例如，一个服务器硬件资源的常见列表如下。

- CPU——插座、核心、硬件线程（虚拟 CPU）。
- 内存——DRAM。
- 网络接口——以太网口。

- 存储——磁盘。
- 控制器——存储、网络。

每个组件通常都属于单一的资源类型。例如，主内存是容量资源；网络接口是 I/O 资源，可以用 IOPS 或吞吐量来度量。有些组件可以作为多种资源类型，例如，存储设备既是 I/O 资源又是容量资源，需要考虑所有可能导致性能瓶颈的类型。值得注意的是，I/O 资源可以进一步抽象为排队系统，对 I/O 请求进行排队，然后为其提供服务。

利用率高或饱和度高导致的性能瓶颈是最值得关注的资源，同时，缓存在利用率高的情况下可以提高性能。在排除系统瓶颈后，可以检查缓存命中率和其他性能属性。如果不确定是否应该包含一个资源，那么就包含它，然后查看这个度量在实践中的表现如何。

8.1.3　功能模块图

遍历资源的一种方法是查找或绘制系统的功能模块图。这种类型的图表展示了资源之间的关系，这对于寻找数据流中的瓶颈非常有用。当确定各种总线的利用率时，可以在功能模块图上用最大带宽来标注每个总线。在进行单一测量之前，可以根据功能模块图来探查系统瓶颈。

CPU、内存和 I/O 的相互连接性常常被忽视。幸运的是，它们通常不是造成系统瓶颈的原因。不幸的是，当这些问题出现时，可能非常难以解决，可能需要升级主板或减少负载。

8.1.4　度量方法

一旦获取了资源列表，就需要考虑每个资源所需的度量类型，如利用率、饱和度和错误数量等。这些指标可以表示为每个时间间隔的平均值或计数。

需要注意当前无法获得的指标，并通过之前得到的"已知的未知"来生成包含大约几十个指标的列表。其中，一些指标可能很难度量，甚至无法度量。幸运的是，最常见的问题通常出现在更简单的指标上，如 CPU 饱和度、内存容量饱和度、网络接口利用率、磁盘利用率等，因此可以先从这些指标着手。

还有些指标可能需要借助于 DTrace 或 CPU 性能工具，通过编写自己的软件才能获取。

8.1.5　软件资源

一些软件资源可以通过指标进行问题检测，这些资源通常是较小的软件组件，而不是整个软件。例如：

- 互斥锁：其利用率可以定义为锁被持有的时间，而饱和度是等待锁的线程数量。

- 线程池：利用率可以定义为线程忙于处理工作的时间，饱和度可以定义为等待线程池处理的请求数量。
- 进程 / 线程容量：对于系统可能有数量限制的进程或线程，其当前使用量可定义为利用率；等待分配的数量可能表示饱和度；当分配失败时则表示有错误。
- 文件描述符容量，其情况与上述相似。

如果能够正常测量这些指标，就可以使用它们。否则，我们可以使用其他方法进行软件故障排查。

8.1.6 性能定位的简单策略

性能问题定位的关键在于确定哪些度量指标应用，然后从操作系统中读取并解读这些指标的当前值。对于一些度量指标，其解读可能非常明显，并且有详细的文档记录。对于不易理解的指标，其解释可能取决于工作负载需求或对其的预期。错误的解读优先，因为它们通常比利用率和饱和度更容易、更快地进行解释。

遗憾的是，一个系统可能会遇到多个性能问题，因此首先需要进行标准操作，检查资源表并列出所有发现的问题，然后根据可能的优先级对每个问题进行调查。

8.2 操作系统的配置优化

在日常的软件服务开发中，我们很少需要定制面向性能的操作系统，但对于物联网和嵌入式系统的开发者来说，定制并裁剪像 Linux 这样的操作系统是很常见的。因为操作系统的定制涉及具体的应用场景，所以具有一般性的讨论在这里是困难的。

考虑到市场份额，我们将针对 Linux 来讨论操作系统配置优化问题。在操作系统性能优化领域，Brendan Gregg 编写的《性能之巅》一书是一本值得反复阅读和实践的经典著作。这里只做简单的说明，Linux 操作系统的体系结构如图 8-1 所示。

系统调用层以上是用户域，以下是内核域。同样地，配置优化从性能监控开始。在 Linux 上进行基本性能监测的工具包括：

- top 或 Htop：用于读取 CPU、DRAM、虚拟内存的信息，可观察每个进程的状态，主要是 CPU 的使用情况。
- iostat：用于读取硬盘、I/O 控制器、块设备的信息，可观察硬盘的 I/O 统计数据。
- mpstat：用于读取 CPU 的信息，可观察相关活动的线程信息。
- vmstat：用于读取虚拟内存、调度器、系统调用及 CPU 的信息，可观察虚拟内存的统计信息。

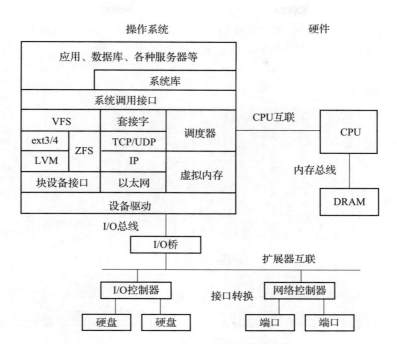

图 8-1　Linux 操作系统的体系结构

- Dstat：功能与 vmstat 类似，但屏幕输出更为丰富，色彩更鲜艳。
- free：用于读取 DRAM 和虚拟内存的信息，可观察内存的使用情况。

Linux 高级性能监测工具主要包括：

- sar：用于观察系统活动，如分页读写、块设备统计、运行的队列统计，同时涵盖了 vmstat、iostat 等的功能。
- netstat：用于统计各种网络协议。
- pidstat：用于观察进程故障。
- strace：用于跟踪系统调用及其所占资源。
- tcpdump：用于监听网络数据包，并提供文件输出，供 Wireshark 进行进一步的分析。
- blktrace：用于统计块设备的 I/O 事件。
- iotop：用于观察每个进程的 I/O 使用情况。
- slabtop：用于观察内核中 slab 分配器的使用情况。
- sysctl：用于系统内核参数调优的工具。
- /proc：用于直接读取源数据。
- Perf：用于读取 CPU、内存、I/O 总线、网络控制机等的信息，可以观察一个可执行程序的性能指标，抽样采集 I/O、CPU 的活动数据等。

用户可以直接访问 https://brendangregg.com/ 或者 https://github.com/brendangregg 获取最新的关于 Linux 性能的信息。图 8-2 是 Linux 性能优化工具图。

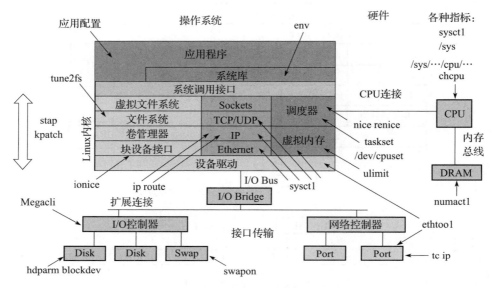

图 8-2　Linux 性能优化工具图

8.3　代码性能的基础保障——静态分析

静态代码分析（简称静态分析）工具是由程序或算法组成的，用于在不执行程序的情况下从源代码中提取信息。这些工具通常在软件开发过程的某个特定阶段使用。通过静态分析工具，我们可以利用分析结果来更深入地理解、评估和修改相关代码。从源代码中提取的数据可以有多种分类，例如，安全漏洞分析可能会提取程序中的函数和库信息，而代码布局分析则关注语法结构的位置。常见的静态分析目标包括检测无用代码，检查是否使用了不安全的 API，识别和监视可能被恶意数据污染的值，以及检测竞争条件以确保对数组或内存位置的访问在预期范围内。

静态分析和动态分析常常同时使用。动态分析是在程序运行时提取数据，用于检查和验证程序的正确性。静态分析的一个优点是它可以覆盖程序中所有可能的执行路径，而动态分析只能访问当前正在执行的代码路径。然而，动态分析可以提供数据在运行程序内存中的布局和位置的具体信息，而静态分析则必须推测给定的语言、编译器、操作系统和计算机体系结构将如何表示特定的数据。两者之间也存在一定程度的重叠，例如，动态分析和静态分析都可以检测 C 语言中是否使用了未初始化的变量。

在软件工程中，静态分析的使用非常普遍。例如，LLVM 项目提供的 scan-build 是一个静态分析工具，它分析的目标是 C、Objective-C、C++ 和 Swift。Python 的 black 或 Go 的 gofmt 是用于代码格式化的静态分析工具。Rust-analyzer 是 Rust 的模块化编译器，也是一种静态分析工具。

编译器在生成代码之前和之后通常会运行许多单独的静态分析工具。事实上，编译器可以被大致视为一个静态分析工具，它生成的数据包括可执行程序和调试信息。然而，静态分析工具通常指的是可以与编译器或构建系统一起使用的外部工具。

现代的静态分析工具为代码库提供了深入的洞察。例如，Linux 内核团队开发的 Coccinelle 静态分析工具，用于搜索、分析和重写 C 语言的源代码。由于 Linux 内核包含超过 2700 万行代码，因此静态分析工具在发现错误以及自动更改库和模块方面变得至关重要。另一个针对 C 语言家族的静态分析工具是 Clang scan-build，它提供了许多有用的分析，并为程序员编写自己的分析提供了一个 API。

基于云的分析工具集成了现有的程序构建和发布过程，并且可以跨多种编程语言工作。与此相关的高级协议也已出现。语言服务器协议（Language Server Protocol）是一种通用协议，它标准化了分析工具与文本编辑器（如 Emacs 和 VS Code）的接口，确保分析工具可以与工作流程集成。同样，SARIF（Static Analysis Results Interchange Format）为静态分析工具生成的输出提供了一个标准。目标是检测安全漏洞的静态分析工具，持续引人关注。

8.4 API 的性能约定

如果将进程内和进程间的函数调用统称为 API，那么提升 API 的性能就相当于提升了整个服务系统的性能。因此，我们需要从性能的角度对 API 进行分类，并给出一些在设计和实现中保证 API 性能的方法。

8.4.1 面向 API 的性能分类

我们可以根据经验对 API 的性能进行简单的分类，即根据其使用成本进行分类。

（1）成本低廉恒定

这类 API 函数的性能表现是恒定的，例如，isdigit() 和 toupper() 这两个函数的性能就是恒定的。Java.util.HashMap.get 在正常大小的哈希表中的查找应该是快速的，但是哈希冲突可能会偶尔降低访问速度，还有很多类似的函数。

（2）成本通常低廉

许多 API 函数通常执行得很快，但偶尔也需要调用复杂的代码。例如，java.util. HashMap.put 在存储新条目时，如果超过了当前哈希表的大小，就可能需要扩大整个表并对所有条目重新进行哈希运算。

java.util.HashMap 在公开 API 的性能约定方面做得很好："这种实现为基本操作（get 和 put）提供了常数时间性能，这基于假设哈希函数能将元素正确地分散到各个桶中。对集合视图的迭代需要的时间与 HashMap 的'容量'成比例，等等"。

fgetc() 的性能取决于底层流的属性。如果它是针对磁盘文件的，那么该函数通常会从用户的内存缓冲区读取，而不进行操作系统调用，但偶尔需要调用操作系统来读取新的缓冲区。如果它是从键盘读取输入的，那么可能需要对每个字符进行操作系统调用。

（3）成本可预测

一些函数的性能会随参数属性的变化而变化，如要排序数组的大小或要搜索字符串的长度。这些函数通常是数据结构或算法的实用程序，它们使用众所周知的算法，无须进行系统调用。我们通常可以根据对底层算法的理解来预测其性能，例如，qsort 排序的平均计算复杂度为 nlogn。然而，当使用复杂的数据结构（如 B 树等）时，可能很难确定底层的具体实现，从而使性能估计变得更加困难。更重要的是，预测性可能并非总是可行的，例如，尽管 regexec 通常是可预测的，但某些极端的表达式可能会导致指数级的时间增长。

（4）成本未知

对于 open()、fseek()、pthread_create() 以及许多"初始化"函数和任何网络调用，其成本大多数情况下是未知的。这些函数的执行成本较高，性能差距也很大。它们从资源池（如线程、内存、磁盘、操作系统对象）中分配资源，通常需要独占操作系统或 I/O 资源，经常需要进行大量的初始化操作。相较于本地调用，通过网络进行的调用总是昂贵的，而且其成本差异可能更大，这使得建立性能模型变得更加困难。

线程库是性能问题的一个明显标志。Posix 标准经过了很多年才稳定下来，其实现仍然面临各种问题，基于线程的软件的可移植性仍然存在风险。线程使用困难的一些原因主要包括：

● 与操作系统紧密集成，几乎所有操作系统（包括 UNIX 和 Linux）在初次设计时都未考虑线程。

● 与其他库的交互，特别是由于需要保证线程安全而导致的性能问题。

● 线程的实现差异，表现在轻量级和重量级之间。

8.4.2　API 的性能约定

为什么 API 必须遵守性能约定？这是因为软件的主要结构可能依赖于 API 是否遵守了相关的性能约定。程序员根据性能期望来选择 API、数据结构和整个程序的结构。如果 API 的性能与预期不符，那么程序员不能仅通过调整 API 调用来解决问题，还必须重写程序的主要部分。实际上，明确性能约定的程序很难与不遵守性能约定的 API 配合。

当然，很多程序的结构和性能很少受到库性能的影响。但是，现在许多的"常规业务程序"，特别是基于 Web 服务的软件，广泛使用了对整体性能至关重要的库。从用户的角度看，即使是微小的性能变化，也可能导致他们对程序的感知发生重大变化，特别是各种媒体程序。事实上，相比于允许帧速率滞后，用户更容易接受放弃视频流的帧。人们可以察觉到音频中的微小中断，因此音频媒体性能的微小变化可能会产生重大影响。基于这些原因，人们开始对服务质量的概念产生兴趣，从很多方面来看，服务质量就是为了确保高性能。

尽管违反性能约定的情况并不常见，且很少因此导致灾难性的事故，但在使用软件库时关注性能可以帮助我们创建更健壮的软件。下面是一些关于 API 性能约定的注意事项和使用策略。

1. 谨慎选择 API 和程序结构

如果我们有幸从零开始编写一个程序，在编写之前充分考虑性能约定的含义是非常有必要的。如果该程序最初只是一个原型，并且将在服务中运行一段时间，那么它至少会被重写一次。重写是重新思考 API 和结构选择的好机会。

2. API 要在新版本和移植发布时提供一致的性能约定

一个新的实验型 API 可能会吸引一些用户。然而，后续更改性能约定肯定会让开发人员感到不悦，甚至可能迫使他们重写自己的程序。一旦 API 成熟，性能约定的稳定性就变得至关重要。事实上，大多数通用 API（如 libc）之所以能取得如今的成就，部分原因就在于在 API 的发展过程中，性能约定保持了稳定。

人们期望 API 的开发者能定期测试新版本，以证明新版本的 API 没有性能下降。然而，这样的测试往往很少进行。不过，这并不意味着我们不能对依赖的 API 进行自我测试。使用分析工具，我们通常可以发现程序依赖的那些 API。编写一个性能测试套件，将一个库的新版本与早期版本的性能记录进行比较，这将为程序员提供一个早期提示，让他们意识到，随着新库的发布，他们的代码性能可能会发生变化。

许多程序员都希望计算机及其软件会随着时间的推移一致地提高性能。也就是说，他们期望一个库或计算机系统的每个新版本都能平等地提高所有 API 函数的性能。然而，实际上这对供应商来说很难保证。许多用户都希望图形库、驱动程序和硬件的新版本能提高所有图形软件的性能，但他们同样关心各种功能的改进，这通常会降低旧功能的性能，虽然可能只是略微降低。

人们也希望 API 规范能将性能约定明确化，这样在使用、修改或移植代码时就能遵守约定。需要注意的是，函数对动态内存分配的使用，无论是隐式的还是自动的，都应该是 API 文档的一部分。

3. 防御式编程

在调用性能未知或高度可变的 API 函数时，程序员可以采取特殊的注意事项来确保异常处理的优先性。我们可以将初始化过程移至性能关键区域之外，并尝试预热 API 可能会使用的所有缓存数据（如字体）。对于具有大量性能差异或拥有大量内部缓存数据的 API，我们可以通过提供帮助函数，将如何分配或初始化这些结构的提示从软件传递给 API。

通过健康检查，我们可以建立一个可能不可用的服务器列表，以避免一些长时间的故障暂停。

4. 调优 API 公开的参数

一些库提供了可以影响 API 性能的公开参数，例如分配给文件的缓冲区大小、表的初始大小或缓存的大小等。操作系统也提供了相应的调优选项，通过调整这些参数可以在一定范围内提高性能。虽然调优不能解决所有问题，但它可以减少库中那些可能严重影响性能的固定选项。

5. 使用具有相同语义函数的替代实现

一些库提供了具有相同语义功能的替代实现，这使得通过选择最优的具体实现进行优化变得更为容易。Java Collection 就是这方面的一个优秀例子。越来越多的 API 被设计出来以动态适应使用，它们能够让程序员无须选择最佳的参数设置。例如，当哈希表满时，相关的 API 会自动扩展并进行重新哈希。如果一个文件被按顺序读取，那么相关的 API 就可以分配更多的缓冲区，以便于在更大的区块中读取文件。

6. 测量性能以验证假设

定期进行概要分析能够在可信赖的基础上评估性能偏差。常见的方法是检查关键数据结构，以确定每个结构是否被正确使用。例如，可以测量哈希表的填充程度或哈希冲突的频率，也可以验证一个以牺牲写性能为代价的快速读取结构。

虽然通过添加工具来准确测量 API 调用的性能是困难的，需要大量的工作，但对于那些对软件性能至关重要的 API 调用，添加工具无疑可以在软件出现问题时节省大量的排除和解决问题的时间。例如，可以使用 DTrace 等工具在没有检测软件的情况下进行性能测量。

7. 使用日志：检测和记录异常

当分布式服务构成一个复杂系统时，可能会出现越来越多违背性能约定的行为。在许多情况下，度量过程会定期发出服务请求，以检查服务是否满足服务等级协议（SLA）中对性能的要求，例如在网络连接上调用 XML-RPC、SOAP 或 REST。软件会检测这些服务的失败，但是如果响应缓慢，尤其是在许多这样的服务互相依赖时，就会影响系统的性能。

如果客户端能够记录相关的性能信息，并生成有助于诊断问题的日志，这对于检测和解决问题会非常有帮助。例如，诊断不透明软件组合中的性能问题，就需要软件通过日志监测性能和发现问题。虽然我们不能在软件内部解决所有性能问题，但是通过日志提供的信息，可以帮助我们调整或修复操作系统和网络。

好的日志和相关工具非常重要，不应低估或忽视日志的价值。

8.5　资源池的应用

"池"是一种将资源抽象化的生动形象。在编程世界中，"池"指的是一组可以随时使用的资源，但并不能随时创建和释放。

资源池被视作一种设计模式。这里的"资源"主要指系统资源，它们并非专属于某一个进程或内部组件。客户端向池请求资源，并用返回的资源执行特定的操作。当客户端使用完资源后，会把资源返回池中，而不是释放或丢弃。

每种技术都有其应用边界，作为一种资源使用技术的"池"，其典型的使用场景如下。

- 获取资源成本较高的场景。
- 请求资源频率高，但使用资源总数较低的场景。
- 面临性能问题，涉及处理时间延时的场景。

池中的资源主要有两类：需要系统调用的系统资源、需要网络通信的远程资源（如数据库连接、套接字连接、线程和内存分配等）。池中的资源通常不包括与字体库或图片等大的数据对象，这些资源的存储通常通过数据缓存或数据库技术实现。由于资源池的存在，从池中获取资源所需的时间变得可预测，从而在一定程度上解决了性能问题。根据资源类型的不同，资源池通常分为连接池、线程池和内存池。

8.5.1 连接池

连接池是一种技术，用于创建和管理网络连接资源池。这些连接池通常预先准备好，供任何需要它们的线程或进程使用。

根据连接的生命周期，网络连接大致可以分为两种类型——长连接和短连接。对于Web应用来说，短连接通常是HTTP请求，而长连接则如WebSocket。

短连接适合绝大多数应用。对于远程方法执行时间远大于连接创建时间的情况（视网络情况而定，大约为数毫秒），连接创建时间可以忽略，此时使用短连接策略基本不会有明显的性能损失。然而，对于高并发或高吞吐量的应用，网络连接的创建消耗是很大的，这种应用应该使用长连接策略的连接池实现。

连接池的应用示意图如图8-3所示。

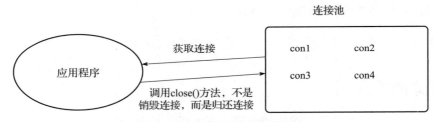

图 8-3　连接池的应用示意

1. 连接池中的几个常用参数

连接池的实现中常用的参数通常包括连接数、有效性和连接时间。

连接数：在设计连接池时，需要确定池中的连接数量，包括最小空闲连接数、最大空闲连接数和连接池的最大持有连接数。连接数可以动态调整，需确定每次增加或减少的连接数量。

有效性：需要保证连接池中的连接有效性，这相当于增加了连接心跳的检测。除了连接有效性，还必须保证从池中获取客户端接口和将客户端接口归还连接池的有效性。配置或实现相关管理服务后，可以通过管理工具查看连接池的使用情况。例如，如果配置了JMX服务，则可以通过JMX管理工具查看Java连接池的状态。对于那些对连接失效而造成的调用失败敏感的服务，可以启用各种合适的连接有效性测试策略来保证所取得的客户端连接正常。

连接时间：为保持池中连接的有效性，需要检测空闲连接时间（心跳间隔），这个时间通常取决于业务使用连接池的场景。另外，还需要设定从连接池中获取连接的最大等待时间，默认为 –1，表示无可用连接时抛出异常，设为 0 则表示无穷大。

2. 网络通信连接池

这种连接池主要用于网络通信，以节省创建 TCP 连接的时间，进而降低请求的总处理时间。客户端会为每个服务端实例维护一个连接池。如果连接池中有空闲连接，就复用这个连接。如果没有空闲连接，就建立一个新的 TCP 连接或等待出现空闲的连接。

处理完一个请求后，如果连接池中的空闲连接数小于连接池的大小，那么就把当前使用的连接放入连接池。如果空闲连接数大于或等于连接池的大小，则关闭当前使用的连接。

对于 HTTP 短连接的连接池，只有在服务端支持 Keepalive 的情况下才有效。如果服务端关闭了 Keepalive，那么连接池就会失效，效果等同于短连接。同样，如果将连接池的大小设置为 0，那么也等同于采用短连接的方式。在服务端支持 Keepalive 的情况下，可以减少 CPU 和内存的使用，实现请求和应答的 HTTP 管道化，降低后续请求的延时，并在报告错误时无须关闭 TCP 连接。

总的来说，对于延时敏感的业务，使用连接池机制是一个好选择。

3. 数据库连接池

数据库连接池可以理解为用于维护数据库连接的缓存，使得在需要再次请求数据库时可以复用连接，如图 8-4 所示。

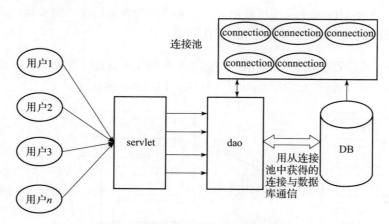

图 8-4　数据库连接池的应用示意图

为每个用户开启和维护数据库连接会消耗大量资源，而数据库连接池能提高在数据库中执行命令的性能，减少用户必须等待的时间。在数据库连接池中，创建连接后会将其存入池中，再次使用时，无须重新建立新的连接。如果所有的连接都正在使用中，则会创建新的连接并添加到池中。

基于 Web 的软件和企业软件通常使用应用服务器来处理数据库连接池。当页面需要访问数据库时，只需使用数据库连接池中的现有连接，并且只有在数据库连接池中没有空闲连接的情况下才会建立新连接。这样可以减少连接到数据库响应单个请求的开销，需要频繁访问数据库的本地软件也可以从数据库连接池中受益。一些库不仅实现了数据库连接池，还实现了相关的 SQL 查询池，简化了数据库操作密集型应用连接池的实现。Java 中常用的数据库连接池有 DBCP、C3P0、BoneCP、Proxool、DBPool、XAPool、Primrose、SmartPool、MiniConnectionPoolManager 以及 Druid 等。

通过配置连接池，对最小连接、最大连接和空闲连接的数量进行限制，可以优化在特定场景和特定环境中数据库连接池的性能。

4. 端上的连接池

由于互联网特别是广域网的速度不可控制，以及基于 3G 或 4G 网络的移动互联网速度的不确定性很高，因此在端软件中，连接池被视为一种重要的技术手段。

以 Chrome 浏览器为例，其网络库使用连接池管理连接的建立、分配和释放。当请求可以直接从连接池中获取复用连接时，可以减少建立连接的时间。除了 Websocket 连接池之外，还有 3 种类型的连接池：TransportClientSocketPool、SSLClientSocketPool 和 SOCKSClientSocketPool。其中，TransportClientSocketPool 是低层连接池，SSLClientSocketPool 和 SOCKSClientSocketPool 是高层连接池。高层连接池包含低层连接池或其他高层连接池的对象，这 3 种连接池类可以组合出多种连接池对象。

在 App 中，连接池也被广泛采用，主流的网络通信库都支持连接池，如 Okhttp。平台层也是如此，如 Android 平台中的 Binder 连接池，如图 8-5 所示。

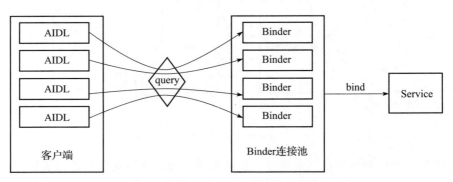

图 8-5　Android 平台中的 Binder 连接池

8.5.2　线程池

在计算机编程中，线程池（其结构示意图如图 8-6 所示）是一种实现并发执行的软件设计方式。它通过维护多个线程，等待监督程序分配任务进行并发执行。维护线程池可以提高性能，避免执行延时。可用的线程数量受程序可用的计算资源限制，如并行处理器、核心、内存和网络套接字。

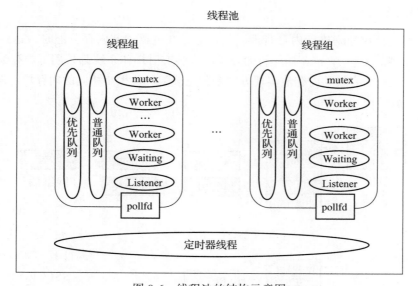

图 8-6　线程池的结构示意图

常用的线程执行任务调度方法是同步队列，也称为任务队列。线程池中的线程将等待从队列中取出任务，并在执行完成后将其放入已完成任务队列中。线程池的大小是预留的用来执行任务的线程数，通常是一个可调参数，调整它可以优化程序性能。

线程池的主要优点是对每个任务创建一个新线程，以此来将线程的创建和销毁开销限制在初始创建池的阶段，从而提高性能并增加系统稳定性。通常，创建和销毁一个线程及其相关资源是一个耗时的过程。

然而，线程池中的线程数量过多，会导致内存浪费，同时在可运行的线程之间切换上下文也可能会引发性能问题。一个 Socket 连接到另一个网络主机需要许多 CPU 周期，此时可以将 Socket 与在多个网络事务中使用的线程联系起来，以更高效地进行维护。

可以根据等待任务的数量，在软件的生命周期中动态调整线程数。例如，如果许多网页同时发出请求，那么 Web 服务器可以增加线程，当请求逐渐减少时可以减少线程。使用线程池时需要注意以下问题。

- 避免创建过多的线程，以免浪费资源。
- 注意关注已创建但未使用的线程。
- 避免销毁大量线程后又花费大量时间重新创建它们。
- 如果创建线程过慢，则可能会降低客户端的性能。
- 如果销毁线程过慢，则可能会导致其他处理流程"饿死"。

8.5.3 内存池

内存池通过使用池来进行内存管理，其目的是在进行动态内存分配时，达到 C 语言标准库中 malloc 或者 C++ 中 new 操作符的效果。许多实时操作系统都采用了内存池。由于内存碎片的存在，一个有效的内存池实现方案是预先分配一些大小相同的内存块。图 8-7 所示为内存池的一般结构。

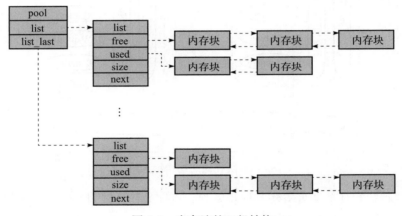

图 8-7　内存池的一般结构

对于使用内存池的应用，可以通过以下步骤来分配、访问和释放内存。

1）在从内存池中分配内存时，函数首先确定需要的内存块所在的内存池。如果该内存池的所有区块都已被占用，那么函数会尝试在下一个较大的内存池中寻找可用区块。分配的内存块由句柄表示。

2）获取分配内存的访问指针。

3）释放之前分配的内存块。

内存池通过将句柄划分为池索引、内存块索引和版本来实现内部句柄解析。池索引和内存块索引允许用户快速访问句柄对应的块，在每次分配新内存时递增版本号，有效地识别出那些指向已经释放内存的无效句柄，从而防上悬挂引用的问题。

内存池提供了恒定的内存分配执行时间。在池中释放数千个对象的内存只需要一次操作，而不是逐个释放。内存池可以采用树状结构来适应特定的编程行为，如循环和递归等。固定大小的块内存池无须为每个块分配元数据存储，也无须描述分配块的大小等信息。

另外，内存池还可以用于对象。在这种情况下，对象本身不占用外部资源，只占用内存。已创建的对象可以避免在创建时进行内存分配。当对象创建成本高时，对象池是有用的。但在某些情况下，这种简单的对象池可能无效，甚至可能降低性能。

8.6　本章小结

从某种意义上说，单服务实体性能优化自计算机科学诞生以来就一直存在，有许多相关的技术和方法来优化软件。定位系统性能问题是系统性能优化的前提，本章只推荐了一种相对简单的定位策略。

无论是静态代码分析还是动态代码分析，都是提高软件质量的基础，而性能作为质量属性的首要因素，当然也不能忽视。

本章并未从编程语言细节方面进行讨论，而是从函数调用的角度拓展了 API 的概念，基于性能对 API 进行了分类，并进一步指出了 API 的性能约定，以及在设计和实践中的一些心得。

最后，本章介绍了资源池这一单服务实体性能优化的常见技术，并详细解析了连接池、线程池和内存池的特性及其典型应用场景。

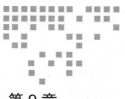

Chapter 9 第 9 章

数据库性能

随着业务规模的扩大，数据量和复杂性也在增长，应用系统处理的不同类型的数据越来越多。因此，有人认为"复杂的业务系统越来越像数据库"。另外，数据库在处理海量数据的业务系统中扮演着越来越重要的角色，优化数据库相关的性能是提高业务系统处理性能的关键。本章将从各个角度讨论数据库性能优化，并详细介绍 MySQL 数据库的常见优化方法。

9.1 从数据库技术发展看性能问题

数据库技术的发展过程，在某种程度上，是在不同的时代背景下解决数据处理性能问题的过程。

9.1.1 数据库对系统性能的影响

一般而言，业务系统可以分为计算密集型和数据密集型两大类。随着业务变得越来越复杂，数据种类和数据量也在增加，常见的业务系统也逐渐发展为数据密集型应用。

在一个业务系统中，业务逻辑的计算处理本身在一定程度上可以视为无状态，因为数据状态最终都要保存到数据库。在这个处理链条中，内存中的计算非常迅速，慢的是与数据库交互的网络 I/O 和数据库本身的磁盘 I/O。通常，DB/SQL 操作在一次业务处理过程中占据最大比例。因此，在业务系统的性能优化实践中，数据库相关的性能优化始终是最重要的部分。

在这方面的优化，我们可以参考以下几个原则。

- 没有量化就没有改进：通过监控和度量指标来引导我们从何处着手。
- 80/20 原则：优先优化性能瓶颈问题，以指导我们如何去优化。
- 过早进行优化是万恶之源：指导我们选择优化的时机。
- 脱离场景谈性能都是"耍流氓"：我们对性能的要求必须符合实际情况。

因此，了解数据库技术发展的整体脉络有助于我们理解数据库性能优化。接下来，我们将从这个角度来理解这一重要课题。

9.1.2　数据库技术的整体发展

近年来，随着国内互联网行业的快速发展和摩尔定律的失效，千亿级别的数据已经被解锁，传统的开源 / 商业关系数据库已经遇到了容量瓶颈。这种容量警告不仅意味着业务发展受到影响，而且对现有系统的稳定性、可用性和可维护性也带来了巨大的挑战。

10 年前，淘宝等公司就遇到了这样的技术问题，限制了业务的发展。因此，他们开发了 TDDL 框架。2016 年，当当网也发起了 Sharding-JDBC 项目，通过包装 JDBC 来屏蔽 MySQL 的分库分表逻辑，使业务系统可以像使用单机数据库一样方便。后来，JDBC 封装框架逐渐演变成中间件。在 TDDL 的基础上，淘宝逐渐发展出了 DRDS。在 Sharding-JDBC 转移到 Apache 和京东数科之后，他们又孵化出了 Sharding-Proxy，它以一个虚拟的 MySQL Server 提供更透明和无侵入的客户端接入服务。其他的中间件，如 MyCat 和 DBLE，也正在崭露头角。

另外，随着 Google 的 Spanner、阿里的 OceanBase 和 PolarDB、AWS 的 Aurora、PingCAP 的 TiDB、Cockroachlabs 的 CockroachDB 等商业或开源技术的出现，分布式数据库开始大规模兴起。这些技术试图通过直接的分布式数据库解决上述问题，而不仅是类库或中间件，这是对 MySQL/PGSQL 的间接增强。当然，分布式数据库本身也带来了另外的复杂性。

总的来说，对于数据库用户来说，他们试图通过采用类似 Apache ShardingSphere 的这种分布式数据库中间件或者 CockroachDB 这种分布式数据库作为整体解决方案，增强数据库的处理能力，保证高可用性和实时强一致性，实现线性的水平扩展能力，以提升企业信息系统的数据管理能力，并最终提升使用数据库的业务系统的整体性能。

9.1.3　关系数据库的诸多挑战

自 2010 年以来，互联网技术的飞速发展使得数据规模日益庞大，每日的数据增量已从之前的几十 MB 增长到几百 GB，甚至几个 TB。这种新的常态给单机数据库带来了巨大的挑战，包括容量、性能、稳定性、高可用性以及维护成本等问题。

1. MySQL 单表一般可以存多少数据

我们知道，常用的 MySQL InnoDB 引擎（支持事务，具有行级锁）使用的是 B+ 树的索引结构（其示意图如图 9-1 所示），并且使用固定大小的页来存储数据。数据表中的数据都是存储在页中的，那么一个页中能存储多少行数据呢？

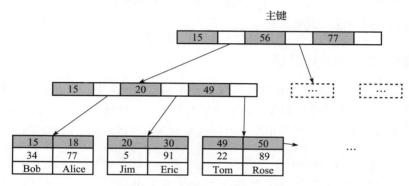

图 9-1　MySQL 索引结构示例图

假设一行数据的大小为 1KB，那么一个页（InnoDB 的页大小通常为 16KB）可以存放 16 行这样的数据。InnoDB 存储引擎的最小存储单元是页，页既可以存放数据，也可以存放键值 + 指针。在 B+ 树中，叶子节点存放数据，非叶子节点存放键值 + 指针。

索引组织表通过非叶子节点的二分查找法以及指针确定数据所在的页，然后在数据页中查找到所需的数据。为了减少与磁盘 I/O 的交互次数，我们通常希望在 2 ～ 3 次操作中就能找到一条记录，因此假设树的高度不超过 3 层。

假设主键 ID 为 bigint 类型，长度为 8B，而指针的大小在 InnoDB 源代码中设置为 6B，这样键值 + 指针的总长度为 14B。一页中可以存放多少这样的单元，其实就代表有多少指针，即 16 384/14 ≈ 1170。

因此，一棵高度为 2 的 B+ 树可以存放 1170 × 16 = 18 720 条这样的数据记录。

同样的原理，我们可以计算出一棵高度为 3 的 B+ 树可以存放 1170 × 1170 × 16 = 21 902 400 条这样的记录。

当然，如果单行数据远小于 1KB，那么这个数量可以大幅增加。然而，如果表中包含很多个列（如几百个列），并且有很多 varchar(4096)、text、clob 类型的大文本数据，那么会导致单行数据的平均大小增加到几百 KB，从而使表的容量远小于这个数量。

2. 在读写比非常高的情况下提升系统吞吐量

互联网业务，特别是内容类系统（如微博、资讯等），具有极高的读写比（毕竟阅读信息的人数远大于产生信息的人数），很多时候可以高达几十比一。随着系统访问量的不断增长，数据库的吞吐量面临巨大的挑战。对于同时有大量并发读操作和较少写操作的应用系统，将数据库拆分为主库处理事务性的增、删、改操作，以及从库处理查询操作，可以有效避免数据更新导致的行锁，极大地提升系统的查询性能。

通过一主多从的配置方式，可以将查询请求均匀分散到多个数据副本（如图 9-2 所示），进一步提升系统的处理能力。我们还可以使用多主多从的方式，不仅可以提升系统的吞吐量，还可以提升系统的可用性，确保在任何一个数据库崩溃甚至磁盘物理损坏的情况下，系统仍能正常运行。

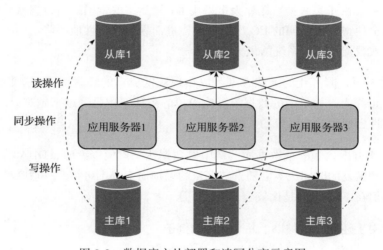

图 9-2　数据库主从部署和读写分离示意图

虽然读写分离可以提升系统的吞吐量和可用性，但也会带来数据不一致的问题。这包括多个主库之间以及主库和从库之间的数据一致性问题。此外，读写分离也会引起与数据分片相同的问题，使应用开发和运维变得更复杂。

我们可以在业务系统的代码中配置多个数据源，并根据需要手动切换到对应的主库或某个从库。但这种做法并不方便，且对应用的侵入性大。

另一种方式是封装一个中间层，根据执行的 SQL 是查询还是插入、修改、删除来判断。如果是查询，则路由到从库执行，否则路由到主库执行。同时，我们可以用 HAProxy + LVS 把多个从库虚拟成一个库，使之对业务系统透明。

然而，这种方法也有副作用。例如，在一个事务中，首先在主库执行插入操作，插入订单信息并返回订单 id，然后执行查询操作。由于读写分离，可能会被路由到从库，但从库可能还未来得及同步主库的 binlog，导致没有这条记录，因此查询操作返回空。这违背了事务性。

为了解决这种问题，我们需要进一步改进处理。例如，如果一个事务过程中存在写操作，那么事务中的所有操作都应直接操作主库，无论是读还是写。

3. 单库单表数据量过大问题的应对

将数据集中存储在单一数据节点的传统解决方案，在容量、性能、可用性和运维成本 4 个方面已经难以满足互联网的海量数据需求。当单库单表数据量超过一定的容量时，索引树层级会增加，磁盘 I/O 可能会遭遇压力，从而导致各种问题。

在性能方面，由于关系型数据库大多采用 B+ 树类型的索引，当数据量超过阈值时，索引深度的增加会使得磁盘访问的 I/O 次数增加，进而导致查询性能下降。同时，高并发访问请求也使集中式数据库成为系统的最大瓶颈。

在可用性方面，服务化的无状态型可以实现较低成本的随意扩容，这将使系统的最终压力都落在数据库上。而单一的数据节点或简单的主从架构已经越来越难以承担这种压力。数据库的可用性已成为整个系统的关键。

在运维成本方面，当一个数据库实例中的数据达到阈值以上时，DBA 的运维压力会增大。数据备份和恢复的时间成本会随着数据量的增加而变得不可控。一般来说，单一数据库实例的数据阈值在 1TB 以内是比较合理的。

我们将针对上述问题提供以下几个具体的例子。

- 无法执行 DDL，如添加列或增加索引，这会直接影响在线业务，导致数据库长时间无响应。
- 无法备份，与上述问题类似，备份会锁定数据库的所有表并导出数据，如果数据量过大，那么备份将无法执行。
- 影响性能和稳定性，系统运行速度越来越慢，主库延时高，主从延时也高，且无法控制，对业务系统产生巨大破坏。

因此，当单表数据过大时，我们需要进行数据分片。

虽然数据分片解决了容量问题，以及部分性能、可用性和单点备份恢复等问题，但数据分片散的架构在带来收益的同时，也带来了新的问题。

对于分库分表后的数据，应用开发工程师和数据库管理员的数据库操作变得异常繁重。

他们需要知道从哪个具体的数据库分表中获取数据。另一个挑战是，可以在单节点数据库中正确运行的 SQL，在分片后的数据库中可能无法正确运行。例如，分表导致表名称的修改，或者分页、排序、聚合分组等操作的处理不正确。

跨库事务也是分布式数据库集群需要面对的棘手问题。通过合理的分表，可以在降低单表数据量的同时最大限度地使用本地事务，善用同库不同表可以有效地避免分布式事务带来的麻烦。在无法避免跨库事务的场景下，有些业务仍然需要保持事务的一致性。然而，基于 XA 的分布式事务因在并发高的场景中性能无法满足需求而未被互联网大公司广泛使用，它们大多使用柔性事务代替强一致事务，在保证最终一致性的前提下追求更高的事务性能。

4. 通过分类处理提升数据管理能力

随着对业务系统和数据本身的进一步了解，我们发现许多数据对质量的要求是不同的。例如，订单数据需要高一致性，不能丢失。而日志数据和一些计算中间数据的一致性要求可以相对较低，可以丢失或从其他地方找回。同样地，对于同一张表中的订单数据，我们也可以采用不同的策略。如果无效订单较多，那么我们可以定期清除或转移（某些交易系统中有超过 80% 的订单是机器下单后取消的无意义订单，无须查询它们，所以可以清理）。

如果没有无效订单，那么我们可以考虑以下策略。

- 最近一周内下单但未支付的订单，可能需要频繁查询和支付，而较长时间前的订单可以直接取消。
- 最近 3 个月内下单的数据可能需要在线重复查询和系统统计。
- 超过 3 个月但不超过 3 年的数据，查询可能性非常小，可以不提供在线查询。
- 超过 3 年的数据，可以完全不提供查询。

通过这样的方式，我们可以采取以下一些手段来优化系统。

- 将一周内下单但未支付的数据定义为热数据，并存储在数据库和内存中。
- 将 3 个月内的数据定义为温数据，并存储在数据库中，提供正常的查询操作。
- 将 3 个月到 3 年的数据定义为冷数据，从数据库中删除，并归档到成本较低的磁盘上，采用压缩方式存储（如 MySQL 的 TokuDB 引擎，可以压缩到原来的几十分之一）。用户需要通过邮件或提交工单来查询这些数据，我们将其导出后发送给用户。
- 将超过 3 年的数据定义为冰数据，并备份到磁带等介质上，不提供任何查询操作。

通过针对具体场景特点的分析和解决方案，我们可以逐渐建立一个复杂的技术体系，以满足系统的各种非功能性需求，如性能。

9.1.4　NoSQL 运动的百花齐放

随着数据规模的增大，以及对数据使用场景的细分，人们越来越意识到，在许多情况下，关系数据库并不是最佳选择。一旦我们解放了思想，就会出现各种各样的数据库，统称为 NoSQL 数据库（笔者个人认为其中有一些不应该归为数据库）。

NoSQL（Not Only SQL）泛指非关系型数据库。传统的关系数据库基于关系代数和元组（Tuple）操作，因此被称为结构化数据，具有固定且一般不轻易改变的模式（Schema），如 MySQL 中的表结构。

在缓存的发展过程中，例如 10 年前最早的 TC/TT，到后来的 Memcached 和 Redis，我们开始使用键值（Key-Value）结构在内存中操作频繁使用的数据。

我们发现，使用列式存储可以拥有更大的容量，并且可以很好地处理宽表（因为将数据按列打散成键值结构后，一行数据中有 200 列和只有 1 列的情况是一样的），即所谓的数据局部性。这就催生了基于列存储的数据库，如 BigTable 和 HBase。

与此同时，我们还发现存在许多半结构化的数据，如文档类型的数据。这些数据具有一定的结构，但这些结构可能经常变化，随时需要调整模式。因此，出现了文档数据库，如 MongoDB 和 CouchDB。另外，还出现了用于处理典型图论应用中的人与人之间关系的图数据库（如 Neo4j），以及用于处理监控指标等时间序列数据的时序数据库（如 influxDB 和 openTSDB，有些人将这两种数据库与分布式数据库统称为 NewSQL。这些数据库在不同领域有着不同层面的技术发展，可以看作为了解决数据库 / 业务性能问题而采用的特定技术方案。

9.1.5　分布式演进的步步为营

1965 年，英特尔联合创始人戈登·摩尔提出了以自己名字命名的摩尔定律。该定律提出：集成电路上可容纳的元器件数量每隔 18 ～ 24 个月就会增加 1 倍，性能也将提升 1 倍。然而，随着摩尔定律的失效，单机性能的瓶颈已经出现。要进一步增加单机性能，所需的成本已经不是线性增加，而是呈几何倍数增加。因此，我们需要思考如何利用廉价的普通机器，甚至云上的虚拟机集群，通过分布式方式来实现相同的整体性能和容量增强。一个容易理解的例子是：假设让你去找 10 个身高 2.5m 的巨人做一件事，明显不如让你去找 20 个身高 1.7m 的普通人来完成这件事更经济实惠。

1. 分布式崛起

近年来，随着摩尔定律的失效，我们必须寻找新的突破口来解决日益庞大的业务数据处理需求。这个突破口就是分布式技术。将系统的各个部分拆分成不同的单元，使其能够独立运行，从而形成了分布式系统。随后，分布式服务、分布式文件系统、分布式消息队列、分布式事务、分布式数据库等也相继发展起来。

当一个原本的单机系统变成由多个不同机器节点组成的复杂分布式系统时，整个系统的环境变得复杂起来。协调和管理整体成为一个相当大的挑战。

此外，分布式领域的 CAP 定理告诉我们存在所谓的"CAP 不可能三角"，即我们无法实现一个分布式系统同时满足"一致性""高可用性"和"分区容错性"。也就是说，在数据跨节点的一致性、部分节点故障后的可用性和网络分区故障后的容错性这 3 个方面，我们只能选择其中的两个作为刚性要求。根据这个标准，我们可以将常见的数据库和相关软件分为 3 类（如图 9-3 所示）。

- CA 系统：同时满足一致性和高可用性的数据库，比如 MySQL 和 SQL Server。
- AP 系统：同时满足高可用性和分区容错性的数据库，比如 CouchDB 和 Cassandra。
- CP 系统：同时满足一致性和分区容错性的数据库，比如 HBase 和 Redis。

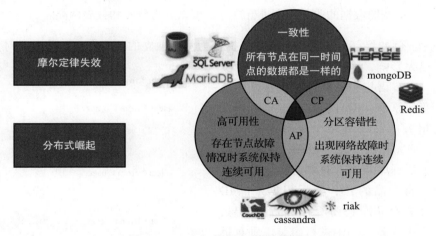

图 9-3　CAP 与数据库分类示意图

2. 从单机到集群

我们可以使用一个电商系统作为例子来简单说明分布式技术的发展。

假设我们有一个类似于淘宝的电商系统，使用 Java 开发，MySQL 为数据库，Tomcat 为 Web 服务器。最开始时数据量很小，我们只需要一个 Tomcat 和一个 MySQL 来支撑用户访问。

随着时间的推移，数据量增加，Tomcat 出现了瓶颈。这时，我们可以部署 3 ~ 5 台 Tomcat 服务器，并使用 Nginx 作为负载均衡器。这样我们就有了一个 Web 服务器集群。需要注意的是，此时还不是分布式的，集群中的每台机器都是无状态且对等的，彼此之间没有明确的分工。

随着时间的进一步推移，数据库的读压力变得很大，我们添加了 3 台从库，实现了读写分离，从而降低了读操作的压力。对于简单的场景，我们可以直接在系统中（如在 Spring 环境下）配置多个数据源，并在具体的业务服务方法上配置不同的数据源，或者通过一个路由进行切换。

3. 分布式服务化与垂直拆分

经过一段时间的发展，数据量变得非常庞大，我们进行了分布式服务化，拆分出了用户中心（UC）、订单交易中心（TC）、产品中心（IC）等，每个中心都有自己的 Web 服务器和数据库。这本质上是一种垂直拆分，拆分完成后，每个中心都可以独立维护和演进，只要各个中心之间的接口保持不变，中心内部的重构、技术变更和升级都可以在内部解决。

虽然这种方法无法解决单个数据库中单个表数据量过大的问题，比如订单数据表超过了 10 亿条记录，但这种拆分为我们进一步进行架构演进，特别是水平拆分，提供了便利性。

垂直拆分即按照数据的业务维度进行拆分，可以分为分库和分表两类。

- 分库：例如将订单数据和产品数据拆分为两个独立的数据库。这种方式对业务系统有很大影响，因为数据结构发生了变化，SQL 语句和关联关系也必须相应改变。原来可以直接查询一批订单及其相关产品的复杂 SQL 现在无法使用，必须修改 SQL 和程序。首先查询订单数据库数据，获取这批订单对应的所有产品的 ID，然后根据产品 ID 集合去产品库查询所有产品的信息，最后在业务代码中进行组装。垂直拆分数据库后的数据查询示意图如图 9-4 所示。

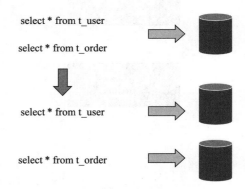

图 9-4　垂直拆分数据库后的数据查询示意图

- 分表：如果单个表的数据量过大，则可能需要对其进行拆分。例如，将一个有 200 列的订单主表拆分成十几个子表，如订单表、订单详情表、订单收件信息表、订单支付表、订单产品快照表等。这对业务系统的影响可能与新建一个系统相当。对于一个高并发的线上生产系统进行改造，就像对心脏血管进行手术，操作越多、越核心，出现大故障的风险就越高。因此，通常情况下，我们尽量少用这种方法。

4. 分库分表与水平拆分

参考前面对分库分表的分析，当单表数据库过大时，我们可以拆分数据库和表。在

Java 环境中，我们可以引入 TDDL 或者 Sharding-JDBC 等框架。通过配置特定的分库分表规则和对分布式事务的控制，在保证数据一致性的情况下，提升数据库整体集群的容量，保证稳定性和性能。

分库分表框架在业务系统侧通过封装 JDBC 接口来增强数据库本身的能力。

水平分片则是采用某些列（如主键取模或时间类型字段按时间范围）进行分片的，而不是按照业务维度分片的。水平拆分数据库后的数据查询示意图如图 9-5 所示。

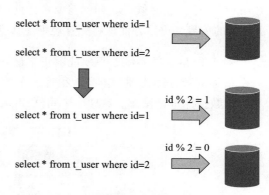

图 9-5　水平拆分数据库后的数据查询示意图

- **按主键分库分表**：水平拆分是对数据进行直接分片的方式，有两种具体方式：分库和分表。这种方式只是减少了单个节点的数据量，而不改变数据本身的结构。对于业务系统的代码逻辑而言，不需要做特别大的改动，甚至可以使用一些中间件来实现透明操作。例如，将一个拥有 10 亿条记录的订单单库单表（orderDB 库 t_order 表）按照用户 ID 除以 32 取模分成 32 个库，再按照订单 ID 除以 32 取模在每个库中再分成 32 个表 t_order_00 ～ t_order_31。这样总共有 1024 个子表，单个表的数据量只有 10 万条。如果一个查询能够直接路由到某个具体的子表，如 orderDB05.t_order_10，那么查询效率就会大大提高。
- **按时间分库分表**：通常情况下，我们的数据具有时间属性，因此可以按照时间维度进行拆分。例如，当前数据表和历史数据表，甚至按季度、月、天来划分不同的表。这样，当我们按照时间维度查询数据时，可以直接定位到当前的子表。

一般情况下，如果数据本身的读写压力较大，磁盘 I/O 已经成为瓶颈，那么分库比分表更好。分库将数据分散到不同的数据库实例，使用不同的磁盘，从而可以提升整个集群的并行数据处理能力。在相反的情况下，可以尽量多考虑分表，降低单表的数据量，从而减少单表操作的时间，同时也能在单个数据库上通过并行操作多个表来增加处理能力。

水平拆分的优势：可以支持各种常见的数据库，如 MySQL、PostgreSQL、SQLServer、Oracle、DB2 等。对于较低的性能损耗，因为业务系统直接连接到目标数据库，所以没有额外的调用步骤。

水平拆分的缺点：需要开发人员直接处理和维护分库分表逻辑，使用 Sharding-JDBC 等框架不支持非 Java 环境。

5. 数据库中间件的选择

当我们有大量的业务系统需要接入已经分库分表的数据库集群时，每个业务系统都需要自己维护这套配置规则，特别是一些非 Java 的系统，如 Python、C# 或 Golang，就无法使用 TDDL 或 Sharding-JDBC。由于这些框架本身的实现复杂性，因此不方便用 Python、C# 重写一遍。这时候，我们就需要考虑使用数据库中间件。例如，对于原本使用 Sharding-JDBC 的项目，可以方便地将配置规则迁移到 Sharding-Proxy。

对于非 Java 的系统，只要能够正常访问 MySQL 数据库（如 C# 的数据库中间件，作为一个增强的数据库代理，本身就很像一个数据库），就可以将整个分库分表的集群视为一个单一的数据库进行操作。数据库中间件 Sharding-Proxy 架构图如图 9-6 所示。

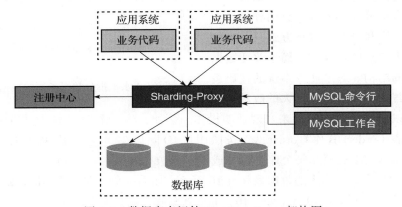

图 9-6　数据库中间件 Sharding-Proxy 架构图

使用数据库中间件而不是从头开始构建数据库的优势在于可以复用 MySQL 等数据库的固有能力，并且可以长期拥有 MySQL 本身发展的好处。数据库中间件的优劣势如下。

- 中间件带来的优势：使用方便，对业务系统透明，开发人员无须了解分片配置等；支持跨语言平台，可以方便地用于异构语言开发的业务系统。
- 中间件的劣势：目前只支持部分开源数据库，例如，MyCat/DBLE 只支持 MySQL，Sharding-Proxy 只支持 MySQL 和 PostgreSQL；性能损耗略大，一般来说，会有大约 5% 的 QPS 损失，延时也会因为网络跳数的增加而增加 1 ～ 3ms。

随着数据库中间件的进一步发展，我们可以配置内置的分片策略，并重新实现事务和存储，实际上就发展成了下一个阶段，即分布式数据库。

9.1.6　分布式数据库的风起云涌

Google 作为全球技术风向标之一的互联网技术公司，不仅在分布式系统技术方面有所贡献，同时也是分布式数据库的先驱之一。2009 年，Google 提出了 Spanner 方案（分布式数据库 Spanner 架构图如图 9-7 所示），随后实现了全球化的分布式关系数据库 F1 并用于其广告系统。

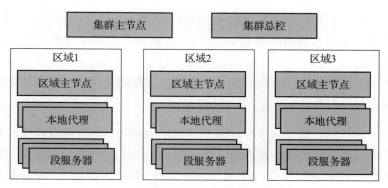

图 9-7　分布式数据库 Spanner 架构图

Spanner 基于 Paxos 算法实现了多副本，基于 TrueTime API 实现了分布式事务，基于快照实现了事务隔离级别，基于 tablet 实现了底层的键值存储。随后的一系列分布式数据库都受到了 Spanner 的影响。

分布式数据库首先要具备完备的数据库功能，支持事务、可线性扩展和高可用性。因此，它必须具备强一致性、支持事务语义，以确保数据不会丢失或出错。然后通过自动分片等策略实现线性扩容，利用大量的机器实现数据库集群。接下来是高可用性，这需要通过多副本来实现（采用 Paxos/Raft 协议），副本越多，意味着当少量副本丢失或宕机时，整个系统对外提供服务受到的影响越小（分布式数据库 Spanner 部署结构图如图 9-8 所示）。

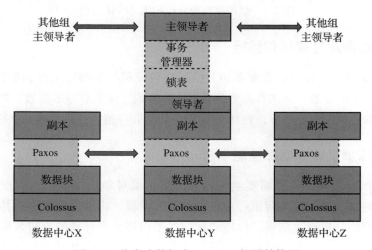

图 9-8　分布式数据库 Spanner 部署结构图

"多副本＋强一致性"意味着为了实现高可用性，需要将数据同时写入尽可能多的副本，这会导致单次操作的延时比单机数据库更高。而且，为了灾难恢复，我们通常会采用数据分散的策略，例如将数据分为 3 个副本。

- 第一个副本位于本城市的 A 数据中心的 A1 机架。
- 第二个副本位于本城市的 B 数据中心的 B1 机架，以确保 A 数据中心出现问题时数据不会丢失。
- 第三个副本位于邻近省份某城市的 C 数据中心的 C1 机架，以确保本城市数据中心全部出问题时数据不会丢失。

随着数据可靠性的提升，这 3 个副本之间的距离较远，导致网络操作的延时较高。分布式数据库通常不解决单次数据请求的性能问题（低延时），而是解决容量和相关问题。随着分布式数据库的发展，我们可以通过计算和存储的分离以及多副本的优化操作等手段来提升性能。

9.2 面向分布式应用的数据库性能分析

本节讨论关于数据库性能分析和优化的一般方法。在设计系统时需要考虑性能的规划目标，在功能测试完成后或系统运行过程中出现性能问题时，通过性能压测了解性能情况。针对性能问题和压测的数据进行分析，并进行相应的优化处理。最后，通过性能复测后上线。具体流程如图 9-9 所示。

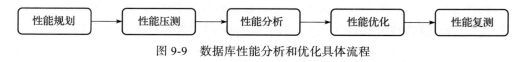

图 9-9　数据库性能分析和优化具体流程

9.2.1　制定数据库性能规划目标

在系统建设初期，我们根据业务相关的用户数或每天交易量来评估整体的数据总量、每天的数据增量、事务数，并估算需要的数据库实例数、配置容量等参数，以及每个节点实例的连接数。然后制定性能指标，包括 TPS 的平均值和峰值、平均延时和 P99 延时等。

9.2.2　通过压测了解数据库性能

在性能测试过程中，我们需要制订测试方案，编写和执行测试用例。通过进行基线测试、单负载测试、混合压力测试、稳定性测试等手段，得出性能指标，并收集相关的监控指标，为后续的分析提供依据。性能测试应尽量模拟生产环境的真实数据量和数据分布情况。

9.2.3 分析应用数据库性能瓶颈

1. 定位数据库相关性能问题

通常我们通过打印慢交易日志或者使用 APM 链路跟踪等手段，确认业务处理过程中是否存在慢的 SQL 执行或者慢事务提交等与数据库相关的性能问题。然后将重点放在数据库相关的性能优化上。

2. 通过指标监控分析瓶颈

有 3 种方法可以通过指标监控分析瓶颈。

1）通过系统监控分析。通过监控系统资源的指标来分析是否存在由资源不足引起的性能问题，包括：

- CPU：核心数量、CPU 使用率等。
- 内存：缓冲池大小、内存带宽、避免交换内存等。
- 网络：带宽、延时、丢包等。
- 存储：寻道时间、磁盘带宽 / 吞吐量、读写延时及 I/O 次数等。

2）通过数据库慢日志分析。通过数据库慢日志分析可以确定是否存在慢的 SQL 操作。

3）通过数据库相关工具分析。可以使用数据库自带的工具，比如 MySQL 的 performance_schema、PostgreSQL 的 pg_stat_activity、Oracle 数据库的 AWR 等，进行性能分析。

9.2.4 数据库性能优化一般方法

在性能分析完成以后，找到所有的性能优化瓶颈点，按影响程度进行排序。按 80/20 原则，头部 20% 的问题往往占了整体影响的 80%。假设整体有 10 个性能问题点，那么我们优先优化影响程度高的前 20% 个问题，也就是 2 个问题，那么就可以解决 80% 的性能问题。如果继续优化剩下问题中的前两个问题，此时可以解决 80% +（1 − 80%）× 80% = 96% 的性能问题。

1. 整体优化思路

可以从以下几个层面考虑数据库性能优化操作。

- 硬件层面：保持最小化操作，高效利用 CPU 资源和 I/O。
- 资源层面：系统扩容，增加配置，以应对高负载（数据量、用户数、连接数、QPS）。
- 参数层面：调优默认配置，提高内存缓冲区。
- 设计层面：优化表结构设计，优化 SQL 查询和索引。
- 应用层面：调优连接池，简化事务操作，尤其是大范围的写操作。

2. 优化处理过程

一般情况下，优化处理从查看日志和分析监控指标开始，具体流程如下。

- 查看日志和监控，分析问题出现的位置。
- 如果是系统资源问题，则优化系统参数或增加系统资源。
- 如果是查询慢，则考虑增加适当的索引或优化 SQL 语句，提高查询效率。
- 如果是事务复杂，则考虑拆分事务，降低大事务和锁对性能的影响。
- 如果是应用侧连接池有问题，则考虑调整连接池参数，特别是连接数大小。
- 随着数据量增大，会考虑增加索引和更改数据结构，这可能需要采用更高级的手段，如增加集群规模、读写分离及数据拆分等。
- 如果数据量持续增加，索引无法提供查询性能，则可以考虑数据归档、使用历史库，或者将非实时性的数据查询操作放到大数据平台 /ElasticSearch 集群等。

3. 数据库优化的四四原则

在对数据库进行优化时，需要遵循以下"四四原则"。

- 四检查：查日志、查监控、查代码、查数据。
- 四分析：硬件、架构设计、业务逻辑、SQL 质量。
- 四定位：库、表、SQL、业务。
- 四关注：规范、索引、容量、监控。

4. 数据库优化的举例分析

这里以案例的形式为大家介绍数据库优化的相关内容。例如，如果出现了图 9-10 和图 9-11 所示的情况，那么就说明线上生产环境数据库出现了问题。

如图 9-11 所示，数据库的 TPS 和延时异常飙升。持续高延时会导致数据库性能下降，可能会影响主从复制的高可用性。简单来说，TPS 的增加导致延时升高，成为性能瓶颈。进一步分析发现磁盘 I/O 存在瓶颈，因此最终的解决办法如下。

- 实现读写分离，将大部分读操作分散到多个从库。
- 进行数据库拆分，降低单个数据库实例的 I/O 压力。
- 对一些热点数据库查询，使用缓存来减轻数据库查询压力。

5. 使用缓存来提升系统性能

在具体的业务场景下，当数据库面临高查询压力时，增加缓存是成本最小、改造最简单的优化方案。

```
Slowlog
# 164.4s user time, 1.1s system time, 36.32M rss, 101.80M vsz        # Query 1: 24.51 QPS, 20.56x concurrency, ID 0x1E33FEA9BC0 at byte ??
# Current date: Tue Aug 27 10:11:28 2019                             # This item is included in the report because it matches --limit.
# Hostname: db-monitor.dba.com                                       # Scores: V/M = 0.09
# Files: aws_slowlog_instance_20190827.log                           # Time range: 2019-08-26T15:00:05 to 2019-08-27T02:00:15
# Overall: 982.57k total, 17 unique, 24.80 QPS, 20.63x concurrency   # Attribute    pct   total    min    max    avg    95%  stddev  median
# Time range: 2019-08-26T15:00:01 to 2019-08-27T02:00:15             # ============  ===  =======  =====  =====  =====  =====  ======  =======
                                                                     # Count         98   970941
# Attribute        total    min    max    avg    95%  stddev  median # Exec time     99  814216s  200ms     3s  839ms     1s   268ms   816ms
# ============  =======  =====  =====  =====  =====  ======  ======= # Lock time     99      89s   45us   17ms   91us  103us    88us    89us
# Exec time      817129s  200ms     3s  832ms     1s   274ms   777ms # Rows sent     98  356.56k      0    544   0.38      0    4.77       0
# Lock time          90s   23us   17ms   91us  103us    87us    89us # Rows examine  96   24.03G  25.92k  26.48k  25.95k  25.99k  285.50  24.75k
# Rows sent      363.69k      0    544   0.38      0    4.77       0 # Query size    99  521.00M    559    568  562.65  563.87    4.50  537.02
# Rows examine    24.81G      0  1.28M  26.48k  25.99k  16.78k  24.75k# String:
# Query size     524.62M     90    946  559.86  563.87   32.03  537.02# Databases     dbname
                                                                     # Hosts         172.27.104.152 (496726/51%)... 1 more
# Profile                                                            # Users         dbname_usrc
# Rank Query ID       Response time    Calls R/Call V/M   Item       # Query_time distribution
# ==== ============== =============== ======= ====== ===== ========== #    1ms
#    1 0x1E33FEA9BC0  814216.0925 99.6% 970941 0.8386  0.09 SELECT tbname #  10ms
# MISC 0xMISC           2913.2860  0.4%  11632 0.2505  0.0 <16 ITEMS> # 100ms  ################################################################
                                                                     #    1s  #######################
                                                                     # Tables
                                                                     #    SHOW TABLE STATUS FROM `dbname` LIKE 'tbname'\G
                                                                     #    SHOW CREATE TABLE `dbname`.`tbname`\G
                                                                     # EXPLAIN /*!50100 PARTITIONS*/
                                                                     select id, YYYY from tbname where X = X order by id desc limit 200\G;
```

图 9-10　出现了查询的慢 SQL 日志

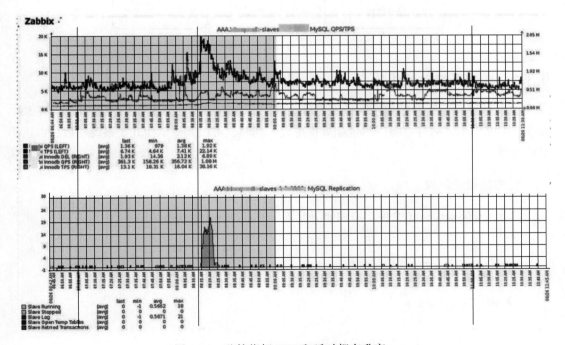

图 9-11　监控指标 TPS 和延时都有升高

如果我们的系统中使用了类似 MyBatis/Hibernate 的 ORM 框架，则可以通过配置一级缓存和二级缓存来提高数据库缓存能力，而无须修改代码，从而降低数据库压力。

此外，我们还可以引入 Spring Cache 作为业务层缓存。通过配置缓存的方式，我们只需在业务侧代码（Service 或 DAL 层）添加缓存相关的注解，即可自动使用缓存。

同时，我们还可以直接在软件中使用 Redis、Memcached 等缓存中间件，或使用 Guava Cache、Caffeine、ehcache、jcache 等缓存框架，再或者使用 Apache Ignite、Hazelcast 等内存网格技术作为缓存，以提升系统性能，并降低数据库压力。

9.3　MySQL 的常见优化方法

数据库可以看作数据处理的操作系统，而围绕数据库的数据处理环节则是完整的软件生态体系。同样地，这个处理链条的整体优化也是一个系统性工程。本节将以 MySQL 作为当前开源关系数据库的代表，并以图 9-12 为例，系统地讲解 MySQL 的 6 个优化方向。

图 9-12　MySQL 的 6 个优化方向

9.3.1　操作系统参数优化

如果对数据库服务端程序的性能有较高要求，则可以优先考虑使用物理机，以及 SSD 磁盘、万兆网卡，内存也可以尽量配置得更大。同时，可以调整下面几类系统参数，以达到最佳性能。

1. 内存相关参数

修改 /etc/sysctl.conf 文件，添加如下配置后便可以使 sysctl -p 生效：

```
// 调大共享内存
kernel.shmmax = 4294967295
// 降低 swap 概率，或者关闭 swap：直接运行 swapoff 命令
vm.swappiness = 0
// 允许分配所有物理内存
vm.overcommit_memory = 1
```

命令行中关闭透明大页以降低分配内存对性能的影响：

```
$ echo never > /sys/kernel/mm/transparent_hugepage/enabled
$ echo never > /sys/kernel/mm/transparent_hugepage/defrag
```

2. 网络相关参数

在 /etc/sysctl.conf 文件中添加以下参数以修改网络相关配置。最重要的是将连接数和半连接数增加到 65 535，以容纳更多的客户端连接。

```
net.core.somaxconn = 65535
net.core.netdev_max_backlog = 65535
net.ipv4.tcp_max_syn_backlog = 65535
net.ipv4.tcp_fin_timeout = 10
net.ipv4.tcp_tw_reuse = 1
net.ipv4.tcp_tw_recycle = 1
net.core.wmem_default = 87380
net.core.wmem_max = 16777216
net.core.rmem_default = 87380
net.core.rmem_max = 16777216
net.ipv4.tcp_keepalive_time = 120
net.ipv4.tcp_keepalive_intvl = 30
net.ipv4.tcp_keepalive_probes = 3
```

3. 配额相关参数

要增加 MySQL 的资源使用，可以通过提高文件句柄配额来实现：首先使用 ulimit -a 命令查看当前配置，然后使用 ulimit -n 100000 命令修改句柄配额，最后修改 /etc/security/limit.conf 文件，以提升资源限制的阈值。

```
* soft nofile 65535
* hard nofile 65535
```

9.3.2　数据库配置优化

可以通过如下方式查看 MySQL 数据库参数配置，也可以直接查看或修改 my.cnf 文件中 [MySQLd] 部分的内容。

```
MySQL> show variables  like  '%max_connections%' ;
+------------------------+-------+
| Variable_name          | Value |
+------------------------+-------+
| max_connections        | 151   |
| MySQLx_max_connections | 100   |
+------------------------+-------+
2 rows in set (0.00 sec)

MySQL> select @@max_connections;
```

```
+-------------------+
| @@max_connections |
+-------------------+
|               151 |
+-------------------+
1 row in set (0.00 sec)
```

1. 连接请求的参数配置

连接请求的参数配置如表 9-1 所示。

表 9-1　连接请求的参数配置

名称	默认值	说明	注意事项
max_connections	151	MySQL 服务的最大连接数	这个默认值很小,一般需要调整。建议生产环境改为实际需要的最大连接数的 1.5 倍以上。如果系统的访问量不大,则可以调整为 5000;如果访问量比较大,则建议为 10 000
back_log	151	MySQL 暂时停止回答新请求之前的短时间内,多少个请求可以被存在堆栈中	back_log 参数用于设置当前端口的 syn 队列大小。Linux 系统默认为 128,该值取决于系统默认参数和设置参数的最小值
wait_timeout	28 800	MySQL 关闭非交互式空闲连接之前等待的最大时间	默认单位为分钟,28 800min 即为 8h。这也是 MySQL 默认对于空闲连接 8h 自动断开的原因。如果系统出现自动断开连接的问题,可以调整此参数
interactive_timeout	28 800	MySQL 关闭交互式空闲连接之前所等待的最大连接	与 wait_timeout 一样,两个参数都是关闭空闲连接的最大等待时间。不同的是,此参数是在交互式连接访问数据库时起作用。交互式连接一般指使用 navicat 或者 MySQL 客户端访问 MySQL 服务建立的连接;而非交互式连接一般指通过 Web、程序、JDBC 等访问 MySQL 服务的连接

2. 缓冲区的参数配置

缓冲区的参数配置如表 9-2 所示。

表 9-2　缓冲区的参数配置

名称	默认值	说明	注意事项
key_buffer_size	8MB	用于索引块的缓冲区大小	只对 MyISAM 的表起作用
max_connect_errors	100	如果 MySQL 服务器连续接收到了来自同一个主机的请求,而且这些连续的请求都没有成功建立连接就被中断了,当这些连续请求的累计值大于 max_connect_errors 的设定值时,MySQL 服务器就会阻止这台主机后续的所有请求	可防止 syn 攻击,针对密码输错的场景无效
sort_buffer_size	2MB	是 MySQL 执行排序使用的缓冲大小。如果想要增加 ORDER BY 的速度,那么首先看是否可以让 MySQL 使用索引而不是额外的排序阶段;如果不能,则可以尝试增加 sort_buffer_size 变量的大小	—

（续）

名称	默认值	说明	注意事项
join_buffer_size	2MB	用于全连接查询的缓冲区大小。与 sort_buffer_size 一样，都是用到时才进行内存分配，查询完毕后释放内存	—
thread_cache_size	9	线程缓存数量，MySQL 对每一个连接都需要一个线程处理。通过使用缓存的空闲线程可以增加 MySQL 响应连接的速度	—
max_allowed_packet	64MB	MySQL 服务一次最大能接收或者响应的数据大小	如果单次请求的数据量大于此阈值，则需要调整

3. InnoDB 引擎的参数配置

InnoDB 引擎的参数配置如表 9-3 所示。

表 9-3 InnoDB 引擎的参数配置

名称	默认值	说明
InnoDB_buffer_pool_size	128MB	该参数为 Innodb 引擎使用的缓存区大小，调大有利于数据库读操作的性能提升。默认配置很小，对于生产环境的数据库服务器，一般建议调大到物理内存的一半
InnoDB_flush_log_at_trx_commit	1	该参数用来控制重做日志（Redo Log）刷新到磁盘的策略。该参数的默认值是 1，表示事务提交时必须调用一次 fsync 操作。如果配置为 0，则表示事务提交时不进行写入重做日志操作。如果配置为 2，则表示事务提交时将重做日志写入重做日志文件，但仅写入文件系统的缓存中，不进行 fsync 操作，交由操作系统处理
InnoDB_thread_concurrency	0	MySQL 的并发线程数限制。默认值为 0，表示没有限制
InnoDB_log_buffer_size	16MB	日志缓冲区大小，默认 16MB
InnoDB_log_file_size	48MB	重做日志（Redo Log）的大小
InnoDB_log_files_in_group	2	重做日志的文件个数
read_buffer_size	128KB	MySQL 读入缓冲区大小。对表进行顺序扫描的请求将分配一个读入缓冲区，MySQL 会为它分配一段内存缓冲区。如果对表的顺序扫描请求非常频繁，则可以通过增大该变量值以及内存缓冲区大小来提高其性能
read_rnd_buffer_size	256KB	MySQL 的随机读缓冲区大小。当按任意顺序读取行时，将分配一个随机读缓存区。进行排序查询时，MySQL 会首先扫描一遍该缓冲区，以避免磁盘搜索，从而提高查询速度。如果需要排序大量数据，则可适当调高该值
bulk_insert_buffer_size	8MB	MyISAM 表中批量插入时的缓冲区大小，可以优化插入性能
binlog-format	ROW	MySQL 5.7.7 之前，binlog 的默认格式是 STATEMENT。在 5.7.7 及更高版本中，binlog_format 的默认值才是 ROW。一般情况下，如果我们需要非常精确的数据复制，那么建议用 ROW 模式

9.3.3　数据库设计优化

当我们在设计数据库的库表结构时，也有很多需要注意的优化点。例如，选择合适的数据库引擎、选择适当数量和类型的列以及创建合适的索引。此外，需要注意的是，尽量避免在线修改数据库表的结构。

1. 引擎选择优化

在进行数据库结构设计时，根据使用的业务场景选择不同的引擎可以达到最佳的性能效果。图 9-13 所示为 MySQL 常见引擎特性对比。

存储引擎	MyISAM	innoDB	Memory	Archive
存储限制	256TB	64TB	有	无
事务	—	支持	—	—
索引	支持	支持	支持	—
锁的粒度	表锁	行锁	表锁	行锁
数据压缩	支持	—	—	支持
外键	—	支持	—	—

图 9-13　MySQL 常见引擎特性对比

在 MySQL 的客户端命令行中，可以使用 show engines 命令来查看当前数据库支持哪些引擎，如图 9-14 所示。

```
mysql> show engines;
+--------------------+---------+----------------------------------------------------------------+--------------+------+------------+
| Engine             | Support | Comment                                                        | Transactions | XA   | Savepoints |
+--------------------+---------+----------------------------------------------------------------+--------------+------+------------+
| FEDERATED          | NO      | Federated MySQL storage engine                                 | NULL         | NULL | NULL       |
| MEMORY             | YES     | Hash based, stored in memory, useful for temporary tables      | NO           | NO   | NO         |
| InnoDB             | DEFAULT | Supports transactions, row-level locking, and foreign keys     | YES          | YES  | YES        |
| PERFORMANCE_SCHEMA | YES     | Performance Schema                                             | NO           | NO   | NO         |
| MyISAM             | YES     | MyISAM storage engine                                          | NO           | NO   | NO         |
| MRG_MYISAM         | YES     | Collection of identical MyISAM tables                          | NO           | NO   | NO         |
| BLACKHOLE          | YES     | /dev/null storage engine (anything you write to it disappears) | NO           | NO   | NO         |
| CSV                | YES     | CSV storage engine                                            | NO           | NO   | NO         |
| ARCHIVE            | YES     | Archive storage engine                                        | NO           | NO   | NO         |
+--------------------+---------+----------------------------------------------------------------+--------------+------+------------+
9 rows in set (0.00 sec)
```

图 9-14　使用 show engines 命令查看当前数据库支持的引擎

不同的引擎在存储容量、事务、索引、锁等方面具有不同的特点。充分利用存储引擎的优势和特性，可以最大程度地满足应用系统的数据处理需要。如果对事务有要求，则可以选择 InnoDB 事务引擎，否则可以考虑 MyISAM 非事务存储引擎；如果不需要持久化，希望使用类似缓存的方式使用数据库，则可以考虑 Memory 引擎；如果业务操作中需要细粒度的行级锁，而不是表级锁，则可以使用 InnoDB 引擎；如果需要对数据进行压缩存储以节省磁盘空间，提升数据库整体的容量，则可以考虑 MyISAM 或 Archive 引擎；如果想要极高的压缩比，比如降低 1 ～ 2 个数量级的磁盘占用，则可以考虑 TokuDB 引擎。

总结如下：

- **MyISAM 引擎**：互联网早期使用较多，不支持事务和行级锁，但是容量非常高，适用于网上论坛、博客等内容型的业务系统。
- **InnoDB 引擎**：具有聚簇索引、行级锁、事务支持，适用于一般的高性能事务处理场景，比如电商订单处理、支付场景、金融交易场景等。
- **Memory 引擎**：数据存储在内存中，处理速度快，适用于不需要持久化的缓存数据。
- **Archive/TokuDB 引擎**：具有较高的归档压缩比例，可用于海量数据归档后查询与更新较少的应用场景。

2. 表结构优化设计

表结构优化设计包括表和列拆分设计、数据类型选择设计、默认值设计、索引选择优化、计算列与冗余这几个方面，下面对部分内容进行介绍。

（1）表和列的拆分设计

在设计表时，是尽量将很多列放到一张宽表中，还是拆分成多个并列或关联的小表？前者数据结构简单，业务处理中只需要处理一张表，后者则使单张表更加清晰明了。一般情况下，当我们根据数据库设计范式来设计表时，尽量采用第二种方式，用更细的粒度去区分不同的实体对象，聚合其属性形成列，进而产生多个关联的表来消除重复数据和依赖。特别是对于数据频繁变更的系统，每个表的列数量应该限制在一定范围内，以降低每行的长度对性能的影响。而在数据离线分析与批处理查询操作等场景下，有时候我们会控制表的数量，使用具有很多列的宽表。

（2）数据类型选择设计

MySQL 中的数据类型非常丰富，不同的数据类型占用的字节数不同，具体如图 9-15 所示。

从图 9-15 中可以看到，TINYINT 占用 1B，INT 类型是 TINYINT 类型的 4 倍，而 BIGINT 类型是 TINYINT 类型的 8 倍。对于这些定长字段类型来说，如果可以用 TINYINT 类型表示的数据用了 BIGINT 类型表示，则会多占用 7 倍的存储空间。我们可以来算一笔账：假如每条数据都有一个列多出 7B，每天有 10 亿条数据，一年一共产生的数据增量为

$$7B \times 10^9 \times 365 = 2555 \times 10^9 B = 2380$$

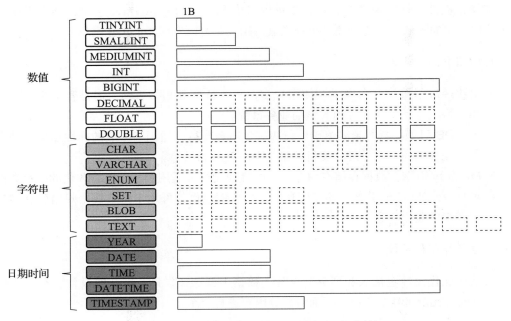

图 9-15   MySQL 不同数据类型占用的字节数

再假如 1GB 数据每年的存储成本是 10 元，数据库一共有 1 主 4 从 5 个副本，按监管要求需要保存 10 年以上，那么存储成本多出来：

$$2380 \times 10 \times 5 \times 10 \, 元 = 1\,190\,000 \, 元$$

也就是说，这套数据库多使用的数据存储成本超过了 100 万元。

如果再算上数据量增大了以后网络 I/O 的使用量也增大了，内存使用也增多了，CPU 使用率也增加了，那么潜在的其他资源的使用量也增加了，实际成本远不止这么多。尽量减少对于存放二进制数据的 BLOB 和存放大文本的 CLOB 类型的使用，这两种类型的操作性能非常低。

基于以上分析，在业务量比较大时，我们需要选择合适的数据类型，需要考虑的因素如下。

- 业务需要：范围、长度、精度。
- 开发成本：调试方便、工具链支持、数据量。
- 维护成本：使用方便、排查诊断、数据量。
- 资源消耗：磁盘、内存、网络、IOPS 等多个维度的成本开销。
- 性能效率：查询和索引效率。

3. 索引选择优化

索引在数据查询中至关重要。当一张表没有索引或者一个带条件的查询没有命中索引时，查询请求需要全表扫描才能获取匹配的数据。这通常需要搜索磁盘上的所有数据记录，从而导致查询开销极大。然而，如果表中存在索引并且查询命中了索引，那么一般只需要搜索命中索引中的数据记录，从而大大降低查询开销。

（1）B+ 树

MySQL 的索引支持哈希索引、B+ 树索引等。为了平衡磁盘与内存的使用性能，我们通常采用 B+ 树索引。B+ 树的索引结构如图 9-16 所示，非叶子节点上只有键值和指针，而所有的数据记录都在叶子节点上。所有的叶子节点使用双向链表串联起来，以便在一定范围内查询前后的记录。

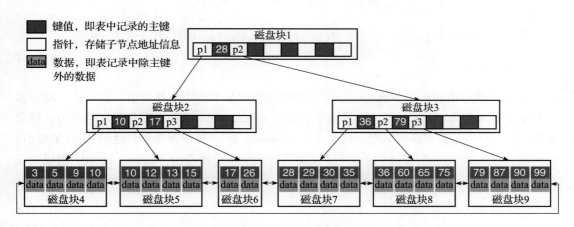

图 9-16　B+ 树的索引结构

（2）聚集索引与二级索引

索引按照是否是主键索引可以分为聚集索引和二级索引，其结构如图 9-17 所示。

- 聚集索引是指主键索引，因为主键索引和数据记录存放在一起，所以如果命中的是此索引，则可以直接从对应的数据块获取数据。
- 二级索引是指非主键的索引，它独立于数据记录存放，使用非主键列对应到主键的映射关系作为索引。也就是说，在命中二级索引时，先通过此二级索引查询对应的主键值，然后通过主键值在聚集索引上查询相应的数据记录。这个过程涉及两次索引记录查询，一般称为"回表操作"。可以看出，回表操作比命中主键的聚集索引要慢。

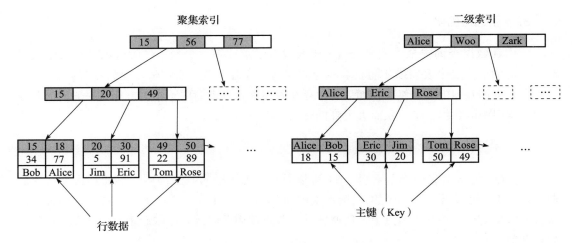

图 9-17 聚集索引和二级索引结构

在常见的数据库中，对一个列添加唯一约束时，通常会自动创建一个索引。

（3）联合索引

在实际的应用场景中，我们不仅可以使用主键或某个列来创建索引，有时候可以将多个列联合起来作为一个联合索引。例如，使用（name，age）这两个列作为联合索引。联合索引的使用可满足最左匹配原则，也就是说，（name，age）可以覆盖单独使用 name 的索引。同样地，（name，email，age）这 3 个字段的联合索引可以覆盖由（name，email）组成的联合索引。

（4）字段选择性

一个数据表中某个字段值的重复程度被称为该字段的选择性，可以使用此性质来说明使用此列作为索引的有效程度。选择性可以使用下列公式计算：

$$F = DISTINCT(col)/count(*)$$

简单来说，字段选择性 = 不重复的值 / 总记录数。这个指标的意义在于，当使用该列作为索引时，依据该字段的区分度大小来衡量索引是否有效。如果在一个表中，一个字段（如身份证号）都是不重复的，那么选择性 F 就是 1，即具有非常好的选择性或区分度。在查询时使用该索引可以更精确地命中记录。如果一个字段有少量的数据重复，那么它的选择性也比较好。如果一个列的大量数据基本上都是几个特定的值，比如性别，要么是男性，要么是女性，那么选择性 F 接近 0，选择性就非常差，不适合作为索引。使用这个索引进行查询时，就不能很好地区分数据记录。一个具体示例如图 9-18 所示。

Identity_no	Name	Gender
3301021×××080312××	张三	男
3403021×××112332××	李四	男
2302021×××071111××	王五	女
4301331×××032112××	张三	男
选择性极好	选择性较好	选择性很差

图 9-18　索引选择性示例

（5）页分裂

当我们使用严格增长趋势的数值作为表中的主键值时，所有新增的数据块都会添加到当前 B+ 树叶子节点的最后面，前面的数据库不需要移动位置。然而，当我们使用不规则的数值作为主键值时，如果在插入一条主键值较大的数据之后再插入一条主键值较小的数据，那么当需要创建一个新的数据块时，这个新块的位置会在之前的两个老块之间。这时就需要移动某些老块的位置，增加额外的开销，导致性能下降。这种现象称为"页分裂"，示例如图 9-19 所示。因此，我们通常建议使用严格增长的数值（不一定连续递增）作为数据表的主键值。

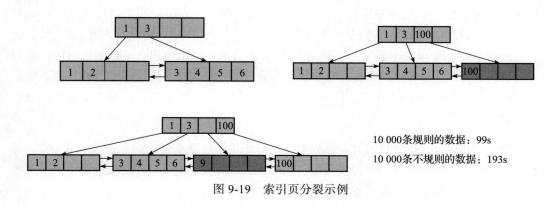

10 000 条规则的数据：99s

10 000 条不规则的数据：193s

图 9-19　索引页分裂示例

通过一个简单的示例，我们可以验证在插入 10 000 条数据时，主键不规则情况下的性能几乎比规则情况下慢一倍。

4. 在线修改表结构的危害

在设计表结构和字段时，需要考虑当前的数据应用需求，并适当增加一些余量，以避免系统上线后发现设计不足，需要通过 DDL 调整表结构或字段类型。在这种情况下，最稳妥的做法通常是在应用系统停机后操作数据库。如果在业务系统运行时直接执行操作以修改表或列，则可能会产生以下影响。

- 索引重建：修改字段类型等操作会导致索引重建，如果数据量较大，那么重建过程会很慢。
- 锁表：慢速的 DDL 操作往往会导致长时间锁定整个数据表，从而影响业务可用性。
- 抢占资源：慢速操作和大事务往往会占用大量数据库的 CPU 和内存资源。
- 主从延时：当主节点上的 DDL 操作尚未执行完毕并提交时，从库无法获取到操作日志，导致主从库之间产生长时间的延时，从而导致数据读写不一致。

在线直接执行修改表或列的 SQL 称为在线 DDL（DDL online）功能。随着发展，MySQL 也逐渐支持和引入了在线 DDL 操作。不同版本（5.6、5.7 或 8.0）的 MySQL 对 DDL 操作（增加列、修改列、增加索引等）的支持程度有所不同，请读者参考官方相应版本的文档了解更多信息。

9.3.4　SQL 查询优化

在实际的业务系统中，最常见的性能问题之一是：随着业务的发展和数据量的增加，查询的 SQL 变得越来越复杂，执行效率也越来越慢。为了解决这个问题，一个最直接有效的方法是针对给定的 SQL 中的查询条件，在相应的列上增加索引，以加快计算、过滤和获取结果的速度。然而，如果每次都为查询条件涉及的列添加索引，那么最终几乎所有的列都会有索引。这种情况通常不利于性能优化：索引过多会导致增删改数据的性能下降。例如，笔者曾经在一个项目中看到一张表只有 5GB 的数据，但由于建立了过多的索引，索引本身的数据量达到了 25GB，严重影响了数据库的容量以及对该表进行增删改的性能。根据 80/20 法则，少量的索引对整体性能影响巨大，应只创建必要的索引，以节省数据库磁盘空间，并兼顾增删改的性能。

根据 80/20 法则，往往只需对少部分索引进行优化，就能满足大部分查询 SQL 的需求。因此，我们需要通过一些分析手段找到添加索引的最佳方式，通过这些必要的索引来节省数据库磁盘空间，并防止增删改数据时性能下降。

不同查询 SQL 的优化价值因使用频率不同而异。例如，SQL A 每天执行 100 亿次，而 SQL B 每天只执行 100 次。如果两者都优化提升了 100ms，那么 SQL A 的整体优化效果将是 SQL B 的 1 亿倍。因此，我们通常优先分析哪些 SQL 的总价值最高，总价值 = SQL 使用频率 × SQL 执行时间。

最重要的分析手段是查看 SQL 的执行计划，可以使用下面的语句查看具体信息：

```
EXPLAIN Select xx from xxx where ...
```

使用 EXPLAIN 语句查看执行计划，可以确定是使用了索引还是执行了全表扫描，还可以确认使用了哪些索引，扫描了多少数据，并且是否使用了临时文件等，这样可以有针对性地进行优化。

MySQL 数据库使用一段时间后，随着数据的删除和更新，会产生大量的表空间磁盘碎片。定期使用 ANALYZE TABLE 可以整理碎片，并且可以更新和维护静态统计数据，以支持构建高效的查询。需要注意的是，在业务发展的不同阶段、不同数据量下以及不同热点数据访问的情况下，即使是相同的查询 SQL 语句，其执行效率和执行计划也可能会不同。因此，需要将数据库相关的各项性能指标作为长期关注的内容，并持续进行分析和优化。

为了更好地理解和应用查询优化的经验方法，下面的内容需要读者了解。

1. 连接查询优化

当我们使用多个表进行连接查询时，不同的连接方式和驱动表往往会导致不同的查询效率。

- 驱动表选择：尽量选择数据量较少或具有精确索引查询条件的表作为驱动表，将其放在 from 语句的前面，其他表放在后面。结合执行计划分析，从数据库存储中读取最少的必要数据。
- 避免笛卡儿积：尽量使用比较精确的限定条件，避免多个表形成笛卡儿积，这样就不需要对所有数据记录进行组合计算。
- 避免过多表连接：对于事务交易类操作，尽量不要有超过 3 个表的连接。如果超过 3 个表，则可以从业务实现方式分析是否可以拆分成多个 SQL。对于分析类需求，可以使用多个表，并尽量在数据库业务不繁忙的时间段执行，或者将其放到从库来执行。

2. 模糊查询优化

在一些业务场景下，我们需要对某个字段使用 LIKE 进行模糊匹配查询：

```
SELECT xxx FROM xx WHERE NAME LIKE '%kimmking%' ...
```

使用 LIKE 作为搜索条件时，它遵循前缀匹配的规则。如果首字符是明确的，如 NAME LIKE '%kimmking%'，那么可以使用以 NAME 字段创建的索引。但如果首字符是通配符，如 NAME LIKE '%kimmking%'，那么无法使用索引，会导致全表扫描，从而在大数据量下使性能非常低效。因此，需要尽量避免这种情况的发生。

如果需要对大量数据进行模糊匹配，则可以考虑使用数据库自带的全文检索功能，或者单独部署 Solr/ElasticSearch 全文检索集群来实现。

3. 索引失效

在某些情况下，可能会出现所谓的"索引失效"现象。下面是其中的一些情景。

- 当查询条件中使用了 NULL、NOT、NOT IN 以及一些数据库函数时，会导致操作列上的索引失效。因此，在需要考虑性能时，应尽量避免使用它们。
- 当 SQL 中使用 OR 来关联不同条件时，也会导致索引失效。可以考虑使用 UNION（注意与 UNION ALL 的区别）或者前面提到的 LIKE 来替代。
- 在大数据量的情况下，给所有的列都加上索引（包括部分联合索引）是不现实的。此时可放弃所有条件组合都使用索引的幻想，考虑使用"全文检索"。
- 如果发现某个 SQL 操作的执行计划没有按照我们期望的索引执行，那么必要时可以使用 FORCE INDEX 来强制查询使用指定的索引。

4. 查询优化原则

下面是一些通用的查询优化原则，供大家参考。

- 查询数据量和查询次数的平衡。如果在软件中进行一次复杂的 SQL 查询，并涉及大量或范围广泛的数据，那么可以考虑将此次查询拆分为多个简单的 SQL 查询，最后在软件中进行数据聚合。拆分 SQL 查询会引入额外的软件与数据库之间的网络 I/O 操作，因此在拆分 SQL 查询时需要注意粒度，过多的简单 SQL 查询会导致网络耗时比例增加，从而降低性能。
- 避免不必要的大量重复数据传输。如果业务需要对大量数据（如 100 万条记录）进行简单计算并获取结果，则可以将此操作放在数据库上，在软件中只返回最终结果数据，而不是将 100 万条记录全部传输到软件进行计算。
- 避免使用临时文件排序或临时表。当在复杂的查询中发现 SQL 执行很慢，并且执行计划中出现了类似 File Sort 的情况，说明查询过程中涉及的临时数据量超过了可用的缓冲区大小。此时需要优化 SQL，降低操作的数据量，或者调整 MySQL 参数中的缓冲区大小。
- 分析类查询需求可以使用汇总表。对于频繁操作的分析汇总类查询，每次从头计算所有数据都会导致数据库资源消耗巨大。例如，我们需要对某个店铺过去 12 个月的所有分类商品销售数据进行汇总分析。如果每次都从今天回溯 365 天的所有记录进行分类汇总，则可能会导致每次单击界面上的一个按钮都需要处理数千万条数据。考虑到每天的销售数据在第二天都不会发生变化，我们可以在每天的 0 点之后将前一天的数据进行汇总，并存储到日汇总表中。这样，每次查询汇总数据时，只需要再次聚合过去 365 天的汇总数据即可，效率提升了上万倍。每个月的最后一天的 0 点之后，将当月所有天的数据做一个月汇总表。这样每次查询时只需要当前月的天数数据，再加上之前几个月的月汇总数据即可，效率可以进一步提升。

9.3.5　SQL 写入优化

对于增删改类的 SQL 写操作优化，下面也整理了一些需要注意的事项。

1. 大批量写入场景优化

- PreparedStatement 减少 SQL 解析。尽量使用 PreparedStatement 加上 SQL 里的 "？" 通配符的方式进行操作，减少因为 SQL 语句不同而每次请求都需要解析 SQL 带来的计算损耗。
- Multiple Values 减少交互。对于批量数据提交，尽量使用多值 INSERT 方式，减少网络 I/O 来回请求带来的损耗。
- RewriteBatchedStatements 自动多值写入。在应用侧可以在连接池参数上开启 JDBC 的 RewriteBatchedStatements=true 参数，此时对于 PreparedStatement 的 AddBatch 操作的多条记录，会自动拼装成一个非常大的多值 INSERT 语句并发送给数据库。在普通的笔记本计算机上，对于本地部署的 MySQL 数据库里的一张简单的表，可以使用这种方式，在 5 ～ 6s 内快速插入 100 万条记录。
- Load Data 直接导入。对于大批量的一次性导入操作，使用 MySQL 自带的 Load Data 命令可以有更快的性能。
- 索引和约束问题。对于大数据量的导入或更新，每一条记录的操作都会导致一次所有索引的插入或更新，这对数据库的性能影响很大。所以，一个优化思路就是：在大批量的数据导入或更新时，先删除索引和约束，然后导入数据，最后在导入完成时一次性地创建所有的索引和约束，从而只需要一次构建全量索引的开销。

2. 锁的优化

MySQL 默认使用可重复读隔离级别。如果更新操作涉及一个条件范围，则会导致间隙锁（GAP Lock）锁定一个范围，不允许进行数据插入操作，从而影响数据库的写入性能。在实际的业务处理中，应尽量避免使用大范围的条件批量更新多条记录。

如果对数据库使用 MySQL dump 等工具进行导出备份，则会对相应的数据库所有表或指定导出的表以显式的方式上排他锁。这些表在此时不能进行写操作。因此，这类备份操作通常应在后半夜或很少对数据库进行业务写入处理的时间段执行。

9.3.6　应用连接池优化

这里以 Druid 连接池为例，介绍应用连接池优化的参数配置与经验。连接池基础配置、核心配置和高级配置如表 9-4、表 9-5 和表 9-6 所示。

表 9-4　连接池基础配置

名称	默认值	说明	注意事项
jdbcUrl	""	数据库地址 JDBC 连接串	—
username	""	数据库用户名	—
password	""	数据库密码	—
driverClassName	""	驱动类名	一般不用配置，Druid 会根据 jdbcUrl 串自动识别驱动，除非是罕见的数据库

表 9-5　连接池核心配置

名称	默认值	说明	注意事项
initialSize	0	连接池初始化大小	—
maxActive	8	连接池最大连接数	—
minIdle	0	连接池最小连接数	—
maxIdle	8，与 maxActive 相同。没有含义，不会起作用	maxIdle 是 Druid 为了方便 DBCP 用户迁移而增加的，maxIdle 是一个混乱的概念。连接池只应该有 maxPoolSize 和 minPoolSize，Druid 只保留了 maxActive 和 minIdle，分别相当于 maxPoolSize 和 minPoolSize	—
maxWait	−1	获取连接最大等待时间	默认没有超时时间限制，建议应用都配置这个参数，防止线程被挂起

表 9-6　连接池高级配置

名称	默认值	说明	注意事项
validationQuery	select 1（针对 MySQL）	连接池探测连接健康状态时使用的 SQL 语句	不同的数据库有不同的探测语句，如 Oracle 默认是 SELECT 'x' FROM dual。对于不常见的数据库，要主动配置 validationQuery 语句，否则会造成连接健康探测不起作用
testOnBorrow	false	从连接池获取连接时是否对该连接进行健康探测	建议关闭，影响性能
testOnReturn	false	归还连接时是否对该连接进行健康探测	建议关闭，影响性能
testWhileIdle	true	对空闲连接是否需要健康探测	建议打开
timeBetweenEvictionRunsMillis	60 000	空闲连接检测时间间隔，如果检测到池内的空闲连接小于 minIdle，则补上连接，多余 minIdle 则关闭	—
minEvictableIdleTimeMillis	1 800 000	空闲连接最大存活时间	—

与 MySQL 相关的优化是一个非常复杂而系统的工作。它需要从操作系统环境参数、数据库配置参数、数据库设计、SQL 查询和写入优化以及应用侧连接池优化等方面进行综合分析和处理。

9.4　本章小结

数据库技术的发展过程是在不同的时代背景下解决数据处理性能问题的过程。

本章首先介绍了数据库技术对系统性能的影响，明确了关系数据库的诸多挑战以及常见问题的应对。然后阐述了 NoSQL 的兴起和分布式数据库的演进以及数据库中间件的选择。面对数据库性能，以案例的方式讨论了分析和优化的一般方法，包括制定性能规划目标、通过压测了解性能情况、分析应用数据库性能瓶颈等。通过系统监控、数据库慢日志分析、数据库相关工具等手段来定位和解决性能问题。最后重点讨论了 MySQL 数据库的常见优化方法，如操作系统参数优化、数据库配置优化、数据库设计优化、SQL 查询和写入优化、应用连接池优化等。

缓存的应用

软件缓存是一种通过软件实现的缓存机制，其作用与硬件缓存类似，但是它是由软件实现的。软件缓存主要有以下几个作用。

- **提高软件的性能**。软件缓存可以将常用的数据存储在缓存中。当软件需要访问这些数据时，可以直接从缓存中读取，而不必每次都重新从磁盘或网络中获取。这样可以大大减少访问时间，提高软件的响应速度。
- **减少网络流量**。软件缓存可以缓存从网络中获取的数据。当软件再次需要访问这些数据时，可以直接从缓存中读取，而不必再次从网络中获取。这样可以减少网络流量，提高网络传输效率。
- **改善用户体验**。软件缓存可以减少网络延时和数据传输时间，从而改善用户使用软件的体验。例如，网页缓存可以缓存用户经常访问的网页，加快网页的加载速度，提高用户体验。
- **减少服务器负载**。软件缓存可以将一部分数据缓存在客户端，从而减少对服务器的访问和负载。例如，静态资源缓存可以将一些静态资源（如图片、CSS、JavaScript 等）缓存在客户端，减少对服务器的请求，降低服务器负载。

综上所述，软件缓存具有提高软件的性能，减少网络流量，改善用户体验和减少服务器负载等作用，是一种重要的软件优化手段。可以看出，软件缓存在提升性能方面起到了重要的作用，无论是直接提升性能，改善用户体验，还是减少网络流量，都可以发挥提升性能的作用。因此，在业界有一种说法，即"缓存为王"。

本章主要介绍缓存的分类，包括客户端缓存、网络端缓存、服务端缓存、数据库缓存，以及使用缓存的具体案例。

10.1　无处不在的缓存

从浏览器到网络，再到应用服务器，甚至数据库，通过在各个层面应用缓存技术，可以大幅提高整个系统的性能。例如，缓存离客户端越近，从缓存请求内容所需的时间比从源服务器所需的时间就越少，从而提供更快的呈现速度，使系统更加灵敏。此外，缓存数据的重复使用大大减少了用户的带宽使用，这实际上也是一种节省成本的方式（如果流量需要付费）。同时，使用缓存技术可以保持带宽请求在较低水平上，更易于维护。因此，使用缓存技术可以降低系统的响应时间，减少网络传输时间和应用延时时间，从而提高系统的吞吐量和并发用户数。另外，缓存还可以最小化系统的工作量，可以避免反复从数据源中查找，从而更好地利用系统的资源。

因此，缓存是系统调优时常用且有效的手段。无论是操作系统还是应用系统，缓存策略无处不在。

最初的网站可能只运行在一台物理主机、IDC 或者云服务器上，上面只有应用服务器和数据库，这就是 LAMP（Linux Apache MySQL PHP）的典型配置。当网站具备一定特色并吸引了部分用户的访问后，系统的压力逐渐增大，响应速度变慢，这时往往数据库和应用之间的影响比较明显。为了解决这个问题，可将应用服务器和数据库服务器从物理上分离成两台机器，系统的响应速度恢复了，并且可以支撑更高的流量，避免了数据库和应用服务器之间的相互影响。这时候网站后台的简单架构通常如图 10-1 所示。

图 10-1　网站后台的简单架构

随着访问网站的人数越来越多，响应速度开始变慢。可能是由于访问数据库的操作过多，导致数据连接竞争激烈。为了减少数据库连接资源的竞争和对数据库读取的压力，可以采用静态页面缓存。这样可以在不修改程序的情况下，有效减轻 Web 服务器的压力，减少数据库连接资源的竞争。随后，动态缓存登场，将动态页面中相对静态的部分也进行缓存，因此可以考虑采用类似的页面片段缓存策略。

随着访问量持续增加，系统变慢了，该怎么办？数据缓存出现了，可以将系统中重复获取的数据信息从数据库加载到本地，同时降低数据库的负载。

随着系统访问量再次增加，应用服务器无法承受，开始增加 Web 服务器。如何保持应用服务器中数据缓存信息的同步呢？如之前缓存的用户数据等，通常会开始使用缓存同步机制以及共享文件系统或共享存储等方法。

在经历了一段时间的高速访问量增长后，系统再次变慢了，开始进行数据库调优，优化数据库自身的缓存。接下来采用数据库集群以及分库分表的策略。分库分表的规则相对复杂，因此考虑增加一个通用的框架来实现分库分表的数据访问，即数据访问层（Data Access Layer，DAL）。同时，在这个阶段可能会发现之前的缓存同步方案出现问题，因为数据量太大，不太可能在本地存储后进行同步。于是，分布式缓存登场了，大量的数据缓存转移到分布式缓存上。

至此，系统进入了无限扩展的大型网站阶段。当网站流量增加时，解决方案是不断添加 Web 服务器、数据库服务器和缓存服务器。此时，大型网站的系统架构如图 10-2 所示。

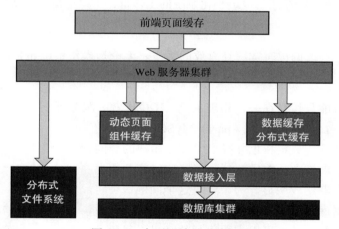

图 10-2　大型网站的系统架构

纵观网站架构的发展历程，业务量的增长是"幸福"的，但也是成长的"烦恼"，而缓存技术就是解除"烦恼"的"灵丹妙药"，再次证明了什么是"缓存为王"。

10.2　客户端缓存

客户端缓存相对于其他端的缓存要简单一些，而且通常是和服务端以及网络侧的应用或缓存配合使用的。对于互联网应用而言，也就是通常所说的 B/S 架构应用，可以分为页面缓存和浏览器缓存。对于移动互联网应用而言，是指 App 自身所使用的缓存。

10.2.1　页面缓存

页面缓存有两层含义：一层是页面自身对某些页面元素或全部元素进行缓存；另一层

是服务端将静态页面或动态页面的元素进行缓存，然后给客户端使用。这里的页面缓存指的是页面自身的缓存或离线应用缓存。

页面缓存是将之前渲染的页面保存为文件，当用户再次访问时可以避开网络连接，从而减少负载，提升性能和用户体验。随着单页面应用（Single Page Application，SPA）的广泛使用，再加上 HTML 5 支持离线缓存和本地存储，大部分 B/S 应用的页面缓存都可以轻松实现。在 HTML 5 中使用本地方法也很简单，示例代码如下：

```
localStorage.setItem("mykey","myvalue")
localStorage.getItem("mykey","myvalue")
localStorage.removeItem("mykey")
localStorage.clear()
```

HTML 5 提供了离线应用缓存机制，使得网页应用可以离线使用。这种机制在浏览器上得到了广泛支持，用户可以放心地使用该特性来加速页面的访问。开启离线缓存的步骤如下。

1）准备一个用于描述页面所需缓存的资源列表清单文件（manifest text/cache-manifest）。

2）在需要离线使用的页面中添加 manifest 属性，指定缓存清单文件的路径。

HTML 5 离线缓存的工作流程如图 10-3 所示。

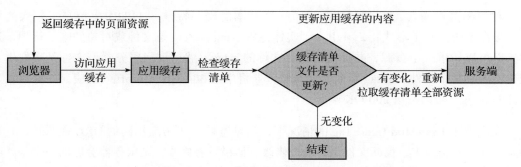

图 10-3　HTML 5 离线缓存的工作流程

根据图 10-3 可知：

1）当浏览器访问一个包含 manifest 属性的页面时，如果应用的缓存不存在，那么浏览器会加载文档，获取清单文件中列出的所有文件，并生成初始缓存。

2）再次访问该文档时，浏览器会直接从应用缓存中加载页面和清单文件中列出的资源。同时，浏览器还会向 window.applicationCache 对象发送一个表示检查的事件，以获取清单文件。

3）如果当前缓存的清单副本是最新的，那么浏览器将向 window.applicationCache 对象发送一个表示无须更新的事件，结束更新过程。如果在服务端修改了任何缓存资源，那么必须同时修改清单文件，以便浏览器知道要重新获取资源。

4）如果清单文件已经改变，那么文件中列出的所有文件会重新获取并放到一个临时缓存中。对于每个加入临时缓存的文件，浏览器会向 window.applicationCache 对象发送一个表示进行中的事件。

5）一旦所有文件都成功获取，它们就会自动移动到真正的离线缓存中，并向 window.applicationCache 对象发送一个表示已缓存的事件。由于文档已经从缓存加载到浏览器中，因此更新后的文档在页面重新加载之前不会重新渲染。

需要注意的是，manifest 文件中列出的资源 URL 必须和 manifest 本身使用相同的网络协议。

10.2.2 浏览器缓存

浏览器缓存是根据与服务器约定的一套规则进行工作的。其工作规则很简单：检查副本是否是最新的，通常只需一次会话。浏览器会在磁盘上专门分配一个空间来存储资源的副本作为缓存。当用户执行"后退"操作或单击一个之前访问过的链接时，浏览器缓存会非常有用。同样地，如果访问系统中的同一张图片，那么该图片可以从浏览器缓存中提取，几乎会立刻显示出来。

对于浏览器而言，HTTP 1.0 提供了一些基本的缓存特性。HTTP 1.1 带来了较大的增强，缓存系统得到了形式化，并引入了实体标签 e-tag。e-tag 是文件或对象的唯一标识，这意味着可以请求一个资源，并提供所持有文件的 e-tag，然后询问服务器该文件是否发生了变化。如果某个文件的 e-tag 有效，那么服务器将生成 304-Not Modified 响应，并提供正确文件的 e-tag，否则发送 200-OK 响应。

在配置了 Last-Modified/ETag 的情况下，当浏览器再次访问相同的 URL 资源时，它仍会向服务器发送请求，询问文件是否已被修改。如果没有修改，则服务器会返回一个 304 响应给浏览器，浏览器会直接从本地缓存中获取数据。如果数据有变化，则服务器会将整个数据重新发送给浏览器。

Last-Modified/ETag 与 Cache-Control/Expires 的作用不同。如果本地缓存仍在有效时间范围内，则浏览器将直接使用本地缓存，而不发送任何请求。当两者一起使用时，Cache-Control/Expires 的优先级高于 Last-Modified/ETag。如果本地副本根据 Cache-Control/Expires 发现仍处于有效期内，则浏览器将不会再向服务器发送请求来询问修改时间（Last-Modified）或实体标识（ETag）。

通常情况下，Cache-Control/Expires 与 Last-Modified/ETag 一起使用。即使服务器设置

了缓存时间，当用户单击"刷新"按钮时，浏览器也会忽略缓存并向服务器发送请求。此时，Last-Modified/ETag 能够利用服务器返回的 304 状态码，减少响应开销。

在 HTML 页面的节点中添加 <meta> 标签，可以告诉浏览器不要缓存当前页面，每次访问都需要从服务器获取数据。代码示例如下：

```
<meta HTTP-EQUIV="Pragma" CONTENT="no-cache">
```

遗憾的是，只有少部分浏览器支持这种方法，因为代理服务器不解析 HTML 内容本身。

浏览器缓存可以极大地提升终端用户的体验。然而，用户在使用浏览器时可能会进行各种操作，如输入地址后按 <Enter> 键、<F5> 键等，这些操作对缓存的影响如表 10-1 所示。

表 10-1 用户的浏览器操作对缓存的影响

用户行为	Cache-Control/Expires	Last-Modifed/Etag
地址栏回车	Y	Y
链接跳转	Y	Y
新开窗口	Y	Y
前进后退	Y	Y
<F5> 刷新	N	Y
<Ctrl + F5> 刷新	N	N

10.2.3 App 上的缓存

尽管混合编程（Hybrid Programming）成为"时尚"，但整个移动互联网目前还是原生应用（以下简称 App）的天下。无论大型 App 或小型 App，灵活的缓存不仅大大减轻了服务器的压力，而且因为更快速的用户体验而方便了用户。使 App 缓存对业务组件透明，以及及时更新 App 缓存数据，是 App 缓存成功应用起来的关键。App 将内容缓存在内存、文件或本地数据库（如 SQLite）中，但基于内存的缓存要谨慎使用。

App 使用数据库缓存的方法：在下载完数据文件后，把文件的相关信息（如 URL、路径、下载时间、过期时间等）存放到数据库，下次下载的时候根据 URL 先从数据库中查询，如果查询到当前时间并未过期，就根据路径读取本地文件，从而实现缓存的效果。这种方法具有灵活存放文件的属性，进而提供了很大的扩展性，可以为其他功能提供良好的支持。需要注意的是，应留心数据库缓存的清理机制。

对于 App 中的某些界面，可以采用文件缓存的方法。这种方法使用文件操作的相关 API 得到文件的最后修改时间，然后将这个修改时间与当前时间进行比较，判断是否过期，从而实现缓存效果。这种方法操作简单，代价较低。需要注意的是，不同类型文件的缓存时间不一样。例如，图片文件的内容是相对不变的，直到最终被清理掉，App 可以永远读取缓存中的图片内容。而配置文件中的内容是可能更新的，需要设置一个可接受的缓存时间。同时，不同环境下的缓存时间标准也是不一样的。在 Wi-Fi 网络环境下，缓存时间可以设置得短一点。而在移动数据流量环境下，缓存时间可以设置得长一点，这样可以节省流量，而且用户体验也更好。

10.3 网络端缓存

网络端缓存位于客户端和服务端之间，可代理或响应客户端的网络请求，从而对重复的请求返回缓存中的数据资源。同时，网络端缓存可接收服务端的请求，更新缓存中的内容。

10.3.1 Web 代理缓存

Web 代理几乎是伴随着互联网诞生的。常用的 Web 代理可分为正向代理、反向代理和透明代理。Web 代理缓存是将 Web 代理作为缓存的一种技术。一般情况下，Web 代理默认是正向代理，如图 10-4 所示。

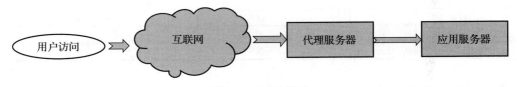

图 10-4　正向代理

为了从源服务器取得内容，用户向代理服务器发送一个请求并指定目标服务器，然后代理服务器向源服务器转交请求并将获得的内容返回给客户端。一般地，客户端要进行一些特别的设置才能使用正向代理。

反向代理与正向代理相反，对于客户端而言，代理服务器就像源服务器，并且客户端不需要进行设置。客户端向反向代理发送普通请求，接着反向代理将判断向何处转发请求，并将从源服务器获得的内容返回给客户端。

透明代理的意思是客户端根本不需要知道有代理服务器的存在，由代理服务器改变客户端请求的报文字段，并会传送真实的 IP 地址。加密的透明代理属于匿名代理，不用设置就可以使用。时下很多公司使用的行为管理软件就是透明代理的例子。

这里的 Web 代理缓存是指使用正向代理的缓存技术。Web 代理缓存的作用与浏览器的内置缓存类似，只是介于浏览器和互联网之间。

当通过代理服务器进行网络访问时，浏览器不直接到 Web 服务器去取回网页，而是向 Web 代理发出请求，由代理服务器来取回浏览器所需要的信息并传送给浏览器。而且，Web

代理缓存有很大的存储空间，不断将新获取的数据存储到本地的存储器上。如果浏览器所请求的数据在 Web 代理的缓存上已经存在且是最新的，那么就不重新从 Web 服务器取数据，而是直接将缓存的数据传送给用户的浏览器，这样就能显著提高浏览速度和效率。对于企业而言，使用 Web 代理既可以节省成本，又能提高性能。

对于 Web 代理缓存而言，较流行的是 Squid。它支持建立复杂缓存层级结构，以及详细的日志、高性能缓存以及用户认证。Squid 同时支持各种插件，例如，Squid Guard 就是一个提供 URL 过滤的插件，对于屏蔽某些站点和内容十分有用。如果需要分析 Squid 的各种指标，那么 Webalizer 是不错的选择。

10.3.2　边缘缓存

使用 Web 反向代理服务器和使用正向代理服务器类似，可以拥有缓存的作用。反向代理缓存可以缓存原始资源服务器的资源，而不是每次都要向原始资源服务器请求数据。特别是一些静态的数据，比如图片和文件，很多 Web 服务器就具备反向代理的功能，比如著名的 Nginx。

如果这些反向代理服务器能够与用户来自同一个网络，那么用户访问反向代理服务器就会得到很高的响应速度。因此，可以将这样的反向代理缓存称为边缘缓存。边缘缓存位于网络上靠近用户的一侧，可以处理来自不同用户的请求，主要用于向用户提供静态的内容，以减少应用服务器的负载。一个著名的开源边缘缓存工具是 varnish，它在默认情况下可进行保守缓存，只缓存已知的安全内容。varnish 利用操作系统的管理机制，使用虚拟内存，可以高度定制如何处理请求和缓存哪些内容。

边缘缓存的典型商业化服务是 CDN（内容分发网络），如 AWS 的 Cloud Front 和我国的 ChinaCache 等。现在，一般的公有云服务商都提供 CDN 服务。使用 CDN 之后的客户端与服务器的通信如图 10-5 所示。

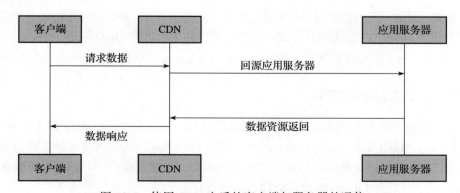

图 10-5　使用 CDN 之后的客户端与服务器的通信

　　CDN 边缘节点的缓存策略因服务商不同而有所变化，但一般都会遵循 HTTP 标准协议。通过 HTTP 响应头中的 Cache-Control: max-age 字段可设置 CDN 边缘节点的数据缓存时间。当客户端向 CDN 节点请求数据时，CDN 节点会判断缓存数据是否过期。若缓存数据并没有过期，则直接将缓存数据返回给客户端。否则，CDN 节点就会向源站发出回源请求，从源站拉取最新数据，更新本地缓存，并将最新数据返回给客户端。

　　CDN 服务商一般会基于文件扩展名、目录等多个维度来指定在 CDN 上的缓存时间，为用户提供更精细化的缓存管理。CDN 上的缓存时间会对"回源率"产生直接的影响。如果数据在 CDN 上的缓存时间较短，那么 CDN 边缘节点上的数据会经常失效，从而导致频繁回源，增加了源站的负载，同时也增大了访问延时。如果数据在 CDN 上的缓存时间太长，则会带来数据更新时间慢的问题。开发者需要针对各自特定的业务来做特定的数据缓存时间管理。

　　一般来说，CDN 边缘节点对开发者来说是透明的。开发者可以通过 CDN 服务商提供的"刷新缓存"接口来清理位于 CDN 边缘节点上的缓存数据。这样，在更新数据后，开发者可以使用"刷新缓存"功能来强制要求 CDN 边缘节点上的数据缓存过期，保证客户端在访问时拉取到最新的数据。

10.4　服务端缓存

　　服务端缓存是整个缓存体系中的重头戏。从网站的架构演进中可以看出，服务端缓存对系统性能至关重要。数据库是整个系统中的"慢性子"，有时候通过数据库调优可以以小博大，仅通过调整缓存参数就能提升性能，而不需要改变架构和代码逻辑。在系统开发过程中，可以直接在平台上使用缓存框架。当缓存框架无法满足系统对性能的要求时，就需要在应用层自主开发应用级缓存。即使利用可供参考的开源架构，应用级缓存的开发也是具有挑战性的。

10.4.1　平台级缓存

　　在系统开发中，适当地使用平台级缓存往往可以事半功倍。平台级缓存指的是用于编写具有缓存特性的应用框架，或者可用于缓存功能的专用库（如 PHP 中的 Smarty 模板库）。在 Java 语言中，有许多缓存框架可供选择，如 EHcache、Cacheonix、Voldemort、JBoss Cache 等。

10.4.2　分布式缓存的应用

　　应用级缓存需要开发者通过代码来实现缓存机制。在这方面，NoSQL 技术非常有优势，无论是 Redis、MongoDB，还是 memcached，都可以作为支持应用级缓存的重要技术。一种典型的方式是每分钟或一段时间后统一生成某类页面并存储在缓存中，或者在热数据变化时更新缓存。下面以面向 Redis 的缓存应用为例进行介绍。

Redis 是一款开源的、基于 BSD 许可的高级键值对缓存和存储系统，在应用级缓存中扮演着重要的角色。例如，新浪微博拥有极大的 Redis 集群。Redis 支持主从同步，数据可以从主服务器向任意数量的从服务器同步，从服务器可以关联其他从服务器的主服务器。这使得 Redis 可以执行单层树状复制。由于完全实现了发布 / 订阅机制，从数据库在任何地方同步树的时候都可订阅一个频道并接收主服务器完整的消息发布记录。同步对读取操作的可扩展性和数据冗余非常有帮助。

Redis 3.0 版本加入了集群功能，解决了 Redis 单点无法横向扩展的问题。Redis 集群采用无中心节点方式实现，不需要代理。客户端直接与 Redis 集群的每个节点连接，根据同样的哈希算法计算出 Key 对应的 slot，然后直接在 slot 对应的 Redis 上执行命令。在 Redis 看来，响应时间是最严苛的条件，增加一层代理会带来无法接受的开销。因此，Redis 实现了客户端直接访问节点。为了去中心化，节点之间通过 gossip 协议交换彼此的状态和探测新加入的节点信息。Redis 集群支持动态加入节点、动态迁移 slot 以及自动故障转移。Redis 3.0 集群的架构示意图如图 10-6 所示。

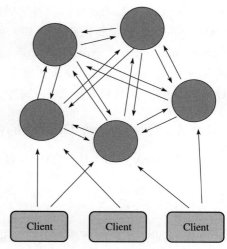

图 10-6　Redis 3.0 集群的架构示意图

Redis 节点通过 PING-PONG 机制彼此互联，内部使用二进制协议优化传输速度和带宽。节点故障在集群中超过半数的节点检测失效时才会生效。客户端与 Redis 节点直连，客户端不需要连接集群所有节点，连接集群中的任何一个可用节点即可。Redis-cluster 把所有的物理节点映射到 slot 上，cluster 负责维护 node、slot 和 value 的映射关系。当节点发生故障时，选举过程是集群中所有 master 参与的，如果半数以上的 master 节点与当前 master 节点间的通信超时，则认为当前 master 节点"挂掉"。如果集群中超过半数以上 master 节点"挂掉"，那么无论是否有 slave 集群，Redis 的整个集群都处于不可用状态。当集群不可用时，所有对集群的操作都不可用，都将收到错误信息［(error) CLUSTERDOWN The cluster is down］。

10.5　数据库缓存

10.5.1　数据库缓存：MySQL 的查询缓存

Query Cache 作用于整个 MySQL 实例，主要用于缓存 MySQL 中的 ResultSet，即一条 SQL 语句执行的结果集，因此只能针对 SELECT 语句提供支持。当启用 Query Cache 功能后，MySQL 在接收到一条 SELECT 语句的请求后，如果该语句满足 Query Cache 的条件，那么 MySQL 会根据预先设置的 HASH 算法对接收到的 SELECT 语句进行字符串哈希，然后直接在 Query Cache 中查找是否已经缓存。换句话说，如果结果已经在缓存中，则该 SELECT 请求将直接返回数据，省略后续的步骤（如 SQL 语句解析、优化器优化以及向存储引擎请求数据等），从而极大地提高性能。当然，在数据变化非常频繁的情况下，使用 Query Cache 可能得不偿失。

使用 Query Cache 需要多个参数配合，其中最关键的是 query_cache_size 和 query_cache_type。前者设置用于缓存 ResultSet 的内存大小，后者设置在何种场景下使用 Query Cache。query_cache_type 可以设置为 0（OFF）、1（ON）或 2（DEMAND），分别表示完全不使用 Query Cache、除显式要求不使用 Query Cache 之外的所有 SELECT 语句都使用 Query Cache，以及只有显式要求时才使用 Query Cache。

10.5.2 检验 Query Cache 的合理性

检查 Query Cache 是否合理，可以通过在 MySQL 控制台执行以下命令观察：

```
> SHOW VARIABLES LIKE '%query_cache%';
> SHOW STATUS LIKE 'Qcache%';
```

通过调节以下几个参数可以知道 query_cache_size 设置得是否合理：Qcache_inserts、Qcache_hits、Qcache_lowmem_prunes、Qcache_free_blocks。

如果 Qcache_lowmem_prunes 的值非常大，则表明经常出现缓冲不够的情况。如果 Qcache_hits 的值非常大，则表明查询缓冲使用非常频繁；如果 Qcache_hits 的值较小，那么反而会影响效率，此时可以考虑不使用查询缓存。如果 Qcache_free_blocks 的值非常大，则表明缓存区中的碎片很多，可能需要寻找合适的机会进行整理。

Qcache_hits 表示命中的次数，通过这个参数可以查看 Query Cache 的基本效果；而 Qcache_inserts 表示未命中后插入的次数。通过计算 Qcache_hits 和 Qcache_inserts 这两个参数，可以得出 Query Cache 的命中率：

$$\text{Query Cache 命中率} = \text{Qcache\_hits}/(\text{Qcache\_hits} + \text{Qcache\_inserts})$$

Qcache_lowmem_prunes 表示因内存不足而被清除出 Query Cache 的查询数量。将 Qcache_lowmem_prunes 和 Qcache_free_memory 相互结合，能够更清楚地了解系统中 Query Cache 的内存大小是否足够，以及是否频繁出现因内存不足而某些查询被换出的情况。

10.5.3 数据库缓存：InnoDB 的缓存性能

当使用 InnoDB 存储引擎时，InnoDB_buffer_pool_size 可能是影响性能最关键的一个参数。它用于设置缓存 InnoDB 索引和数据块的内存区域大小，类似于 Oracle 数据库的 db_cache_size。简单来说，当操作一个 InnoDB 表时，返回所有数据或者查询过程中用到的任何一个索引块，都会在这个内存区域中查询一遍。

和 key_buffer_size 对于 MyISAM 引擎一样，InnoDB_buffer_pool_size 设置了 InnoDB 存储引擎需求最大的一块内存区域的大小，直接关系到 InnoDB 存储引擎的性能。因此，如果有足够的内存，则可以将该参数设置得足够大，将尽可能多的 InnoDB 索引和数据都放入该缓存区域中。

可以通过配置文件 my.cnf 或者 my.ini 中的 InnoDB_buffer_pool_size 参数来设置 InnoDB 缓存池的大小。该参数的默认值为 128MB，但在实际使用中应根据数据库的大小和负载进行调整。

例如，假设需要配置一个由 100GB 的数据组成的数据库，其中 90% 的数据可以被缓存，那么可以将 InnoDB_buffer_pool_size 设置为 90GB。如果系统上仅运行一个 MySQL 实例，则可以在 my.cnf 文件中添加以下行来设置缓存池的大小：

```
[MySQLd]
InnoDB_buffer_pool_size=90GB
```

这里我们指定缓存池的大小为 90GB。另外，InnoDB 还有一些其他的缓存参数可以进行配置，如 InnoDB_buffer_pool_instances、InnoDB_lru_scan_depth、InnoDB_old_blocks_pct 等。这些参数的意义可以在 MySQL 官方网站上找到，也可以通过执行 SHOW VARIABLES 命令来查看。

需要注意的是，缓存池的设置不应过大。如果分配的内存超过了系统的物理内存，就会导致操作系统使用的虚拟内存增加，从而降低系统的整体性能。因此，在进行缓存池大小的设置时，需要权衡系统的硬件资源和 MySQL 性能的需求。可以通过 (InnoDB_buffer_pool_read_requests – InnoDB_buffer_pool_reads) / InnoDB_buffer_pool_read_requests × 100% 计算缓存命中率，并根据命中率来调整 InnoDB_buffer_pool_size 参数大小以进行优化。

此外，table_cache 是一个非常重要的 MySQL 性能参数，主要用于设置 table 高速缓存的数量。由于每个客户端连接都会至少访问一个表，因此该参数与 max_connections 有关。当某一连接访问一个表时，MySQL 会检查当前已缓存表的数量。如果该表已经在缓存中打开，则会直接访问缓存中的表以加快查询速度；如果该表未被缓存，则会将当前的表添加进缓存并进行查询。在执行缓存操作之前，table_cache 用于限制缓存表的最大数目：如果当前已经缓存的表未达到 table_cache，则会将新表添加进来；若已经达到此值，则 MySQL 将根据缓存表的最后查询时间、查询率等规则释放之前的缓存。

除了缓存池，InnoDB 还有其他的缓存机制，包括编译后查询缓存和内存临时表缓存。编译后查询缓存存储了查询的结果集，可以减少重复查询的次数。内存临时表缓存了在 InnoDB 中使用的临时表的数据，可以加速查询执行速度。

总之，通过合理地配置 InnoDB 缓存机制，可以显著提高数据库的读取性能和响应速度。

10.6 营销场景案例：优惠券（红包）发放与核销

在营销券场景下，缓存可以用来提升系统性能和用户体验。例如，一个电商平台发放了大量的优惠券，需要在用户领取后使用优惠券时快速判断优惠券的有效性和可用性。这时可以将优惠券信息存储在缓存中，用户使用优惠券时可以直接从缓存中获取信息，避免频繁地访问数据库，从而提升了系统响应速度并降低了数据库负载。同时，缓存还可以用来存储用户最近浏览过的商品信息，以便下次用户访问时快速展示相关商品，从而提升用户体验。

我们先分析优惠券（红包）涉及的业务动作。首先涉及 3 个环节：发放环节、查询环节和支付环节。由于红包是优惠券的一种，本节对红包和优惠券不进行具体区分。笔者模拟了对应的数据库表及相关的业务动作。

在发放环节，系统会扣减对应模板下的红包数量，并插入当前用户领取红包的记录。在咨询环节，用户在收银台支付时，系统会咨询哪些红包或者券在当前的商品限制下可以使用。在支付环节，也是券的核销环节，系统会更新用户的红包记录，解冻对应的活动资金并扣减。

下面具体介绍三大环节的挑战。

1）发放环节的挑战。在高并发环境中，同时有很多用户请求发放优惠券，如果没有合理的分布式架构和优化策略，则可能会导致系统崩溃或者大量请求超时。这里我们具体介绍这个场景。在某外卖平台，当大家在午餐时间点外卖时，都会选择就近的店铺，并领取对应的红包或者优惠券。某平台优惠券如图 10-7 所示。

图 10-7 某平台优惠券

由于一般店铺在单位时间内领券（红包）的人数并不会很多，比如每分钟 10 个，这个时候的并发压力不够大。但是在类似双十一、某品牌店庆这样的特殊日子里，可能会出现 1min 内数万甚至百万级的并发领取，领取 / 发放的并发压力非常大。

2）查询环节的挑战。在查询当前用户符合规则限制下的优惠券（红包）时，最主要的挑战是性能。在活动期间，用户支付的并发度很高，这时查询可用券的数量、金额和规则还需要经过数据库，就变得比较麻烦。此时，券模板成为热点问题，需要解决。

3）支付环节的挑战。支付环节的挑战在于保障支付成功率和性能，以确保支付过程的顺畅。具体来说，记账操作可以异步化处理，以减少主流程的压力。

为了解决这些挑战，需要采取以下措施。

- 分布式架构：采用分布式架构将优惠券系统分布在多个服务器上，提高系统的处理能力和稳定性。
- 缓存策略：在高并发场景下，使用缓存技术来减轻数据库的压力，并提高系统的响应速度和并发能力。
- 优化算法：对于优惠券（红包）的发放和使用咨询，采用优化算法，如限制每个用户的领取和咨询次数、限制发放的总量等，以保证系统的稳定性。
- 异步处理：采用异步处理的方式将不必要的实时操作转移到后台处理，降低系统的负载，提高系统的并发处理能力。
- 监控和优化：实时监控系统的运行情况，对系统进行优化和调整，提高系统的稳定性和性能。同时，提供良好的用户使用指南和客服支持，帮助用户更好地使用优惠券。

由上面的介绍可以总结出，高并发访问优惠券（红包）模板的两个环节是发放环节和查询环节。而缓存的对象是优惠券（红包）模板。缓存是用空间换时间，是有代价的，所以要根据业务需求来确定需要缓存哪些模板以及如何设置缓存的时长。

缓存哪些模板？对于某些业务，优惠券（红包）只有在大型活动中才会发放，并且往往都是平台出资，活动周期固定。此活动会默认纳入缓存。

另外，从发放总金额 / 红包面额可以得到计划发行人数。按发行人数分布可以进行分析，得到相对的热点模板。比如 20/80 原则，发行人数的前 20 人纳入缓存自然是没错。如果再细化一些，可以做相应的性能压测，取得缓存多少时既能满足业务，也能满足相应的命中率。

10.7　电商案例：应用多级缓存模式支撑海量读服务

10.7.1　多级缓存介绍

　　所谓多级缓存，即在整个系统架构的不同系统层级进行数据缓存，以提升访问效率。这也是应用最广泛的方案之一。示例应用的多级缓存方案的整体架构如图 10-8 所示。

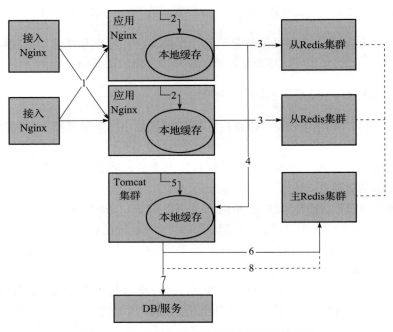

图 10-8　示例应用的多级缓存方案的整体架构

　　1）首先接入 Nginx 将请求负载均衡到应用 Nginx。常用的负载均衡算法是轮询或者一致性哈希。轮询可以使服务器的请求更加均衡，而一致性哈希则可以提升应用 Nginx 的缓存命中率。相对于轮询，一致性哈希会存在单机热点问题。一种解决方法是将热点直接推送到接入层 Nginx，另一种方法是设置一个阈值，当超过阈值时改为轮询算法。

　　2）接着应用 Nginx 读取本地缓存。本地缓存可以使用 Lua Shared Dict、Nginx Proxy Cache（磁盘 / 内存）、Local Redis 实现。如果本地缓存命中，则直接返回。使用应用 Nginx 本地缓存可以提升整体的吞吐量，降低后端的压力，尤其应对热点问题非常有效。

　　3）如果 Nginx 本地缓存未命中，则会读取相应的分布式缓存，如 Redis 缓存。另外，可以考虑使用主从架构来提升性能和吞吐量。如果分布式缓存命中，则直接返回相应数据，并回写到 Nginx 本地缓存。

　　4）如果分布式缓存也未命中，则会回源到 Tomcat 集群。在回源到 Tomcat 集群时，也可以使用轮询和一致性哈希作为负载均衡算法。

5）在 Tomcat 应用中，首先读取本地堆缓存。如果有缓存，则直接返回，并将数据回写到主 Redis 集群。

6）作为可选部分，如果步骤 4）未命中，则可以再次尝试读主 Redis 集群操作，目的是防止从节点有问题时的流量冲击。

7）如果所有缓存都未命中，则只能查询数据库或相关服务来获取相关数据并返回。

8）步骤 7）返回的数据异步写入主 Redis 集群。此处可能有多个 Tomcat 实例同时写入主 Redis 集群，从而造成数据错乱。

应用整体分为 3 部分缓存：应用 Nginx 本地缓存、分布式缓存、Tomcat 堆缓存。每一层缓存都用来解决相关的问题。例如，应用 Nginx 本地缓存可解决热点缓存问题，分布式缓存可用来减少回源率，Tomcat 堆缓存可用于防止相关缓存失效 / 击穿后的冲击。

虽然只是加缓存，但是如何加以及如何使用还是有很多问题需要权衡和考量的。

10.7.2　如何缓存数据

本小节将从缓存是否过期、维度化缓存、增量缓存、大 Value 缓存、热点缓存几个方面来详细介绍如何缓存数据。

1. 过期与不过期

对于缓存的数据，我们可以选择不过期缓存或带过期时间的缓存。具体选择哪种模式应根据业务需求和数据量等因素来决定。不过期缓存方案如图 10-9 所示。

在使用 Cache-Aside 模式时，首先需要写入数据库，如果成功，则写入缓存。在这种情况下，可能会出现事务成功、缓存写入失败且无法回滚事务的情况。另外，不应将写入缓存操作放在事务中，尤其是写入分布式缓存，因为网络抖动可能导致写入缓存的响应时间变

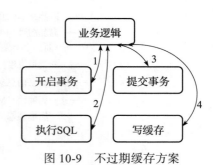

图 10-9　不过期缓存方案

长，从而引发数据库事务阻塞。如果对缓存数据的一致性要求不高，且数据量不大，则可以考虑定期全量同步缓存。

有人提出以下思路：首先删除缓存，然后执行数据库事务。但是，这种操作对于查询频繁的业务不适用，因为在删除缓存的同时，可能已经有另一个系统正在读取缓存，而此时事务还未提交。当然，对于用户维度的业务，这是可以考虑的。

为了更好地解决多个事务的问题，可以考虑使用订阅数据库日志的架构，如使用 canal 订阅 MySQL 的 binlog 来实现缓存同步。

对于长尾访问的数据、大多数数据访问频率高的场景，以及缓存空间足够的情况，可以考虑不过期缓存，如用户、分类、商品、价格、订单等。当缓存满时，可以考虑使用 LRU 机制来驱逐老的缓存数据。

过期缓存机制采用懒加载，通常用于缓存其他系统的数据（无法订阅变更消息，或者成本很高）、缓存空间有限及低频热点缓存等场景。常见的步骤是：首先读取缓存，如果没有命中，则查询数据，然后异步写入缓存并设置过期时间，下次读取时将命中缓存。热点数据通常在应用系统上缓存较短的时间。这种缓存可能存在一段时间的数据不一致的情况，需要根据场景来决定如何设置过期时间。例如，库存数据可以在前端应用上缓存几秒钟，短时间的不一致性是可以接受的。

2. 维度化缓存与增量缓存

在电商系统中，一个商品可能被分解为基础属性、图片列表、上下架状态、规格参数和商品介绍等。如果商品有所变更，那么更新这些数据的成本会很高，包括接口调用量和带宽。因此，我们应该对数据进行维度化处理并进行增量更新（只更新变化的部分）。特别是对于上下架这样的状态变更，每天都被频繁调用，维度化后能大大减轻服务压力。图 10-10 所示是维度化缓存方案，它根据不同的维度接收 MQ 进行更新。

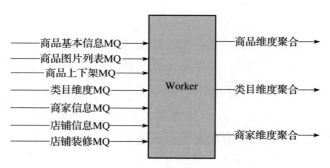

图 10-10　维度化缓存方案

3. 大 Value 缓存

我们需要警惕缓存中的大 Value，特别是在使用 Redis 时。遇到这种情况，可以考虑使用多线程实现的缓存（如 Memcached）来缓存大 Value，或者对 Value 进行压缩，再或者将 Value 拆分为多个小 Value，然后由客户端进行查询和聚合。

4. 热点缓存：分布式缓存 + 应用本地热点

对于频繁访问的热点缓存，如果每次都从远程缓存系统获取，则可能会因为访问量过大而导致缓存系统请求过多、负载过高或带宽过高，从而导致缓存响应慢，最终导致客户端请求超时。一种解决方案是增设更多的从缓存，客户端通过负载均衡机制读取从缓存系统数据。另一种方案是在客户端应用 / 代理层本地存储一份数据，降低访问远程缓存的需求，如库存这种数据，在一些应用系统中也可以本地缓存几秒钟，从而降低远程系统的压力。

对于分布式缓存，我们需要在 Nginx + Lua 应用中进行应用缓存，以减少对 Redis 集群的访问冲击。首先查询应用本地缓存，如果命中则直接返回；如果未命中则查询 Redis 集群，回源到 Tomcat，然后将数据缓存到应用本地，如图 10-11 所示。

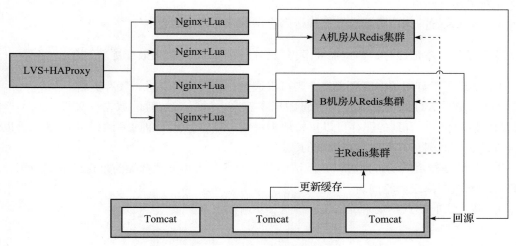

图 10-11　分布式缓存方案

在应用 Nginx 的负载均衡机制中，正常情况下采用一致性哈希，如果某个请求类型访问量突破了一定的阈值，则自动降级为轮询机制。另外，对于一些秒杀活动之类的热点，我们可以提前预测，把相关数据预先推送到应用 Nginx 并将负载均衡机制降级为轮询。

另外，可以考虑建立实时热点发现系统来发现热点，实时热点发现方案如图 10-12 所示。

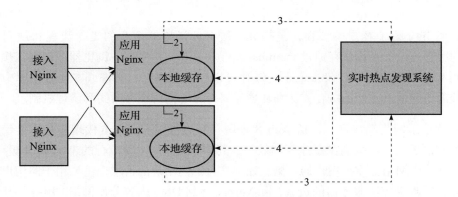

图 10-12　实时热点发现方案

对实时热点发现方案的说明如下。

1）接入 Nginx 将请求转发给应用 Nginx。

2）应用 Nginx 首先读取本地缓存，如果命中则直接返回；未命中则会读取分布式缓存，回源到 Tomcat 进行处理。

3）应用 Nginx 将请求上报给实时热点发现系统，例如，使用 UDP 直接上报请求，或将请求写入本地 kafka，再或者使用 flume 订阅本地 nginx 日志。上报给实时热点发现系统后，系统将统计热点。

4）根据设置的阈值将热点数据推送到应用 Nginx 本地缓存。

由于使用了本地缓存，因此需要考虑数据一致性，即何时失效或更新缓存。

1）如果可以订阅数据变更消息，则可以通过订阅变更消息进行缓存更新。

2）如果无法订阅消息或订阅消息的成本较高，并且对短暂的数据一致性要求不严格（例如在商品详情页看到的库存可以短暂地不一致，只要保证下单时一致即可），那么可以设置合理的过期时间，过期后再查询新的数据。

3）如果是秒杀活动，则可以订阅活动开启消息，将相关数据提前推送到前端应用，并将负载均衡机制降级为轮询。

4）建立实时热点发现系统来统一推送和更新热点。

10.8　本章小结

缓存技术在系统优化中起着重要作用。无论是在操作系统还是在应用系统中，缓存技术都无处不在。缓存可以提高系统性能，减少网络传输和应用延时时间，提高吞吐量和并发用户数，同时可最小化系统工作量。随着业务访问量的增长，缓存技术的应用也在不断演变，包括静态缓存、动态缓存、数据缓存、缓存同步机制、数据库自身的缓存优化、分布式缓存等。

本章首先介绍了客户端缓存，包括页面缓存和浏览器缓存的工作流程和规则，以及 App 上的缓存方法。页面缓存通过 manifest 属性和清单文件实现，浏览器缓存则依赖于服务器的规则和 HTTP 的特性。在 App 上，缓存可以存放在内存、文件或本地数据库中，其使用和清理需要谨慎。不同的缓存方法和环境需要考虑不同的缓存时间和清理机制。

然后阐述了网络端缓存，包括 Web 代理缓存和边缘缓存。Web 代理缓存通过代理服务器存储和传送数据，以提高浏览速度和效率，其中 Squid 是一种流行的 Web 代理缓存工具。边缘缓存则位于网络上靠近用户的一侧，处理来自不同用户的请求，主要用于向用户提供静态的内容，以减少应用服务器的负载，如 Varnish 和 CDN（内容分发网络）服务。开发者需要针对各自特定的业务来做特定的数据缓存时间管理。

服务端缓存在系统性能中起着关键作用，可以通过调整缓存参数提升性能。平台级缓存和应用级缓存都有其应用场景。当平台级缓存无法满足性能要求时，需要开发应用级缓存。在这方面，NoSQL 技术（如 Redis、MongoDB 和 memcached）是重要的技术。Redis 在应用级缓存中扮演着重要的角色，支持主从同步和发布/订阅机制。Redis 3.0 版本加入了集群功能，解决了单点无法横向扩展的问题。

数据库缓存有两种主要类型：MySQL 的查询缓存和 InnoDB 的缓存性能。查询缓存主要用于缓存 MySQL 中的结果集，通过设置参数，如 query_cache_size 和 query_cache_type，可以提高查询性能。然而，频繁的数据变化可能使得查询缓存效果不佳。InnoDB 的缓存性能主要受 InnoDB_buffer_pool_size 参数影响，该参数用于设置缓存 InnoDB 索引和数据块的内存区域大小。通过合理配置，可以显著提高数据库的读取性能和响应速度。

最后以优惠券（红包）发放与核销和应用多级缓存模式支撑海量读服务为案例，对缓存在现实场景中的综合应用进行分析，帮助读者进一步深入地理解"缓存为王"。

Chapter 11 第 11 章

消息队列

消息队列（Message Queue，MQ）是一种高效可靠的消息传递机制，它支持跨平台的数据交流，并基于数据通信来进行分布式系统的集成。作为分布式系统架构中的一个重要组件，消息队列有着重要的地位。

消息队列是构建分布式互联网应用的基础设施，它在实现系统的高性能、高可用性、扩展性和伸缩性方面发挥了重要作用。目前有很多成熟的消息中间件产品，如 RocketMQ、ActiveMQ、RabbitMQ、Kafka 等。尤其在设计系统的性能架构时，这些成熟的消息队列的很多重要思想可以作为架构师的重要参考。本章将重点介绍消息队列相关的知识。

11.1 消息队列概述

消息队列具有以下功能：消息接收、消息分发、消息存储以及消息读取。概念模型的核心组件如图 11-1 所示。

图 11-1　消息队列概念模型的核心组件

- 消息生产者：业务发起方，负责生产并传输消息给消息系统核心服务。
- 消息系统核心：作为服务器来处理消息。
- 消息交换机：指定消息的路由规则以及指定队列。
- 队列：在 PTP 模式下，特定的生产者向特定队列发送消息，消费者订阅特定队列来接收指定消息。
- 消息消费者：业务处理方，负责从消息系统核心获取消息并进行业务逻辑处理。

消息队列具有以下特性：

- 异步性：将耗时的同步操作异步化，通过发送消息的方式处理，从而减少同步等待的时间。
- 松耦合：消息队列降低了服务间的耦合性。不同的服务可以通过消息队列进行通信，而无须关心彼此的实现细节，只需定义好消息的格式即可。
- 分布式：通过对消费者进行横向扩展，降低了消息队列阻塞的风险和单个消费者产生单点故障的可能性。同时，消息队列本身也可以设计成分布式集群。
- 可靠性：消息队列会将接收到的消息存储到本地磁盘上。这样，即使应用或消息队列本身出现故障，也能重新加载消息。消息处理完后，会根据不同的消息队列实现进行删除。

11.2　消息队列使用场景

当需要使用消息队列时，首先要考虑其必要性。在很多场景中都可以使用消息队列，最常见的包括削峰填谷、应用解耦、异步处理、分布式事务一致性和大数据分析等。然而，如果需要强一致性，那么消息队列就不再适用，这种情况下应该利用 RPC 的特性来处理问题。

11.2.1　削峰填谷

秒杀、抢红包、企业开门红等大型活动都会引起较高的流量冲击。如果没有做相应的保护，那么可能会导致系统超负荷甚至崩溃，或者因为限制过度而导致大量请求失败，从而影响用户体验。突发性流量是系统中常见的问题，需要在系统架构中针对相关业务场景进行良好的设计，不仅要保证系统稳定，而且要解决业务问题，提高并发性能。削峰填谷是应对突发性流量时最常用的设计思想，但要注意：削峰（为保证服务可用，剔除部分流量）是有损处理，填谷（在服务能力盈余时，提供补偿操作）是补偿处理。

应用请求处理能力有限，但请求数量通常并不均衡，具有瞬时性和时段性。也就是说，某个时间段内，请求流量可能会突然增加，甚至超过系统可处理的请求，然后可能突然下降，系统空闲资源增多，形成了基于系统负载能力的流量高峰和低谷。这显然会导致系统不稳定，甚至可能引发系统雪崩问题，所以在系统架构设计时需要考虑这点。

案例背景： 秒杀业务，上游业务发起下单请求，下游业务执行秒杀业务（库存检查、库存冻结、余额冻结、生成订单等），下游业务处理的逻辑是相当复杂的，并发能力是有限的，如果上游服务不做限流策略，那么瞬时可能把下游服务压垮，甚至造成雪崩，服务不可用。

应对策略： 通常我们会在网关层做流量的限制，就是通常所说的限流。同时会部署更多的下游服务实例来分担流量压力，就是通常所说的负载均衡。但这是不够的，在实际业务场景中，我们很可能没有足够的服务器资源，或者在某个场景中使用大量服务器的成本太高（当然我们可以购买流量服务器，在不使用的时候回收，但这不是我们这里讨论的问题，这里更多的是基于系统架构设计来做削峰填谷）。所以我们需要在上游服务和下游服务之间设计一种能够缓解突刺流量的方案，让高峰流量填充低谷空闲资源，达到系统的合理利用和稳固。通常我们会使用消息队列来做削峰填谷，如图 11-2 所示。

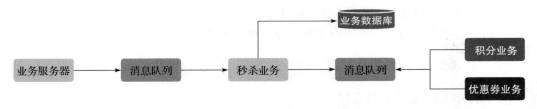

图 11-2　秒杀业务的消息队列应用

使用消息队列： 应合理利用消息队列的推（Push，服务器主动推送给客户端）和拉（Pull，客户端主动拉取）的模式。Kafka 使用拉模式，RabbitMQ 使用推和拉结合的模式。推模式下，下游服务是无法控制消息的，只能被动接收，很可能处理不过来，但是又无法控制消息的速率，所以可以采用主动拉取的模式，根据服务本身的处理能力做流量控制。

案例回溯： 在秒杀问题中，并发请求是瞬时的，通常只有几分钟或者几十秒，数据库的写并发是有限的。如果大量的请求直接穿透数据库，则很可能会使系统崩溃，这时可以使用消息中间件将请求的流量异步传送到消息队列中，然后下游服务异步消费消息。队列处理器的应用示例如图 11-3 所示。这样，下游服务能够根据自身的并发处理能力控制消费消息的速度，使得数据库的真实写请求控制在能力之内。在使用消息中间件的过程中推荐使用拉模式，主动去拉取消息消费。注意：在这个过程中，要时刻监控消息队列的消息堆积，当超过一定量的时候，需要增加队列处理能力。之所以能够允许消息的短暂堆积，是因为在业务场景中用户对短暂的延时是可以容忍的。进一步分析，可以把下游业务执行的秒杀业务（库存检查、库存冻结、余额冻结、生成订单、积分、优化券服务等）继续通过消息中间解耦，提高核心业务入库的能力，并提高并发。

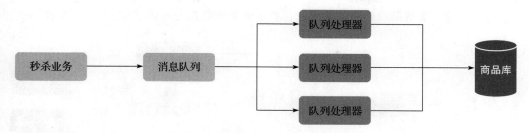

图 11-3　队列处理器的应用示例

消息队列在秒杀系统中主要起到削峰填谷的作用，能够平滑短时间的流量高峰。虽然堆积可能会导致请求暂时延时处理，但只要持续监控消息队列中的堆积长度，并在堆积量超过一定值时增加队列处理机数量，就能提升消息处理能力。此外，对于秒杀结果的短暂延时，用户通常能接受。

这里说的是"短暂"延时，如果长时间不公布秒杀结果，那么用户可能会怀疑秒杀活动的公平性。因此，在使用消息队列应对流量高峰时，需要对队列处理时间、前端写入流量大小和数据库处理能力进行评估，并根据不同的需求决定部署多少台队列处理器。这里需要根据平均请求时间和商品秒杀总量进行计算，设定处理器的数量。

11.2.2　应用解耦

电商系统的设计涉及多个模块和组件，这里我们使用消息队列进行模块间的异步通信以解耦应用，目的是降低系统的复杂性。这样各个模块都能够独立开发、测试和维护。

11.2.3　异步处理

交易系统是电商平台最核心的系统，每个交易订单的生成都会引起几百个下游业务系统的关注，包括物流、购物车、积分、流计算分析等系统。这些业务系统庞大且复杂，业务之间的异步解耦是确保主站业务连续性的关键。

在秒杀场景下，我们在处理购买请求时需要 500ms。在分析整个购买流程后，我们发现有主要的业务逻辑和次要的业务逻辑：主要的逻辑流程包括生成订单、减少库存；次要的逻辑流程包括下单购买成功后为用户发放优惠券、增加用户积分等。

假设发放优惠券和增加用户积分的操作各需要 50ms，那么如果我们将这两种操作放在另一个队列处理器中执行，则整个流程就缩短到了 400ms，性能提升了 20%，处理 1000 件商品的时间就变成了 400s。如果我们希望在 50s 内看到秒杀结果，那么只需要部署至少 8 个队列处理器即可。

例如，数据团队希望在秒杀活动后统计活动数据，以分析活动商品的受欢迎程度等指标，这就需要将大量数据发送给数据团队，秒杀业务的数据分析需求如图 11-4 所示。

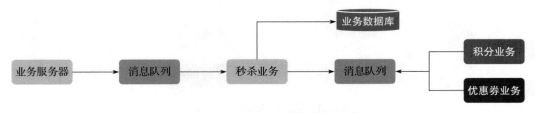

图 11-4　秒杀业务的数据分析需求

一种思路是：可以使用 HTTP 或 RPC 进行同步调用，也就是由数据团队提供一个接口，实时将秒杀数据推送给他们。但这样会出现两个问题：

- 系统的耦合度较高，如果数据团队的接口出现故障，就会影响秒杀系统的可用性。
- 当数据系统需要新的字段时，接口参数需要变更，那么秒杀系统也需要进行相应的变更。

为了降低业务系统和数据系统的直接耦合度，我们可以考虑使用消息队列。

在秒杀系统产生购买数据后，可以将所有数据发送给消息队列，然后由数据团队订阅这个消息队列的主题。这样数据团队就可以接收到数据，然后进行过滤和处理。这样做的好处是，数据系统的故障不会影响秒杀系统，同时当数据系统需要新的字段时，只需要解析消息队列中的消息并取得所需的数据即可。消息队列连接数据服务系统如图 11-5 所示。

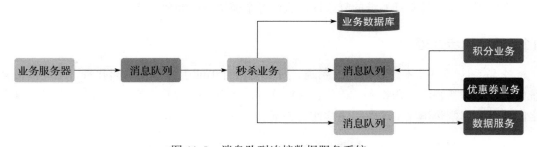

图 11-5　消息队列连接数据服务系统

11.2.4　分布式事务一致性

交易系统、支付红包等场景需要确保数据的最终一致性，此时可以大量引入消息队列的分布式事务。这不仅可以实现系统之间的解耦，还可以保证数据的最终一致性。

在秒杀活动中，支付和订单都是作为单独系统存在的。订单的支付状态依赖于支付系统的通知。假设一个场景：支付系统收到第三方支付的通知，告知某个订单已支付成功。接收通知接口需要同步调用订单服务的订单状态变更接口，更新订单状态为成功。这个过程包括两次调用：第三方支付调用支付服务及支付服务调用订单服务。这两次调用都可能出现超时的情况。如果没有分布式事务的保证，那么用户的实际订单支付情况与他们看到的订单支付情况可能会不一致。支付系统的分布式事务如图 11-6 所示。

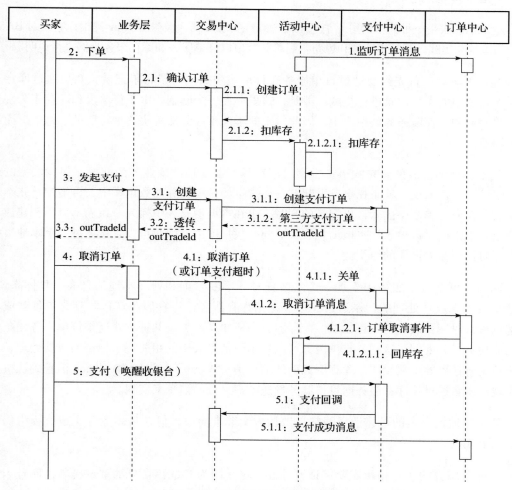

图 11-6　支付系统的分布式事务

很多种解决方案可以应对这种情况，如两阶段提交 /XA、TCC、最大努力通知、可靠消息最终一致性。这里主要介绍可靠消息最终一致性方案。

可靠消息最终一致性方案指的是，当事务发起方执行完全本地事务后并发出一条消息，事务参与方（消息消费者）一定能够接收到消息并成功处理事务。这个方案强调的是，只要消息被发送给事务参与方，最终事务一定会达到一致。事务发起方（消息生产方）将消息发送给消息中间件，事务参与方从消息中间件接收消息。由于网络通信的不确定性，事务发起方和消息中间件之间，以及事务参与方（消息消费方）和消息中间件之间的通信可能会导致分布式事务问题。

1. 基于本地消息表

本地消息表是一种典型的可靠消息最终一致性实现方案，最初由 eBay 提出，它是对 BASE 理论的体现和实践。其基本原理和思路很简单，这里以订单服务和库存服务为例进行说明。

客户下单后，首先需要通过订单服务在订单表中插入一条订单记录，然后通过库存服务对库存表中的库存记录进行扣减。但是，这里存在一个问题，由于订单表和库存表分别位于订单服务和库存服务的数据库中，因此传统的本地事务无法解决这种跨服务、跨数据库场景的问题。

基于本地消息表的分布式事务方案可以在尽可能少地改变业务的前提下保障数据的最终一致性。具体来说，就是在事务发起方，即这里的订单服务的数据库中，再增加一张本地消息表。在向订单表中插入订单记录的同时，也在本地消息表中插入一条表示订单创建成功的记录。由于此时订单表和本地消息表位于同一数据库中，因此可以直接通过一个本地事务来保证对这两张表操作的原子性。

同时，可在订单服务中添加一个定时任务，不断轮询和处理本地消息表。具体来说，将消息表中未成功处理的记录通过 MQ 发送给库存服务。库存服务在接收到订单创建成功的消息后，对库存表进行库存扣减。库存服务完成扣减后，以某种方式通知订单服务该条消息已成功消费和处理。这样，订单服务可以将本地消息表中的相关记录标记为成功处理，从而避免定时任务的重复投递。库存服务确认消息消费成功可以通过 MQ 的 ack 消息确认机制来实现，或者通过让库存服务向订单服务发送处理完成的消息来实现。

基于本地消息表的可靠消息最终一致性方案非常简单，但在具体业务实践过程中仍需注意以下几点。

- 库存服务的库存扣减需要保证幂等性。这是因为 MQ 存在自动重试机制，而且当订单服务未收到库存服务对本次消息的消费确认时，可能会导致定时任务下一次继续投递该消息至库存服务。
- 根据实际业务需求，本地消息表中的记录应设置一个合理的最大处理等待时间，以便及时发现长时间无法得到有效处理的本地消息记录。

2. 基于 MQ 的事务消息

通过基于本地消息表的可靠消息最终一致性方案，我们可以看出其本质是通过引入本地消息表来确保本地事务与发送消息的原子性。如果消息队列（MQ）能够直接保证消息发送与本地事务的原子性，那么会更加方便。因此，MQ 中提供了所谓的事务消息。消息队列的事务消息基本机制如图 11-7 所示。

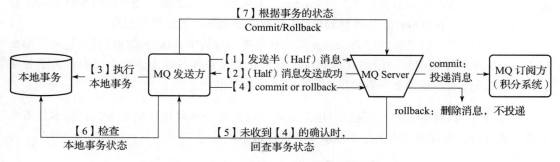

图 11-7 消息队列的事务消息基本机制

事务发起方首先会将事务消息发送到 MQ 中，这时的消息对消费者是不可见的，也就是所谓的半消息。当 MQ 确认消息发送成功后，事务发起方开始执行本地事务。根据本地事务的执行结果，事务发起方会向 MQ 发送状态信息——commit 或 rollback。具体来说，如果 MQ 接收到的是 commit 状态，就会将之前的半消息转换为消费者可见的消息并开始投递；如果接收到的是 rollback 状态，就会删除之前的半消息，确保在本地事务回滚的同时，消息不会投递给消费者，从而保证了二者的原子性。如果 MQ 没有收到本地事务的执行状态，就会通过事务回查机制定时检查本地事务的状态。

MQ 事务消息设计主要解决的是 Producer 端消息发送与本地事务执行的原子性问题。MQ 的设计中，Broker 与 Producer 端的双向通信能力使得 Broker 可以作为一个事务协调者存在；而 MQ 本身提供的存储机制为事务消息提供了持久化能力；MQ 的高可用机制以及可靠消息设计则保证了在系统发生异常时，事务消息仍能达成最终的一致性。

实际上，这是对本地消息表的封装，将本地消息表移动到了 MQ 内部，解决了 Producer 端的消息发送与本地事务执行的原子性问题。下面以注册送积分为例来描述整个流程。其中，Producer，即 MQ 发送方，本例中是用户服务，负责新增用户；MQ 订阅方，即消息消费方，本例中是积分服务，负责新增积分。

1）Producer 发送事务消息至 MQ Server，MQ Server 将消息状态标记为 Prepared（预备状态）。此时，这条消息的消费者是无法消费的。本例中，Producer 发送"增加积分消息"到 MQ Server。

2）MQ Server 回应消息发送成功。MQ Server 接收到 Producer 发送的消息后，回应发送成功，表示 MQ 已接收到消息。

3）Producer 执行本地事务。Producer 端执行业务代码逻辑，通过本地数据库事务控制。本例中，Producer 执行添加用户操作。

4）消息投递。若 Producer 本地事务执行成功，则自动向 MQ Server 发送 commit 消息。MQ Server 接收到 commit 消息后，将"增加积分消息"状态标记为可消费，此时 MQ 订阅方（积分服务）可以正常消费消息。若 Producer 本地事务执行失败，则自动向 MQ Server 发送 rollback 消息，MQ Server 接收到 rollback 消息后将删除"增加积分消息"。

5）事务回查。如果在执行 Producer 端本地事务的过程中，执行端挂掉或者超时，那么MQ Server 将不停地询问同组的其他 Producer 来获取事务执行状态，这个过程称为事务回查。MQ Server 会根据事务回查结果来决定是否投递消息。

以上主干流程已由 MQ 实现，对用户来说，只需要分别实现本地事务执行和本地事务回查方法即可，因此可只需关注本地事务的执行状态。

可靠消息最终一致性就是要保证消息从生产方经过消息中间件传递到消费方的一致性，MQ 作为消息中间件。

3. MQ 主要解决的两个问题

MQ 主要解决本地事务与消息发送的原子性问题。

可靠消息的最终一致性事务适用于执行周期长且实时性要求不高的场景。引入消息机制后，同步的事务操作变为基于消息的异步操作，避免了分布式事务中同步阻塞操作的影响，并实现了两个服务的解耦。

11.2.5 大数据分析

实时分析海量日志数据已逐渐成为各大互联网平台的常规需求。海量数据的实时计算是大数据平台的重要组成部分。在个性化推荐、实时风控、用户兴趣预测等场景中，日志流实时处理技术得到了广泛应用。海量日志数据中蕴含着巨大价值，且其实用性的实时性越来越强。因此，面对这种场景和需求，传统的日志离线处理方式已不再适用。相反，实时流数据处理技术专为对时延敏感的业务提供数据的实时计算和分析服务。

在分布式架构中，每个系统都会产生日志。当系统出现问题时，我们需要通过日志来解决。当系统机器少时，直接登录服务器查看即可。但随着系统规模的扩大，登录服务器查看日志已变得不现实。因此，我们需要将机器上的日志实时收集，统一存储到中心系统，然后对这些日志建立索引，以便通过搜索找到对应日志。对于一定规模的分布式系统，实时日志量非常大，每天可达几十亿条，并且需要控制延迟在分钟级别。因此，日志系统需要具备水平扩展能力。面对这些日志收集的业务需求和系统要求，ELK（ElasticSearch、Logstash和 Kibana）已成为最成功的解决方案之一。Kafka 具有大吞吐量和无限扩容的特性，对于需要无限扩容和大吞吐量（并发量大）的场景，如日志大数据，它比同类产品更具优势。基于ELK 和 Kafka 的日志大数据系统如图 11-8 所示。

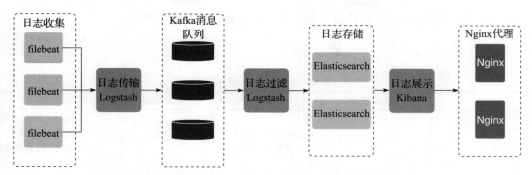

图 11-8　基于 ELK 和 Kafka 的日志大数据系统

大数据领域中，消息系统的应用场景如下：

- 作为消息系统。Kafka 是一款优秀的消息系统，具有高吞吐量、内置分区、备份冗余分布式等特性，为大规模消息处理提供了良好的解决方案。
- 应用监控。可以利用 Kafka 采集软件和服务器相关的指标，如 CPU 占用率、I/O、内存、连接数、TPS、QPS 等，然后处理这些指标信息，以构建一个具有监控仪表盘、曲线图等的可视化监控系统。例如，许多公司将 Kafka 与 ELK 整合，构建应用服务监控系统。
- 网站用户行为追踪。为了更好地了解用户行为和操作习惯，改善用户体验，并对产品升级进行改进，可以将用户操作轨迹、内容等信息发送到 Kafka 集群，然后通过 Hadoop、Spark 或 Strom 等进行数据分析处理，生成相应的统计报告，为推荐系统提供数据源，从而为每个用户进行个性化推荐。
- 流处理。如果需要将已收集的流数据提供给其他流式计算框架进行处理，那么使用 Kafka 收集流数据是一个好选择。当前版本的 Kafka 还提供了 Kafka Streams 以支持流数据的处理。

Kafka 可以为外部系统提供一种持久性日志的分布式系统。日志可以在多个节点间进行备份，Kafka 为故障节点数据恢复提供了一种重新同步的机制。此外，Kafka 可以很方便地与 HDFS 和 Flume 进行整合，这样就可以将 Kafka 采集的数据持久化到其他外部系统。

11.3　消息中间件的选型

选择的消息队列需要满足开源、流行、兼容性强等要求，并且必须满足以下条件。

- 消息的可靠传递：确保不会丢失任何消息。
- 集群：支持集群功能，以防止因某个节点宕机而导致服务不可用，并确保不会丢失消息。

● 性能：具有足够优秀的性能，能够满足大多数场景的性能需求。

表 11-1 所示为主流消息中间件的对比。

表 11-1　主流消息中间件的对比

类型		ActiveMQ	RocketMQ	RabbitMQ	Kafka
定位	设计定位	主要用于构建基于 JMS 的 Java 软件	适用于需要高性能、高可用性和可伸缩性的应用	适用于多样化的应用，包括异步任务处理、事件驱动架构、发布/订阅模式等	主要用于构建大规模数据流处理系统，如日志采集、实时分析、事件驱动的架构等
基础对比	成熟度	成熟	成熟	成熟	日志领域成熟
	所属社区/公司	Apache	Alibaba 的开发已加入 Apache	Apache	Apache
	社区活跃度	高	中	高	高
	API 完备性	高	高	高	高
	开发语言	Java	Java	ErLang	Scala 和 Java
	支持协议	OpenWire、STOMP、MQTT	自有协议、HTTP	AMQP、STOMP	自有协议、HTTP、Avro
	持久化方式	内存、文件、数据库	磁盘	用 Mnesia 数据库来存储消息	磁盘
	客户端支持语言	支持多语言，Java 优先	支持 Java、C++，但 C++ 不成熟	支持 Java、C、C++、C#、Ruby、Perl、Python、PHP 等	支持多语言，Java 优先
可用性性能比较	部署方式	单机/集群	分布式/主备	单机/集群	分布式/多数据中心
	集群管理	独立	nameserver	独立	ZooKeeper
	选主方式	基于 ZooKeeper + leavelDB 的 master~slave 方式	支持多 master 模式，多 master 多 slave 模式，异步复制模式	master 提供服务，slave 提供备份	支持多副本机制，leader 宕机，存货副本中重新选举 leader
	可用性	高	非常高	高	非常高
	消息写入性能	较好	很好	较好	非常好
功能对比	单机队列数	数十到数百个队列	数千个队列	数十到数百个队列	数百到数千个队列
	事务消息	支持	支持	支持	不支持
	消息过滤	支持	支持	支持	不支持
	消息查询	支持	支持	支持	不支持
	消息失败重试	支持	支持	支持	不支持
	消息重新消费	支持	支持	支持	不支持
	消息推拉模式	Push/Pull	Pull	Push	Pull
	消息批量发送	支持	支持	支持	不支持
	消息清理	支持消息的过期时间，支持使用消息删除策略	支持消息的过期时间，提供了清除主题或队列中消息的工具	支持消息的过期时间，支持队列的 TTL	不直接支持消息的自动清理

（续）

类型	ActiveMQ	RocketMQ	RabbitMQ	Kafka
运维复杂度	运维复杂度：中等 ActiveMQ 的部署和配置需要一些专业知识。它提供了一些高级特性，如持久化、事务和消息选择器，这可能需要额外的配置和管理。在高可用性设置下，复杂性会进一步增加	运维复杂度：中等 RocketMQ 在大规模部署时需要一些专业知识，尤其是在配置和管理集群时。RocketMQ 提供了一些高级特性，如顺序消息、延时消息和事务消息，这些都需要额外的配置和管理	运维复杂度：中等 RabbitMQ 的部署和配置需要一些专业知识。它提供了高级功能，如复杂的路由规则和多种插件，这些功能需要额外的配置和管理	运维复杂度：较高 Kafka 在大规模和高吞吐量的部署中具有较高的运维复杂度。部署和配置 Kafka 集群需要一定的专业知识，特别是在复杂的部署模式下。Kafka 的持久化和数据保留策略也需要精心管理

11.3.1　RocketMQ

RocketMQ 是阿里巴巴的开源产品，原名为 Metaq，3.0 版本更名为 RocketMQ。它采用 Java 语言实现，设计时参考了 Kafka 并进行了自身的改进，消息可靠性比 Kafka 更好。经过多次"双十一"大考验，其性能和稳定性值得信赖。RocketMQ 在阿里巴巴被广泛应用于订单、交易、充值、流计算、消息推送、日志流式处理、binglog 分发等场景。

RocketMQ 的特点如下。

- 能够保证严格的消息顺序。
- 提供针对消息的过滤功能。
- 提供丰富的消息拉取模式。
- 具有高效的订阅者水平扩展能力。
- 具有实时的消息订阅机制。
- 具有亿级消息堆积能力。

RocketMQ 的优点如下。

- 单机吞吐量：十万级以上持久化队列。
- RocketMQ 的所有消息都是持久化的，先写入系统 PAGECACHE，然后刷盘，可以保证内存与磁盘都有一份数据，访问时直接从内存读取。
- 模型简单，接口易用（JMS 的接口在很多场合并不实用）。
- 性能优良，可以允许大量消息在 Broker 中堆积。
- 支持多种消费模式，包括集群消费、广播消费等。
- 各个环节都设计了分布式扩展，支持主从模式和高可用。
- 开发活跃，版本更新迅速。

RocketMQ 的缺点如下。

- 支持的客户端语言不多，目前是 Java 和 C++，其中 C++ 的成熟度还不高。
- 社区活跃度一般，作为国产的消息队列，相比国外的流行同类产品，在国际上还未流行，与周边生态系统的集成和兼容程度不高。
- 没有 Web 管理界面，只提供了 CLI（命令行界面）管理工具，可用于查询、管理和诊断各种问题。
- 没有在 MQ 核心里实现 JMS 等接口，迁移某些系统需要修改大量代码。

11.3.2　RabbitMQ

这是一个使用 Erlang 编写的开源消息队列，支持多种协议，包括 AMQP、XMPP、SMTP、STOMP，适合企业级开发。同时，它实现了 Broker 架构，其核心思想是生产者不直接将消息发送到队列，而是在发送给客户端之前，先在中心队列中排队。它对路由、负载均衡和数据持久化都有很好的支持。这是当前最主流的消息中间件之一。

RabbitMQ 的优点如下。

- 开箱即用的消息队列，RabbitMQ 是一个轻量级且易于部署和使用的消息队列。
- 由于使用 Erlang 语言，所以 RabbitMQ 具有良好的性能和高并发支持。
- 健壮、稳定、易用、跨平台，支持多种语言，并且文档齐全。
- 具有消息确认机制和持久化机制，保证了高可靠性。
- 可提供灵活的路由配置。与其他消息队列不同，RabbitMQ 在生产者（Producer）和队列（Queue）之间增加了一个 Exchange 模块，可以视为交换机。根据配置的路由规则，这个 Exchange 模块将生产者发出的消息分发到不同的队列中。路由规则灵活，甚至可以自定义。
- RabbitMQ 的管理界面丰富，并且在互联网公司中有大规模的应用。
- RabbitMQ 的社区活跃度高。

RabbitMQ 的缺点如下。

- 挖掘了 Erlang 语言本身的并发优势，但同时导致其不利于进行二次开发和维护。
- RabbitMQ 实现了代理架构，这意味着消息在发送到客户端之前可以在中央节点上排队。然而，RabbitMQ 对消息堆积的处理不佳。在其设计理念中，消息队列被视为一个管道，大量的消息积压被视为不正常的情况，应尽量避免。当大量消息积压时，会导致 RabbitMQ 的性能急剧下降。性能上存在瓶颈，它每秒能处理的消息数在几万到十几万条之间。对于大多数场景来说，这已经足够了。但是，如果对性能要求非常高，那么使用 RabbitMQ 就不太合适了。

11.3.3 ActiveMQ

ActiveMQ 是 Apache 下的一个子项目，这是一个通过 Java 完全支持 JMS 1.1 和 J2EE 1.4 规范的 JMS Provider 实现。它可以通过少量的代码高效地实现高级应用场景。它支持可插拔的传输协议，如 in-VM、TCP、SSL、NIO、UDP、Multicast、JGroups 和 JXTA。RabbitMQ、ZeroMQ、ActiveMQ 都支持常用的多种语言客户端，如 C++、Java、.Net、Python、PHP、Ruby 等。

ActiveMQ 的优点如下。

- 跨平台。使用 Java 编写的 ActiveMQ 与平台无关，几乎可以运行在任何的 JVM 上。
- 支持 JDBC。可以将数据持久化到数据库，虽然使用 JDBC 会降低 ActiveMQ 的性能，但数据库是开发人员最熟悉的存储介质。
- 支持 JMS 规范。提供统一的接口。
- 支持自动重连和错误重试机制。
- 支持基于 shiro、jaas 等的多种安全配置机制，可以对 Queue/Topic 进行认证和授权。
- 完善的监控，包括 WebConsole、JMX、Shell 命令行，以及 Jolokia 的 RESTful API。
- 界面友善。提供的 WebConsole 可以满足大部分需求，还有很多第三方的组件可以使用，如 hawtio。

ActiveMQ 的缺点如下。

- 社区活跃度不如 RabbitMQ。
- 根据其他用户的反馈，可能会出现无法解释的问题，如丢失消息。
- 目前重心已经转移到 Apollo 产品，对 5.x 的维护减少。
- 不适合于需要上千个队列的应用场景。

11.3.4 Kafka

Kafka 是一个分布式发布订阅消息系统。它最初由 LinkedIn 公司基于独特设计实现，作为一个分布式提交日志系统，后来成为 Apache 项目的一部分。这是一款为大数据设计的消息中间件，在数据采集、传输、存储的过程中扮演着非常重要的角色。

Kafka 的优点如下。

- 快速持久化：通过磁盘顺序读写和零拷贝机制，能够在 $O(1)$ 的系统开销下实现消息持久化。
- 高吞吐量：在一台普通服务器上，吞吐速率可以达到每秒十万条。
- 高堆积：在消费者离线较长时间的情况下，topic 下的消息堆积量大。

- 完全的分布式系统：Broker、Producer 和 Consumer 都原生支持分布式，依赖 ZooKeeper 自动实现负载均衡。
- 支持 Hadoop 数据并行加载：对于类似 Hadoop 的日志数据和离线分析系统，它们受实时处理的限制，使用 Kafka 是一个可行的解决方案。

Kafka 的优点如下。

- 支持多种语言，包括 Java、.Net、PHP、Ruby、Python、Go 等。
- 高性能。单机写入 TPS 约 100 万条 / 秒，消息大小为 10 字节。
- 提供完全分布式架构，并具有副本机制，具有较高的可用性和可靠性，理论上支持消息无限堆积。
- 支持批量操作。
- 消费者采用 Pull 方式获取消息。消息有序，通过控制能够保证所有消息被消费且仅被消费一次。
- 提供优秀的第三方 Kafka Web 管理界面 Kafka-Manager。
- 在日志领域已经非常成熟，被多家公司和多个开源项目所使用。

Kafka 的缺点如下。

- 当 Kafka 单机的队列 / 分区超过 64 个时，负载会明显增高。队列越多，负载越高，消息发送的响应时间也会变长。
- 使用短轮询方式时，实时性取决于轮询间隔的时间。
- 若消费失败，则不支持重试。
- 虽然支持消息顺序，但如果一台代理宕机，则可能会导致消息乱序。
- 社区更新速度较慢。

如果对消息队列的功能和性能要求不高，那么 RabbitMQ 就已足够，无须任何配置即可使用。如果系统主要使用消息队列来处理在线业务，例如在交易系统中使用消息队列传递订单，那么 RocketMQ 的低延时和金融级稳定性能够满足需求。如果需要处理大量消息，如收集日志、监控信息或前端埋点数据，或者大量使用大数据、流计算相关的开源产品，那么 Kafka 就是最合适的选择。

11.4 本章小结

消息队列是互联网应用性能提升的又一大利器。

消息队列的主要功能包括消息接收、分发、存储和读取。它包括消息生产者、消息系统核心、消息交换机、队列、消息消费者等核心组件。消息队列的特性有异步性、松耦合、分布式和可靠性。它将耗时的同步操作异步化，降低服务间的耦合性，通过对消费者进行横向扩展降低阻塞风险和单点故障的可能性，同时保证消息的可靠性。

消息队列的应用场景众多。在秒杀系统中，消息队列起到削峰填谷的作用，能够平滑短时间的流量高峰。消息队列也可应用于解耦和异步处理，降低系统的复杂性，保证主站业务连续性。在处理购买请求时，主要的业务逻辑（生成订单、减少库存）和次要的业务逻辑（发放优惠券、增加用户积分等）可以分别处理，以提高性能。同时，消息队列可以降低业务系统和数据系统的直接耦合度。

另外，消息队列的事务消息解决了消息发送与本地事务执行的原子性问题。通过事务消息，MQ 可以作为一个事务协调者存在，保证了在系统发生异常时事务消息仍能达成最终的一致性。大数据分析部分讨论了实时分析海量日志数据的需求，以及 Kafka 在大数据领域的应用，包括作为消息系统、应用监控、网站用户行为追踪和流处理。

最后，本章还详细介绍了 4 种消息队列：RocketMQ、RabbitMQ、ActiveMQ 和 Kafka。RocketMQ 的优点包括高吞吐量、持久化消息、简单模型、性能优良、支持多种消费模式，但客户端语言支持有限，社区活跃度一般。RabbitMQ 易于部署和使用，具有良好的性能和高并发支持，但在二次开发和维护方面不利，对消息堆积处理不佳。ActiveMQ 跨平台，支持 JDBC 和 JMS 规范，但社区活跃度不如 RabbitMQ，可能出现无法解释的问题。Kafka 快速持久化，高吞吐量，完全分布式，但当队列 / 分区超过 64 个时，负载会明显增高。我们需要根据功能和性能要求，选择合适的消息队列。

案 例 篇

Chapter 12 | 第 12 章

小度音箱的性能优化

自从亚马逊首次推出名为 Echo 的智能音箱以来，智能音箱已经融入我们的日常生活中。"利用人工智能使人与设备的交互更自然，使生活更简单美好"，这是小度智能音箱的宣言。

智能音箱的"智能"指的是它具有人工智能的能力，特别是自然语言理解和自然语言处理（NLP）的能力。NLP 是一门研究人与人以及人与计算机交际中的语言问题的学科。NLP 的目标是通过图灵测试，包括语音、形态、语法、语义以及语用等方面，解决人类语言中的因果、逻辑和推理等问题。我们可以通过语音与智能音箱进行交互，这正是智能音箱的魅力所在。

性能在智能音箱这样的产品中至关重要。如果智能音箱反应迟钝，那么会严重影响用户体验，可能导致人们将其束之高阁。

本章首先介绍智能音箱的组成和系统架构，然后明确智能音箱的性能指标。接下来，以小度智能音箱为例，从网络到协议，从业务逻辑到缓存应用，逐层介绍性能优化的过程。

12.1 智能音箱的组成和系统架构

传统音箱只是扬声器（喇叭）和功放的组合，仅作为一个输出设备。而智能音箱除了包含输出设备，还包括麦克风等输入设备，并通过互联网连接云端的各种技术服务，能与用户进行自然交互，其组成示意图如图 12-1 所示。

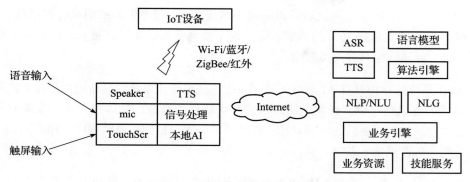

图 12-1　智能音箱的组成示意图

智能音箱通过麦克风接收用户的语音输入，有屏幕的音箱也会接收触屏输入。音箱的信号处理和本地 AI 处理，一般只用于完成音箱的唤醒。唤醒后，用户的语音数据会加密传输到后台系统，进行进一步的语音识别和自然语言理解。音箱将用户的语音转换为具体的意图，然后通过业务引擎检索资源和调用技能服务的逻辑，对业务结果进行自然语言生成，最终以 TTS 等方式在智能音箱上播放处理结果。这样，音箱与用户的一次交互就完成了。

此外，智能音箱可以通过 Wi-Fi、蓝牙、ZigBee、红外等技术与物联网设备连接，实现对这些设备的信息获取和控制，即语音操作，如开关电灯、电视等。

智能音箱作为人工智能的应用产品，通常需要操作系统的支持。以小度系列音箱为例，所有小度音箱都是基于对话式 AI 操作系统 DuerOS 构建的。

12.1.1　对话式 AI 操作系统——DuerOS

什么是对话式 AI 操作系统？我们首先需要理解什么是操作系统，然后才能明白对话式 AI 操作系统。

简单来说，操作系统（OS）是计算机程序，用于管理和控制计算机的硬件和软件资源。它直接运行在“裸机”上，是最基本的系统软件。操作系统位于底层硬件和用户之间，它是两者之间的桥梁，主要功能包括资源管理、程序控制和人机交互等。操作系统可以从多个角度进行分类，如单任务 / 多任务、单用户 / 多用户等。从设备复杂性的角度来看，可以分为智能卡操作系统、实时操作系统、传感器操作系统、嵌入式操作系统、个人微机操作系统、多处理器操作系统、网络操作系统和大型操作系统等。

在人工智能中，如何定义和解释 AI？或许，使用图灵测试来理解 AI 更为方便。1950年，阿兰·图灵提出了图灵测试：如果一台机器通过对话（通过电传设备）而无法被辨别出其机器身份，那么我们就称这台机器具有智能。具体地说，在测试者与被测试者（一个人和一台机器)隔开的情况下,测试者可以通过一些设备(如键盘)向被测试者提出任意问题。如果经过多次测试,超过 30% 的测试者无法确定被测试者是人还是机器,那么这台机器就通过了测试,并被认为具有人类智能。

AI 操作系统是一种具有 AI 能力的操作系统。这种操作系统应具备通用操作系统的所有功能,包括语音识别、机器视觉、执行系统和认知行为系统,具体包含的子系统有文件系统、进程管理、进程间通信、内存管理、网络通信、安全机制、驱动程序、用户界面、语音识别子系统、机器视觉子系统、执行子系统和认知子系统等。

作为对话式 AI 操作系统,DuerOS 能够实时进行自动学习,使机器具备人类的语言能力。简单来说,目前的 DuerOS 是面向语音交互的 AI 操作系统。DuerOS 的整体架构分为 3 层:核心层(即对话服务系统)、应用层(即智能设备开放平台)和能力层(即技能开放平台),如图 12-2 所示。DuerOS 的核心是对话服务,这里的算法并行化是优化的一个重点。对用户来说,语音交互是最自然的;对开发者来说,关注技能服务的开发即可。

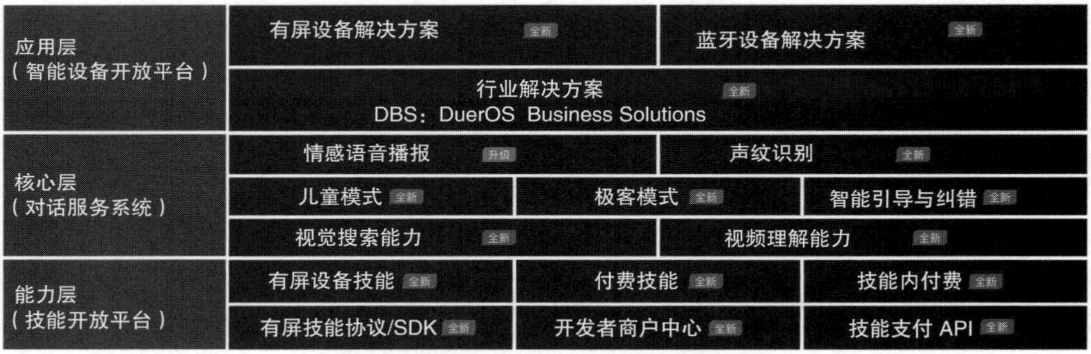

应用层 (智能设备开放平台)	有屏设备解决方案 全新		蓝牙设备解决方案 全新	
	行业解决方案 全新 DBS:DuerOS Business Solutions			
核心层 (对话服务系统)	情感语音播报 升级		声纹识别 全新	
	儿童模式 全新	极客模式 全新	智能引导与纠错 全新	
	视觉搜索能力 全新		视频理解能力 全新	
能力层 (技能开放平台)	有屏设备技能 全新	付费技能 全新	技能内付费 全新	
	有屏技能协议/SDK 全新	开发者商户中心 全新	技能支付 API 全新	

图 12-2　DuerOS 的 3 层结构

- 核心层:包括了从语音识别到语音播报再到屏幕显示的完整交互流程,以及支撑交互的自然语言理解、对话状态控制、自然语言生成、搜索等核心技术。这些技术支持上、下两层的实现。
- 应用层:提供了核心接入组件、芯片模组、麦克风阵列等开发套件,包括工业设计、结构设计、音腔设计的参考设计方案,以及具体的智能硬件,如小度音箱系列产品。
- 能力层:面向开发者,提供了原生技能和第三方技能的技能开放平台。开发者可以通过技能工具来创建并发布基于 DuerOS 的技能。

搭载 DuerOS 的设备可以让用户用自然语言进行对话交互,实现影音娱乐、信息查询、生活服务、出行路况等功能。DuerOS 还支持第三方开发者接入。

12.1.2　智能音箱的典型工作流程

　　无论是无屏的智能音箱，还是有屏的智能音箱，或是其他语音交互的智能设备，如智能电视、智能耳机、智能平板计算机等，其典型的工作流程都是相似的。图 12-3 所示为小度智能音箱的典型工作流程。

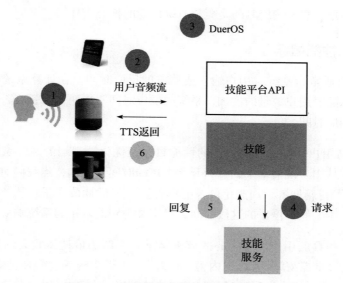

图 12-3　小度智能音箱的典型工作流程

　　以查询天气为例，当我们对小度音箱说："小度小度。"音箱会回答"在呢"。此时小度音箱处于唤醒状态，唤醒词的识别和响应在音箱本地完成。当我们继续说："今天的天气怎么样？"小度音箱会将语音数据流传输到云端的 DuerOS 进行语音识别，然后将识别后的文本进行自然语言理解，简单来说，就是将自然语言转换为计算机可以处理的事件和消息体。

　　由于"天气服务"已在 DuerOS 注册了可以处理的事件和消息体格式，因此 DuerOS 会将"今天的天气怎么样"这一语句转换的事件和消息体分发给"天气服务"。接收到事件和消息体后，"天气服务"进行本地处理（通常是检索），然后将响应内容以结构化数据返回到 DuerOS，如"天气晴，最高气温⋯⋯"。DuerOS 处理结构化数据，通过 TTS 合成语音，返回给音箱设备，于是智能音箱就可以播报天气信息了。

　　对于有屏幕的智能音箱，"天气服务"还会返回关于天气的可视化信息给 DuerOS。DuerOS 需要按照协议约定进行处理，然后返回给音箱设备的屏幕上展示。

　　因此，整个业务的数据链路较长，对系统的性能是一个很大的挑战。

12.2 小度音箱的性能分析

小度音箱作为智能硬件产品，其性能包括硬件性能和软件性能两个方面。硬件性能考虑资源效率（如 CPU、IO 和内存的利用率），以及能源效率（如系统功耗），还包括可用性（如散热能力、使用寿命、跌落恢复能力等）。软件性能则涉及并发容量和响应速度等。然而，从用户体验的角度看，响应时间是衡量系统性能的核心指标。

12.2.1 核心的性能指标

系统响应时间通常指系统对用户输入或请求的反应时间。在计算系统响应时间时，需要考虑用户数量。随着用户数量的增加，系统的响应时间不能明显增长，否则将难以保证所有用户都能接受响应时间。

为了真正提高用户体验，小度音箱的性能目标是优化端到端的系统响应时间。智能音箱的响应时间是指从用户说话结束到音箱开始发声的时间。例如，当我们对智能音箱说"我想听周杰伦的歌。"音箱回答"周杰伦的《七里香》。"然后播放音乐。从"歌"字开始到智能音箱说的第一个字"周"停止的这段时间，被定义为智能音箱的系统响应时间。

根据 DuerOS 和百度用户体验中心的调查结果，所谓的最佳体验大约是这样的：1.25s 以内给人的感觉为"非常好"；1.8s 以内为"还好"；小于 2.5s 为"勉强接受"；2.5 ～ 3s 只能是"艰难接受"，此时用户会明显感觉到慢，体验下降；大于 3s 用户会"难以接受"。

人对 100ms 的响应时间是有感知的，因此，智能音箱的性能优化是毫秒级的挑战。

12.2.2 核心指标的度量

如何实现智能音箱响应速度的提高，这是性能优化的核心目标。

首先，度量是基础，否则我们无法明确优化的重点。由于智能音箱可以视为一个基于网络的分布式系统，因此响应时间的度量基于日志系统进行。日志文件分散在系统的各个节点上，我们需要一个唯一的标识来确定一个完整的交互流程。这个唯一标识不是预先分配的，而是由设备端生成的，通常是设备的序列号，或者是其他设备 / 用户标识的某种组合。同时，时间戳是关键信息，响应速度的测量就基于时间戳的算术运算。

简单来说，我们可以采用 ELK 技术栈作为统一的日志系统。ELK 是 Elasticsearch（ES）、Logstash、Kibana 这 3 个开源软件的组合，是社区非常流行的用于收集和分析日志的架构。在实时数据检索和分析场景中，三者通常配合使用，并都归属于 Elastic.co 公司。ELK 的架构示意图如图 12-4 所示。

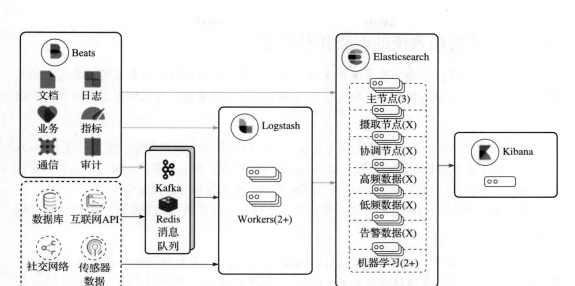

图 12-4　ELK 架构示意图

ELK 的核心组件如下。

- Beats：这是一个轻量级的数据采集组件。
- Logstash：这是一个 ETL 组件，用于抽取数据并将其写入 Elasticsearch。
- Elasticsearch：这是一个分布式搜索引擎。
- Kibana：这是一个用于查询 Elasticsearch 并进行数据可视化的工具，也可以开发自己的可视化组件。

基于 ELK 的日志处理步骤相对简单，主要包括以下几步。

1）通过 Beats 对系统中的日志进行集中管理。
2）使用 Logstash 将日志格式化并输出到 Elasticsearch 集群。
3）对格式化后的数据进行索引和存储（Elasticsearch）。
4）在前端显示数据（Kibana）。
5）实现在线界面化展示。

关于基于 ELK 的系统部署，这里不做详述，大家可以参考官网的相关文档。

有了日志分析系统，我们就可以通过采用其他的 APM 系统，清晰地了解智能音箱系统端到端的时延分布。在 2017 年末，小度音箱的系统平均响应时间大约是 2.3s，与苹果的 SiRi 基本持平。需要从网络、架构、代码逻辑以及缓存等多方面进行优化，这是我们面向时间的奋斗。

12.3　小度音箱系统的网络拓扑优化

小度音箱系统的网络拓扑是基础架构的重要组成，因此网络优化是系统性能优化的关键。即使在没有度量的情况下，也可以进行网络优化，度量指标为优化提供了具体的收益目标。

在系统架构方面，应尽可能让服务系统的物理位置靠近。如果可能，则最好让 DuerOS 的所有核心子系统都位于同一网段；如果不能在同一网段，则最好在同一机房；如果不能在同一机房，那么也应在同一可用区。由于资源限制，关联服务可能无法位于同一可用区，这时需要考虑在不同可用区或机房之间使用专线连接，以提高内外的带宽，这些都是常规的操作。

异地部署多机房，可以让用户就近访问服务，这也是优化网络结构的必要措施。其中，实现用户就近访问的主要技术是 Smart DNS。Smart DNS 是一个运行在接入网络的 DNS 服务器，它接收客户端的 DNS 查询请求，从多个上游 DNS 服务器获取查询结果，然后将访问速度最快的结果返回给客户端，以此提升整体网络访问速度。

小度音箱使用了百度自己的 DNS——BNS，其具有以下功能。

- 支持配置多个上游 DNS 服务器，并同时进行查询。即使其中的 DNS 服务器出现异常，也不会影响查询。
- 支持多种查询协议，包括 UDP、TCP、TLS、HTTPS 及非 53 端口查询。
- 支持高性能的域名后缀匹配，这可以简化过滤配置。过滤 20 万条记录的时间小于 1ms，支持不同业务类型的域名映射到不同的 DNS 服务器进行查询。
- 支持 IPv4 和 IPv6 双栈的 IP 速度优化，并支持完全禁用 IPv6 的 AAAA 解析。同时，它占用的资源较少，采用了多线程异步 I/O 模式，可以缓存查询结果。

对于带有屏幕的智能音箱，将静态资源分类并使用 CDN 加速，可以从网络层面提升系统响应速度。

虽然网络优化是全局的，并且对系统中的所有网络通信都有效，但一般情况下，每个请求的优化可能只有 30 ～ 50ms。然而，这对整体性能的提升有显著作用。

12.4　小度音箱系统的应用协议优化

对于协议架构的性能优化，有一个常识：因为用户所在的网络环境各不相同，适当减少通信协议的交互次数，可以节省多个往返时间（RTT）。

由于技术原因，许多智能音箱都侧重于设备端的技术集成。为了完成一次用户的响应，智能音箱需要与不同的技术提供方多次交互，如图 12-5 所示。

智能音箱首先访问某一厂家的 ASR 服务，得到语音识别后的文本。然后智能音箱再访问另一厂商的自然语言理解服务，得到与文本对应的结构化数据。再将结构化数据传输给最终的业务提供方，得到业务结果。最后根据业务结果调用语音合成服务，形成语音的输出。这是智能音箱的常规操作，初期的小度音箱也是这样的。

使用有线网络或内网进行通信，其性能通常优于公网，直接融合多种人工智能技术是协议优化的前提。由于小度智能音箱全部采用自有的技术，因此多种人工智能服务间的直接调用可以减少设备端与后台服务之间的 RTT，从而提升系统的响应速度。智能音箱与 DuerOS 的一次交互如图 12-6 所示。

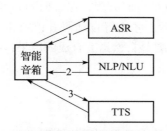

图 12-5　智能音箱与不同技术提供方的多次交互　　　图 12-6　智能音箱与 DuerOS 的一次交互

如前所述，小度智能音箱将语音数据流传输给 DuerOS 云端的 ASR 服务。ASR 服务将结果直接送给 NLU 服务，而 NLU 服务则把结构化数据传递给业务系统。业务系统把最终结果返回给 DuerOS，而 DuerOS 云端系统则调用 TTS 服务将最终的语音数据返回到音箱上。这样，端上的网络交互只有一个 RTT，各种 AI 服务间的调用在 DuerOS 的内部网络中完成，极大地提高了通信性能。

此外，通信协议和系统架构层面的优化是一种全局优化，意味着智能音箱整体性能的提升。

12.5　小度音箱系统的业务逻辑优化

要实现智能音箱端到端系统的进一步优化，我们需要理解整个业务流程，并明确需要优化的业务层内容。

性能优化策略可判断业务系统中的哪些处理过程是串行的，是否可以并行处理以缩短总体响应时间。另外，我们也可以通过资源复用来提高资源利用率。

12.5.1　智能音箱业务中的延时分布

根据日志信息的处理和分析结果，可以得到图 12-7 所示的延时分布示意图。

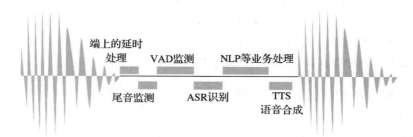

图 12-7　小度智能音箱中一次典型交互的延时分布示意图

其中，端上的延时处理是指智能音箱自身软硬件的延时处理，尾音监测和 VAD 监测是音箱判断用户是否结束说话的依据。这些都完成之后，才进行自动语音识别和自然语言处理，以及具体的业务逻辑处理。最后，返回的结果主要是自然语言合成的结果，在无屏音箱中主要是 TTS 语音合成。

12.5.2　预测预取

在 VAD 监测过程中，就可以开始以数据流分段的方式将数据传输到 DuerOS 云端（示意图如图 12-8 所示）进行语音识别、NLP、业务逻辑处理等操作。那么，这些操作是否有可能并行处理呢？

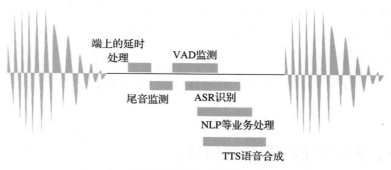

图 12-8　使用预测预取后的时延分布示意图

既然语音数据是分段实时传输的，那么自动语音识别（ASR）可以对其进行流式处理，然后将处理后的数据流式传输给 DuerOS 的自然语言理解（NLU）服务。DuerOS 的 NLU 服务将这一数据片段的结构化数据传递给后续的业务系统，并得到这一数据片段的业务结果。因此，对一个用户的语音请求会产生多个预处理的结果，更准确地说，会产生多个预测结果。

在确认用户的提问完成后，DuerOS 会对多个预处理的结果进行筛选确认。由于预测结果大概率上与最终的业务结果相同，因此相当于提前生成了最终结果，从而节省了整个端到端的处理时间。举个简单的例子，当我们在使用百度搜索时，会在输入过程中提示一些候选结果，智能音箱的场景中也采用了类似的技术。

既然自然语言处理可以采用并行方式进行预处理，那么自然语言的生成为什么不能采用这种方式呢？

以小度无屏音箱为例，根据自然语言处理（NLP）的预测流，可以对其进行文本到语音（TTS）的预合成，然后根据 NLP 的确认结果选择预合成的 TTS 流进行输出，这同样会提升整个系统的性能。

12.5.3　连接池的应用

具体的业务逻辑主要是技能服务应用，这与 Web 服务类似，主要关注的是代码逻辑的优化，特别是处理连接池。

例如，有一个针对运动员相关智能处理的体育信息技能服务，典型的问题如"C 罗比梅西在本赛季多进了几个球"。这个服务也是一个 Web 服务，接收来自 DuerOS 的结构化数据。其中的逻辑推理是基于知识图谱实现的。

知识图谱本质上是一个语义网络的知识库，从实际应用角度，可以简单地理解为多关系图。在知识图谱中，通常使用"实体"来表示图中的节点，使用"关系"来表示图中的"边"。实体是指现实世界中的事物，关系则用来表达不同实体之间的某种联系，实体和关系都有各自的属性。知识图谱的构建是后续应用的基础，构建的前提是需要从不同的数据源中提取数据。数据提取的难点在于处理非结构化数据，这会涉及自然语言处理（NLP）中的相关技术，如实体命名识别、关系提取、实体统一、指代消解等。

通常，知识图谱是建立在图形数据库基础之上的。图形数据库擅长高效处理大量、复杂、互联、多变的数据，其计算效率远超传统的关系型数据库。在图中，每个节点都代表一个对象，节点之间的连线代表对象间的关系。节点可以带有标签，而节点和关系都可以带有若干属性。关系使得节点能以任意的结构被组织，允许一张图被组织为一个列表、一棵树、一张地图或者一个由复杂、高度关联的结构组成的实体。

体育信息这一网络服务通过访问基于图数据库的知识图谱得出"C 罗本赛季比梅西多进了几个球"的推理数据。为了提高网络服务与图数据库之间的通信性能，我们采用了数据库连接池。

无论是自有服务还是合作伙伴 / 第三方开发者的技能服务，都可以通过 DuerOS 的开放平台完成。对于第三方技能服务，为了减少网络异构带来的延时，可以考虑将服务部署在百度云上，因为百度云和 DuerOS 之间有专线连接，也可以直接使用百度的 CFC 服务来开发技能。

12.6　小度音箱系统的缓存应用

性能调优离不开缓存。无论何处，包括智能音箱的端上，缓存都至关重要。

在这些端上，用户的语音输入需要使用缓冲区。通常，最小的语音处理单位为 8ms，调整缓冲区可以提升性能。声音播放也存在硬时延，即智能音箱接收数据流、解码并播放声音所需的时间。这个硬时延涉及从数字域到模拟域的转换，因此难以直接测量。我们采用一种间接测量方法：周期性播放固定声音，测量其周期性偏差。许多语音或音频在内容开始时会有一些静音，选择性地跳过这些静音可以获得几十毫秒的收益。

对于智能音箱这类产品，总有一些使用量大的头部请求，如"今天天气怎么样"。对于这些频繁使用的用户请求，可以在 NLU 侧提高权重预判，在 TTS 侧事先进行缓存，这都有助于提升端到端的整体性能。

对于最终的业务子系统，其与一般的 Web 系统类似，分布式缓存和消息队列的应用也是提升性能的重要工具。

12.7　本章小结

本章从性能指标的定义和度量入手，详细介绍了从网络优化的基础设施到系统架构层面的通信协议和通信方式的优化。在业务逻辑层面，我们讨论了自然语言处理中预测预取的特点以及 TTS 预处理的性能影响。在具体业务实现时，我们再次强调了连接池的应用。缓存技术在智能音箱系统的性能优化中也起着重要的作用。

那么，小度系列音箱的响应时间是多少呢？官网上已有详细的介绍，如果读者对数字持怀疑态度，则可以直接体验小度音箱。如果用竞品的智能音箱做对比实验，则将有更直观的感受。

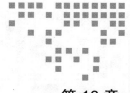

第 13 章 *Chapter 13*

网上商城的性能优化

电商发展至今，衍生出各种分支，如平台电商、自营电商、B2B 电商、B2C 电商、生鲜电商、社交电商、兴趣电商等。电商系统在日常生活中的角色越发重要，这主要体现在以下几个方面。

- 提供便捷的购物方式：互联网的普及和网络技术的发展让电商系统能让人们随时随地在线购物，无须出门，避免发生拥堵。这为购物提供了极大的便利。
- 拓宽消费渠道：传统实体店销售受时间和地点限制，电商系统可以打破这种限制，拓宽消费渠道，让更多消费者方便购买所需商品。同时，电商平台可以跨地域销售商品，覆盖全国甚至全球。
- 提供多样化商品选择：电商系统汇集全国各地的商家和供应商，提供更多样化和丰富的商品选择，满足不同人群的需求。
- 降低购物成本：电商系统通过规模经济效应和物流技术等降低成本，使商品价格更具竞争力，为消费者带来实惠。
- 促进商业创新和数字化转型：电商系统的发展推动了商业模式的创新和数字化转型，为企业提供更多的商机和发展空间，同时也为消费者带来便捷和高效的服务体验。

13.1 网上商城的架构与业务流程

图 13-1 所示为电商系统的一般架构，电商系统的架构设计需要考虑可扩展性、可维护性、可靠性和安全性等因素。建议采用分布式架构，将系统划分为多个服务，并通过服务调

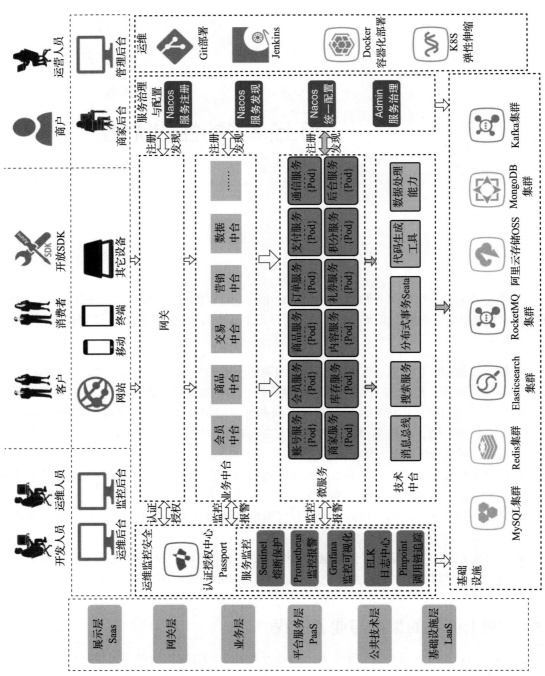

图 13-1 电商系统的一般架构

用来实现业务功能。另外，还可以采用微服务架构，将服务进一步拆分为更小的单元，以提高系统的灵活性和可维护性。

一般而言，进行电商系统的架构设计时可选用如下技术。

- **分布式架构**：由于电商系统常需处理大量并发请求，因此采用分布式架构能有效提升系统的稳定性和可扩展性。例如，微服务架构将系统按业务划分为多个小型服务，每个服务在独立的容器或虚拟机上运行，从而实现分布式部署、隔离和扩展。
- **高可用架构**：电商系统的稳定性至关重要，因此需采用高可用架构以确保系统的可用性。例如，通过数据复制、负载均衡、故障转移等技术来实现系统的高可用性，确保系统在出现故障时能快速恢复。
- **缓存架构**：电商系统的性能与用户体验密切相关，因此需采用缓存技术以加快系统的响应速度。例如，使用分布式缓存技术缓存常用的数据，减轻数据库的压力，提高系统的并发能力和响应速度。
- **数据库架构**：电商系统需处理大量的数据，因此需采用合适的数据库架构以保证数据的存储和查询效率。例如，采用分库分表技术分散数据的存储和查询压力，使用读写分离技术提高查询效率，用数据同步技术保证数据的一致性。
- **安全架构**：电商系统的安全性极为重要，因此需采用安全架构以保障用户的信息和交易安全。例如，采用数据加密技术保护用户的隐私，使用防火墙和 IDS/IPS 技术防止网络攻击，使用反欺诈技术防止欺诈交易。
- **监控架构**：为了及时发现系统故障和瓶颈，需采用监控架构对系统进行监控和诊断。例如，采用日志分析技术、性能监测技术和异常监控技术来监控系统的运行状态和性能指标，及时发现和解决问题。

总的来说，电商系统的架构设计需要考虑多个方面，包括系统的稳定性、可扩展性、性能、可维护性和安全性。这可以通过采取分布式架构、高可用架构、缓存架构、数据库架构、安全架构和监控架构等多种技术来实现。这些技术能够帮助电商系统实现以下目标。

- 提升系统的性能和可用性，确保用户的购物体验和交易安全。
- 增强系统的稳定性和可扩展性，支持系统的快速发展和扩展。
- 减少系统的维护成本和风险，提升系统的可维护性和可靠性。
- 加强系统的安全性，保护用户的隐私和交易安全，防止网络攻击和欺诈行为。

电商系统的架构设计应根据业务需求和实际情况进行选择和调整，需要全面考虑各种因素，并结合具体的应用场景和业务特点，以实现系统的最佳性能和最优体验。

13.1.1　核心模块

电商系统主要包括以下核心模块。

- **商品管理模块**：管理商品信息，包括名称、描述、价格、库存、分类、图片等。商家可通过此模块添加、修改、删除商品，还可以进行商品上架、下架等操作。
- **订单管理模块**：管理订单信息，包括订单编号、商品信息、价格、付款状态、发货状态等。商家可通过此模块查看、处理订单，还可以进行退款、退货、换货等操作。
- **购物车模块**：管理用户在购物过程中暂存的商品信息。用户可在购物车中添加、删除、修改商品，还可以进行结算操作。
- **支付模块**：处理用户支付请求，包括验证用户支付信息、选择支付通道、更新支付状态等。
- **用户管理模块**：管理用户信息，包括账号、密码、个人信息、收货地址等。用户可通过此模块注册、登录、修改个人信息、查看订单等。
- **搜索推荐模块**：负责商城中的商品搜索，以及各种列表页、促销页的组织和展示，即决定用户优先看到哪些商品。
- **库存管理模块**：维护商品库存数量和库存信息。
- **促销模块**：制定促销规则，计算促销优惠，以及进行秒杀活动。

需要特别指出的是，促销模块是电商系统中最复杂的一个模块。各种优惠券、满减、返现等促销规则非常复杂。当这些规则叠加时，甚至制定规则的人都可能无法完全理解。我们需要将促销的变化和复杂性封装在促销模块内部，不能让它使得整个电商系统变得过于复杂，否则设计和实现将变得困难。在创建订单时，订单模块将商品和价格信息传给促销模块，促销模块返回一个可用的促销列表，用户选择好促销和优惠后，订单模块将商品、价格、促销优惠等信息再次传给促销模块，促销模块则返回促销价格。

13.1.2　核心业务

电商系统的主要流程是购物流程。以自营电商为例，购物流程为用户浏览商品→加入购物车→下单→支付→平台发货→收货。这是几乎所有电商的标准流程。流程从用户浏览商品开始，当用户在 App 中找到心仪的商品后，会将其添加到购物车。选购完成后，用户可以打开购物车，下单。订单结算后进行支付。支付成功后，运营人员将为已支付的订单发货。在邮寄商品给用户并确认收货后，一个完整的购物流程便完成了。具体的流程如图 13-2 所示。

用户可以通过电商系统的首页、分类页和搜索页等页面浏览和筛选商品，同时了解商品的价格、属性和评价等信息。

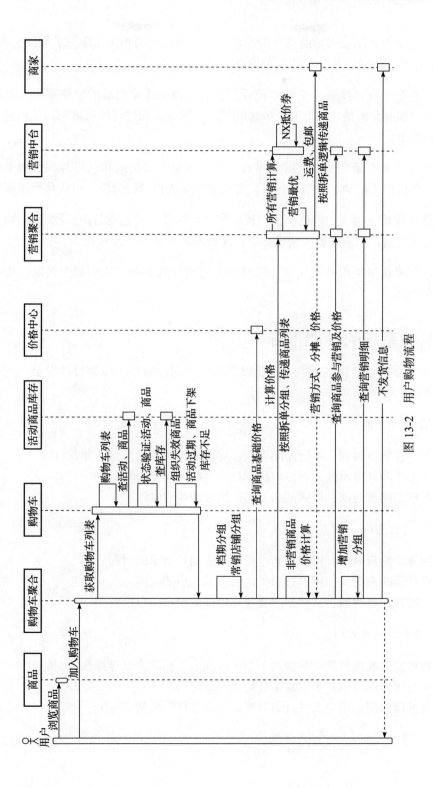

图 13-2　用户购物流程

购物车是用户添加感兴趣的商品的模块。用户可以在购物车里添加、删除、修改商品，也可以查看商品的价格、库存和优惠等信息。

价格中心是电商系统的一个重要模块，负责管理和优化商品的价格策略。商家可以通过价格中心根据商品的销售情况和竞争情况等因素来定价和进行优惠活动，从而提高商品的销售额和利润率。

营销中台是电商系统的营销管理平台，它能帮助商家制定和执行各种营销策略，如优惠券、满减和折扣等活动。营销中台可以对活动效果进行数据分析，以优化营销策略。

商家是电商系统的重要角色，他们提供商品和服务，并处理订单、物流和售后等事务。商家需要先在电商系统中注册并获得认证，才能发布商品并接收订单。

上述这些模块都是电商系统核心流程中不可或缺的部分，它们相互关联，构成了一个完整的电商系统。

13.2　商城系统的性能指标

商城系统的核心模块包括但不限于以下几个方面，每个方面都可以设定一些性能指标来评估系统的性能和效率。

1）商品管理方面。

- **商品信息加载时间**：衡量商品列表、详情页面等商品信息的加载时间。
- **图片上传和处理时间**：上传商品图片并进行处理的时间。
- **商品搜索响应时间**：搜索商品并返回结果的响应时间。

2）用户管理方面。

- **用户注册响应时间**：用户注册过程中响应用户请求的时间。
- **用户登录响应时间**：用户登录操作后系统响应的时间。
- **用户数据读取时间**：从数据库或缓存中读取用户信息的时间。

3）购物车和下单方面。

- **购物车操作响应时间**：在购物车中进行加入、删除商品等操作的响应时间。
- **下单处理时间**：用户下单后系统处理订单的时间。
- **支付处理时间**：用户支付订单后系统处理支付的时间。

4）订单管理方面。

- **订单列表加载时间**：加载用户的订单列表的时间。
- **订单状态更新时间**：更新订单状态的时间。

5）数据库操作方面。

- **数据库查询响应时间**：执行数据库查询操作并返回结果的时间。
- **数据库写入响应时间**：执行数据库写入操作并返回结果的时间。

6）并发处理方面。

- **同时在线用户数**：系统能够同时处理的在线用户数量。
- **系统负载**：系统在高并发情况下的负载情况。

以上只是核心模块的性能指标，具体的指标设定应根据商城系统的需求、用户规模和业务场景来确定。建议在开发和发布系统之前，制定一套合理的性能指标，并使用性能监测工具进行实时监测和评估，以确保系统的高性能和高效运行。

13.3　网上商城核心模块的性能优化

13.3.1　商品管理

商品管理的功能模块如图 13-3 所示。

1. 功能介绍

1）商品信息管理模块的主要功能如下。

- **商品基本信息**：包括商品名称、描述、SKU（库存单位）信息、价格、图片等。
- **商品分类**：建立商品分类体系，使得商品可以按照一定的规则进行分类和归类。
- **商品属性**：支持商品属性的定义和管理，如颜色、尺寸、品牌等。
- **商品库存管理**：跟踪商品的库存数量，包括库存的增加、减少和预警功能。

图 13-3　商品管理的功能模块

- **商品状态管理**：管理商品的上架、下架、售罄等状态。

2）商品发布与编辑模块的主要功能如下。

- **商品发布**：提供界面供管理员或商家发布新商品，包括填写商品信息、上传商品图片等。
- **商品编辑**：允许对已发布的商品进行编辑，如修改商品描述、价格调整等。
- **批量导入**：支持批量导入商品数据，方便快速上架大批量商品。

3）价格与促销管理模块的主要功能如下。

- **价格设定**：允许设置商品的基本价格和特殊价格（如会员价、折扣价等）。
- **促销活动**：支持定义和管理促销活动，如打折、满减、优惠券等，以吸引用户，激励购买行为。

4）商品搜索与推荐模块的主要功能如下。

- **搜索功能**：提供商品搜索功能，支持关键词搜索、筛选条件、排序等。
- **推荐系统**：基于用户行为和偏好，实现个性化的商品推荐，提高用户购买转化率。

5）库存管理与供应链模块的主要功能如下。

- **库存预警**：根据库存量和销售情况，提供库存预警功能，及时补充缺货商品。
- **供应链管理**：与供应商、仓库进行对接，实时掌握库存情况和供应链信息。

6）商品评论与评价模块的主要功能如下。

- **评价管理**：允许用户对购买的商品进行评价和评论，包括评分、文字评价等。
- **评价展示**：在商品详情页显示用户的评价和评论，帮助其他用户做出购买决策。

2. 商品管理系统性能分析及优化

商品管理是电商平台的核心业务之一，商品管理系统的性能对用户体验和平台运营极为重要。下面是商品管理系统性能分析和优化的一些关键点。

（1）图片处理和存储

商品管理系统需要处理和存储大量的商品图片。若图片处理和存储方案未优化，则可能会导致图片上传、加载和展示的性能下降，从而影响用户体验。下面是优化方法。

- **图片压缩和格式优化**：对上传的图片进行压缩和格式优化，以减小图片文件的大小。

- **使用 CDN 加速**：利用内容分发网络（CDN）将商品图片分发到全球各地的节点，以加速图片的加载速度。
- **图片延时加载**：在页面加载时，仅加载可视区域内的图片，延时加载其他商品图片，以提高页面加载速度。

（2）搜索和过滤功能

商品管理系统通常需要强大的搜索和过滤功能，以便用户可以快速找到所需商品。如果搜索和过滤算法或搜索引擎的性能不足，则可能会导致搜索延时或结果准确性降低。下面是优化方法。

- **使用全文搜索引擎**：通过使用高性能的全文搜索引擎（如 Elasticsearch）来实现商品搜索和过滤，可以提高搜索效率和准确性。
- **建立适当的搜索索引**：根据用户的搜索需求和商品属性，建立合适的搜索索引，以提高搜索结果的质量和关联性。
- **异步处理搜索请求**：将搜索请求异步处理，可避免阻塞主线程，从而提高系统的并发处理能力。

（3）缓存和缓存更新

为了提高系统性能，商品管理系统通常使用缓存来存储热门商品信息或频繁访问的数据。如果缓存策略不合理，或者缓存更新机制不及时，则可能导致缓存数据出现一致性问题，或者使用过期数据，从而影响系统性能和准确性。下面是优化手段。

- **使用分布式缓存**：采用分布式缓存（如 Memcached 或 Redis Cluster）来存储热门商品数据，可提高读取性能。
- **缓存预加载和更新策略**：提前将常用的商品数据加载到缓存中，同时设计合适的缓存更新策略，以确保缓存数据的及时性和一致性。

（4）数据同步和一致性

在多个系统之间同步和维护商品数据，保证数据一致性是一个挑战。如果数据同步机制不稳定，或者在同步过程中出现错误，则可能会导致不同系统之间的数据不一致，从而影响商品管理系统的性能和准确性。下面是优化方法。

- **异步消息队列**：使用消息队列（如 Kafka 或 RabbitMQ）来实现不同系统之间的数据同步和通信，以保证数据的一致性。
- **事件驱动架构**：采用事件驱动的架构，通过事件发布和订阅机制，实现不同系统之间的数据同步和更新。

（5）大规模并发访问

在促销活动、出现特殊事件或访问高峰期时，商品管理系统可能要处理大量的并发访问。如果系统架构和服务器资源无法支持大规模的并发访问，则可能导致系统响应时间增加、请求阻塞或系统崩溃。下面是优化手段。

- **水平扩展**：通过增加服务器节点来提高系统的并发处理能力，使用负载均衡来分发请求，进而提升系统的可伸缩性。
- **前端缓存和 CDN 加速**：通过使用前端缓存和 CDN 技术来缓存静态资源，从而减小服务器的负载压力。

13.3.2 用户管理

用户管理的功能模块如图 13-4 所示。

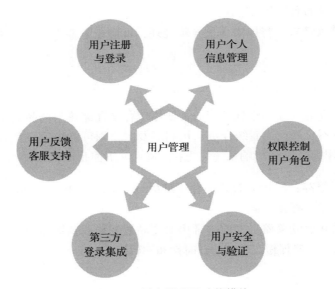

图 13-4　用户管理的功能模块

1. 功能介绍

1）用户注册与登录模块的主要功能如下。

- **用户注册**：提供用户注册功能，包括输入用户名、密码、邮箱等信息，并进行验证和账号创建。
- **用户登录**：允许已注册用户使用用户名和密码进行登录，验证身份并获取访问权限。

2）用户个人信息管理模块的主要功能如下。

- **用户信息展示**：在用户个人中心页面展示用户的个人信息，如用户名、头像、联系方式等。
- **个人信息编辑**：允许用户修改个人信息，如头像、昵称、联系方式等。

3）权限控制与用户角色模块的主要功能如下。

- **用户角色定义**：定义不同的用户角色，如普通用户、商家、管理员等，每个角色都具有不同的权限。
- **权限管理**：根据用户角色对不同的功能和操作进行权限控制，确保只有有权限的用户才可以进行相应的操作。

4）用户安全与验证模块的主要功能如下。

- **密码安全**：使用加密算法对用户密码进行存储和验证，确保用户密码的安全性。
- **邮箱验证**：在用户注册时，向用户邮箱发送验证邮件，验证用户身份并确保邮箱的有效性。
- **双因素认证**：提供双因素认证功能，增加账号的安全性，例如使用手机验证码或身份验证软件进行验证。

5）第三方登录集成模块的主要功能如下。

- **第三方登录**：集成常见的第三方登录平台（如微信、QQ、微博等），允许用户使用第三方账号登录。
- **授权管理**：管理用户授权的第三方登录账号，包括绑定、解绑和权限管理等。

6）用户反馈与客服支持模块的主要功能如下。

- **用户反馈**：提供用户反馈功能，允许用户提交问题、建议或投诉，并进行及时处理和回复。
- **在线客服**：提供在线客服功能，允许用户与客服人员进行实时沟通和问题解答。

2. 用户管理系统性能分析及优化

用户管理是电商平台的核心业务之一，用户管理系统的性能对用户体验和平台运营至关重要。下面是关于用户管理系统性能分析和优化的一些关键点。

（1）用户数据查询性能

用户管理系统需要频繁地进行用户数据查询操作，如用户登录验证、用户信息展示等。

如果数据库查询性能不高，或者数据库表设计不合理，则可能导致用户数据查询的响应时间延长，从而影响系统性能。优化方法如下。

- **数据库索引优化**：在用户表中经常用于查询的字段上添加索引，以提高查询效率。
- **数据库分库分表**：根据一定规则将用户数据拆分到多个数据库或表中，以减轻单个数据库的负载压力。
- **数据库缓存**：使用缓存技术（如 Redis）来缓存常用的用户数据，以减少数据库的访问压力。

（2）并发用户登录处理

在高并发场景下，大量用户同时进行登录操作可能导致用户管理系统出现性能瓶颈。系统需要能够快速验证用户身份，并返回登录结果。如果验证逻辑复杂或登录请求过多，则可能导致登录过程变慢或系统崩溃。下面是一些优化措施。

- **使用分布式缓存**：将登录状态和用户会话信息存储在分布式缓存中，这样可以减小数据库的负载压力，提高登录处理的并发能力。
- **异步处理登录请求**：将登录请求异步处理，如使用消息队列等，以减少阻塞和串行处理压力，从而提高系统的并发处理能力。

（3）用户状态同步和更新

用户管理系统需要处理用户状态的同步和更新，如用户注销、用户信息修改等操作。如果用户状态同步机制不稳定或者在同步过程中出错，则可能导致用户状态不一致或者系统性能下降。优化方法如下。

- **引入分布式事务处理机制**：通过使用分布式事务处理机制，确保用户状态的同步和更新操作的一致性。
- **异步消息队列**：利用消息队列（如 Kafka 或 RabbitMQ）实现用户状态的异步更新和同步，从而提高系统的性能和可靠性。

（4）用户权限管理

用户管理通常包括用户权限管理，如用户角色和权限分配等。如果权限管理逻辑复杂或者权限查询效率低下，则可能会导致权限验证过程耗时较长，从而影响系统性能。可以通过以下方式来优化。

- **缓存用户权限信息**：将用户权限信息缓存在内存或分布式缓存中，以减少查询数据库的次数。

- **使用访问控制列表（ACL）模型**：通过使用 ACL 模型来管理用户权限，可以简化和加速权限验证流程。

（5）用户数据安全性和隐私保护

用户管理系统涉及处理和存储用户隐私数据，所以需确保数据的安全性和隐私性。如果数据存储加密机制不完善或安全措施不到位，则可能导致数据泄露或被篡改。优化措施如下。

- **数据加密**：对用户敏感数据进行加密存储，以保证数据安全。
- **合规处理用户隐私数据**：遵守相关法律法规，采用合规方式处理和保护用户隐私数据。
- **实时监控和统计**：使用监控工具和指标，实时监测用户管理系统的性能，及时发现性能瓶颈和异常。
- **定期性能优化**：定期进行性能测试和优化，进行系统的容量规划和性能调优，确保系统的稳定性和可扩展性。

13.3.3　购物车管理

购物车管理的功能模块如图 13-5 所示。

图 13-5　购物车管理的功能模块

1. 功能介绍

1）添加商品到购物车模块的主要功能如下。

- **商品选择**：在商品详情页面或列表页面，用户可以选择要购买的商品，并选择相应的属性（如尺码、颜色等）。
- **添加到购物车**：用户单击"加入购物车"按钮，将选中的商品添加到购物车中。

2）购物车展示与编辑模块的主要功能如下。

- **购物车列表**：在用户界面中展示购物车中的商品列表，包括商品图片、名称、价格、数量、小计等信息。
- **购物车编辑**：允许用户修改购物车中的商品数量、属性等，并提供删除选中商品的功能。

3）购物车结算模块的主要功能如下。

- **商品勾选**：用户可以勾选购物车中要结算的商品，准备进行结算操作。
- **结算功能**：提供结算功能，包括选择收货地址、配送方式、支付方式等，生成订单并进行后续操作。

4）购物车状态管理模块的主要功能如下。

- **商品库存检查**：在用户进行添加商品到购物车、修改商品数量等操作时，检查商品库存，避免出现超售情况。
- **购物车状态提示**：根据商品库存、促销活动等情况，给出购物车状态提示，如库存不足、促销优惠等。

5）购物车数据同步模块的主要功能如下。

- **跨设备同步**：支持用户在不同的设备上访问购物车时数据的同步，例如在手机和计算机之间同步购物车内容。
- **登录用户同步**：对于登录用户，购物车数据应与其账号关联，确保用户在不同会话中访问时能够获取到之前的购物车内容。

6）优惠活动与促销模块的主要功能如下。

- **购物车优惠**：支持在购物车中应用促销活动和优惠券，计算并显示折扣金额或优惠后的价格。
- **促销提醒**：在购物车页面提醒用户参与促销活动，如满减、赠品等，吸引用户继续购买。

2. 购物车管理系统性能分析及优化

购物车管理是电商平台的核心业务之一，购物车管理系统的性能对用户体验和平台运营非常重要。下面是一些关于购物车管理系统性能分析和优化的关键点。

（1）并发请求处理

购物车系统可能会在促销活动或访问高峰时段面临大量并发请求。处理众多的并行请求可能引起系统性能瓶颈，影响购物车功能的响应速度和稳定性。为了优化，我们可以采取以下措施。

- **数据库索引优化**：给购物车数据表添加适当的索引，以提高查询性能。
- **数据库分库分表**：对购物车数据进行分库分表，降低单个数据库的负载压力，提高并发访问能力。
- **数据库缓存**：利用缓存技术（如 Redis）来缓存购物车数据，降低对数据库的访问频率。

（2）购物车数据查询和更新

购物车管理系统需要频繁地进行购物车数据的查询和更新操作，包括添加商品、删除商品、修改商品数量等。如果购物车数据量大，或者查询更新逻辑复杂，则可能导致数据库查询和更新性能下降。下面是优化方法。

- **异步处理购物车操作**：将购物车操作请求异步化，利用消息队列处理购物车的更新操作，从而提高系统的并发处理能力。
- **异步方式来同步购物车数据**：采用异步消息队列将购物车数据的变更事件发送到其他设备或系统，实现购物车数据的同步更新。

（3）购物车数据存储和管理

购物车数据的存储和管理可能成为性能瓶颈。如果购物车数据量大或数据结构设计不合理，则可能导致数据库性能下降或购物车数据访问效率低。下面是一些优化方法。

- **使用分布式缓存**：利用分布式缓存技术（如 Redis Cluster）来缓存购物车数据，提高读取性能和并发处理能力。
- **设计合理的缓存更新策略**：根据业务需求和数据变化频率，制定缓存更新策略，确保缓存数据的一致性和及时性。

（4）购物车并发冲突

购物车数据与用户息息相关，多用户同时操作购物车可能会引发并发冲突，如购物车商品数量超出商品库存、超出商品限购数量等，此时需要通过合理的处理机制来避免出现数据不一致或用户体验问题。优化措施如下。

- **使用乐观锁或悲观锁**：通过乐观锁或悲观锁机制解决并发冲突，保证购物车操作的数据一致性和并发安全性。
- **库存预占和限购控制**：在商品加入购物车时进行库存预占和限购数量控制，防止出现超卖和超限问题。

（5）购物车数据同步和跨设备支持

如果购物车数据需要在不同设备之间共享，如用户在不同设备上查看和修改购物车内容，则可能需要考虑性能问题，以确保数据的一致性和实时更新。下面是一些优化方法。

- **使用分布式存储技术**：使用分布式存储系统（如分布式文件系统或对象存储）来存储购物车数据，以提高数据访问性能和可扩展性。
- **异步数据同步**：使用消息队列或事件驱动机制，将购物车数据的变更事件异步同步到其他设备或系统，实现购物车数据的跨设备同步。

13.3.4　订单管理

订单管理的功能模块如图 13-6 所示。

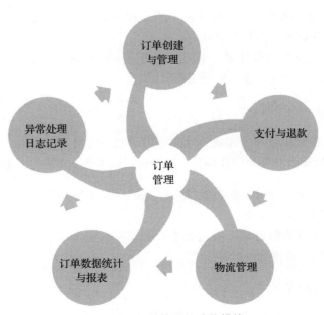

图 13-6　订单管理的功能模块

1. 功能介绍

1）订单创建与管理模块的主要功能如下。

- **用户下单**：用户选择商品后，将商品添加至购物车，确认订单后生成订单号，创建订单记录并保存至数据库。
- **订单状态管理**：订单状态包括待支付、待发货、已发货、已完成、已取消等，根据订单处理流程更新订单状态。
- **订单查询与筛选**：根据用户 ID、订单状态、下单时间等条件进行订单的查询与筛选。
- **订单取消与修改**：允许用户取消订单或者修改订单中的商品数量等信息，同时更新订单状态和相关数据。

2）支付与退款模块的主要功能如下。

- **支付接口集成**：与第三方支付平台进行接口集成，提供支付功能，支持各种支付方式（如支付宝、微信支付等）。
- **支付状态管理**：记录支付状态，处理支付回调通知，更新订单支付状态和支付金额。
- **退款处理**：处理用户退款请求，生成退款记录，更新订单状态和退款金额。

3）物流管理模块的主要功能如下。

- **物流接口集成**：与物流公司接口集成，获取物流信息并更新至数据库。
- **物流跟踪**：根据订单的物流信息，提供物流跟踪功能，允许用户实时查询物流状态。
- **发货与收货管理**：记录发货时间、发货操作人员，记录收货时间和收货人信息，更新订单状态。

4）订单数据统计与报表模块的主要功能是统计订单数量、销售额、退款金额等关键指标，提供报表功能，支持按时间、地区、商品等维度进行统计分析。

5）异常处理与日志记录模块的主要功能如下。

- **处理订单异常情况**：如支付超时、库存不足等，及时通知相关人员或进行自动处理。
- **记录订单管理系统的操作日志**：包括订单创建、修改、取消、支付、退款等操作，以便追踪和排查问题。

2. 订单管理系统性能分析及优化

订单管理是电商平台的核心业务之一，订单管理系统的性能对用户体验和平台运营非常重要。下面是订单管理系统性能分析和优化的一些关键点。

（1）订单查询和处理性能

当订单数据量巨大时，查询和处理这些数据可能会导致系统性能瓶颈。例如，对订单查询、订单状态更新、订单取消和退款处理等操作需要迅速响应，否则会影响用户体验。下面是一些优化方法。

- **数据库索引优化**：为与订单相关的数据库表添加适当的索引，以提高查询速度。
- **数据库缓存**：使用缓存技术（如 Redis）缓存常用的订单数据，以减少对数据库的访问压力。
- **数据库分库分表**：对订单数据进行分库分表，以减小单个数据库的负载压力，提高并发处理能力。

（2）支付和退款处理性能

当大量订单同时发生支付和退款操作时，支付和退款处理可能会成为性能瓶颈，如需要高效处理支付回调通知、退款请求以及金额更新等。下面是一些优化方法。

- **异步订单处理**：将订单处理操作异步化，利用消息队列进行订单状态更新、退款处理等耗时操作，从而提高并发处理能力。
- **异步支付和退款处理**：将支付和退款操作异步化，减少前端请求的等待时间，提高并发处理能力。

（3）物流跟踪和更新性能

订单管理系统对物流信息的跟踪和更新是一个重要的性能影响因素。随着订单数量和物流信息的增加，需要高效地执行物流跟踪和更新操作，以确保实时显示物流信息和及时更新订单状态。优化方法如下。

- **使用缓存系统**：将常用的订单数据缓存在内存中，以减少对数据库的访问，从而提高读取性能。
- **缓存数据更新策略**：制定合理的缓存更新策略，以确保缓存数据与数据库数据的一致性。

（4）数据库读写性能

订单管理系统的性能受数据库读写性能的影响。在存在大量并发订单操作或查询请求的情况下，数据库的读写负载可能成为性能瓶颈，从而影响订单处理的速度和并发能力。优化方法如下。

- **分布式订单处理**：采用分布式架构，将订单处理任务分散到多个服务器上，以提高系统的并发处理能力。

- **负载均衡**：使用负载均衡技术，将订单请求均匀地分发到多个订单管理服务器上，以提高系统的性能和可用性。

（5）并发冲突和数据一致性

订单管理系统涉及多用户同时操作订单的情况，这可能会引发并发冲突和数据一致性问题。例如，当多个用户同时支付同一订单或同时修改同一订单信息时，需要一个合理的并发处理机制来避免数据冲突并维护数据一致性。下面是一些优化策略。

- **缩小事务范围**：我们应尽量缩小事务的范围，减少锁的竞争和冲突，从而提高并发性能。
- **使用乐观锁或悲观锁**：可以采用乐观锁或悲观锁机制，以减少锁冲突并提高并发处理能力。

13.3.5　秒杀系统设计

商家为了提高销售额、清理库存、提升用户体验和品牌影响力，以及收集用户行为数据进行分析，会频繁地将商品秒杀作为电商运营策略。接下来，我们将详细讨论在设计秒杀系统时应注意的细节。

1. 高并发

秒杀是一种促销方式，在短时间内限量销售商品。通过设定限时和限量的规则，它可刺激用户的购买欲望，从而提高销售额和转化率。秒杀活动常能吸引大量用户参与，因为参与秒杀活动的商品数量有限，所以只有少数用户能抢到。在秒杀时间开始时，用户量会瞬间激增并到达访问峰值，而当显示"商品售罄"时，请求量则会急剧下降。因此，这个访问峰值的持续时间很短，这就会出现瞬时高并发的情况。图 13-7 直观地展示了秒杀场景的流量变化。

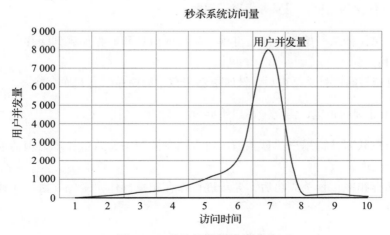

图 13-7　秒杀场景的流量变化

面对这种瞬时高并发的场景，传统系统很难应对，我们需要设计一套全新的系统。架构设计需要从以下几个角度进行考虑。

1）从分布式架构角度，需要考虑以下内容。

- **将系统拆分为多个模块**：如前端负载均衡、缓存层、队列层、秒杀服务层和数据库层。各个模块可以独立扩展和部署，以提高系统的并发处理能力和可靠性。
- **使用缓存**：如使用 Redis 缓存秒杀商品信息和库存，以缓解数据库压力并减少数据库的读取次数。
- **使用消息队列**：如将用户的秒杀请求发送到消息队列中，由后台异步处理，以降低请求的响应时间。

2）从并发控制角度，需要考虑以下问题。

- **使用分布式锁**：在秒杀开始时，使用分布式锁确保同一商品的秒杀请求不会同时被多个用户执行，以防止超卖和重复秒杀的问题。
- **限流控制**：通过为秒杀接口设置并发访问限制，限制同时处理的请求数量，避免系统过载。

3）从数据库设计角度，需要考虑以下问题。

- **数据库分库分表**：对于大规模的秒杀系统，可以对商品信息和秒杀订单等数据进行分库分表，以减轻单个数据库的负载压力。
- **使用高性能数据库**：选择适合高并发场景的数据库，如使用 MySQL 的分布式集群或 NoSQL 数据库，以提供高性能和可扩展性。

4）从缓存优化的角度，需要考虑以下问题。

- **缓存预热**：秒杀开始前，预先将秒杀商品的信息和库存加载到缓存中，以减少对数据库的访问。
- **缓存更新策略**：秒杀结束后，及时更新缓存中的商品信息和库存状态。

5）从异步处理的角度，需要考虑以下问题。

- **使用消息队列**：将用户的秒杀请求放入消息队列中，后台异步处理请求，避免阻塞和串行处理。
- **异步库存扣减**：秒杀成功后，异步进行库存扣减操作，避免频繁访问数据库和产生锁竞争。

6）从前端优化的角度，需要考虑以下问题。

- **CDN 加速**：使用 CDN 技术加速静态资源的分发，提高页面加载速度和用户体验。
- **页面静态化**：将秒杀商品列表和详情页等静态化，减少动态渲染的时间和服务器压力。

7）从监控和限流的角度，需要考虑以下问题。

- **实时监控系统状态**：监控系统的并发请求、吞吐量、响应时间等指标，及时发现异常情况并采取相应措施。
- **引入限流策略**：设置合理的限流规则，如对用户身份、请求频率等进行限制，保护系统的稳定性。

2. 页面静态化

一般来说，活动页面是用户流量的主要入口，也是并发量最大的地方。如图 13-8 所示，如果这些流量直接访问服务端，则服务端可能会因为无法承受如此大的压力而导致服务阻塞，使系统无法使用。

图 13-8　动态秒杀页面压力过大导致性能问题

活动页面的大部分内容，如商品名称、商品描述和图片等，都是固定的。为了减少不必要的服务器请求，我们通常会对活动页面进行静态化处理。用户在进行浏览商品等常规操作时，不会向服务器发送请求。如图 13-9 所示，只有在秒杀时间点，用户主动单击"秒杀"按钮时，才会允许访问服务端。

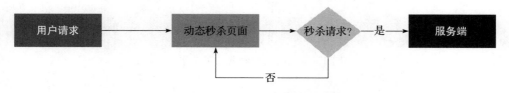

图 13-9　秒杀请求访问服务端

这种方式可以过滤掉大部分无效请求。但仅进行页面静态化是不够的，因为用户分布在全国各地，如北京、成都、深圳等，地域相差很远，网速也各不相同。要如何让用户最快地访问到活动页面呢？这就需要使用 CDN，如图 13-10 所示。

CDN 使用户就近获取所需内容，降低网络拥塞，提高用户访问响应速度和命中率。

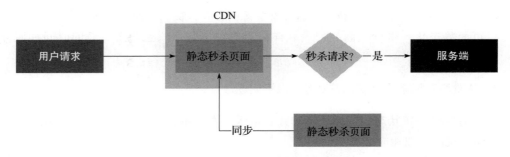

图 13-10　使用 CDN 的静态秒杀页面

3. 秒杀席位

大多数用户会提前进入活动页面以免错过秒杀时间点。此时，"秒杀"按钮显示为灰色且不能单击。只有到达秒杀时间点，"秒杀"按钮才会自动点亮并变为可单击状态。

值得注意的是，这里的活动页面是静态的。那么我们如何在静态页面中控制"秒杀"按钮，使其仅在秒杀时间点点亮呢？出于性能考虑，通常会将 CSS、JavaScript 和图片等静态资源文件预先缓存到 CDN 上，让用户能尽快访问秒杀页面。那么，CDN 上的 JavaScript 文件是如何更新的？秒杀开始之前，JavaScript 标志设为 false，并有另外一个随机参数，如图 13-11 所示。

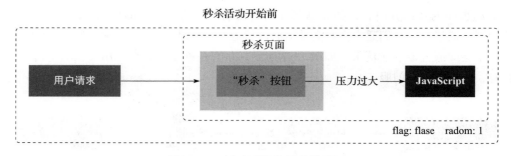

图 13-11　活动开始前的秒杀页面

当秒杀开始时，系统会生成一个新的 JavaScript 文件并将标志设为 true，同时生成一个新的随机参数，并将其同步至 CDN，如图 13-12 所示。由于存在这个随机参数，因此 CDN 不会缓存数据，每次都能从 CDN 获取最新的 JavaScript 代码。

另外，前端可以设置一个定时器以对请求进行控制，例如，在 10s 内只允许发起一次请求。如果用户单击了"秒杀"按钮，则在 10s 内将其置为灰色，不允许再次单击，直到时间限制过后，再允许单击该按钮。

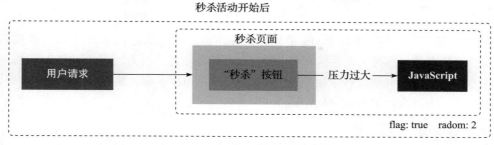

图 13-12　活动开始后的秒杀页面

4. 多读少写

在秒杀过程中，系统通常会首先检查库存是否充足，只有库存充足才会允许下单并写入数据库。如果库存不足，则系统会直接返回该商品已经被抢完的信息。由于有大量用户争抢少量商品，只有极少数用户能抢到，因此在大多数情况下，系统会直接返回商品已售罄的信息。图 13-13 所示是一个典型的秒杀系统的读多写少场景。

如果有数十万的请求同时来检查数据库中的库存，那么数据库可能会崩溃。这是因为数据库的连接资源非常有限，如 MySQL，无法同时支持这么多的连接。因此，应该使用缓存（如 Redis），如图 13-14 所示。即使使用了 Redis，也需要部署多个节点。

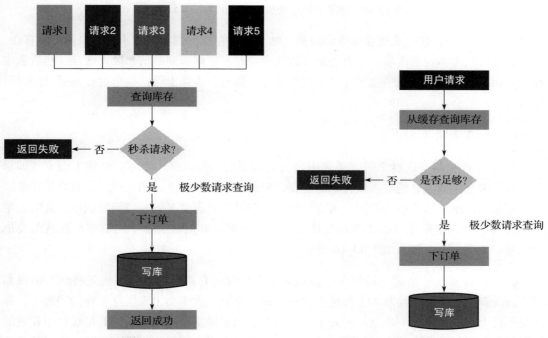

图 13-13　秒杀系统的读多写少场景　　　　图 13-14　在秒杀系统中使用缓存

5. 缓存保护

通常情况下，我们需要在 Redis 中保存商品信息。这些信息包括商品 ID、商品名称、规格属性和库存等。同时，在数据库中也需要保存相关信息，因为缓存并不完全可靠。当用户单击"秒杀"按钮并请求秒杀接口时，需要传入商品 ID 参数，然后服务端需要验证该商品是否合法，大致流程如图 13-15 所示。

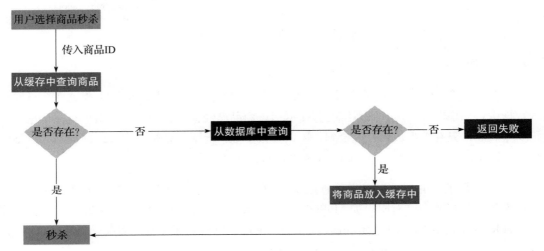

图 13-15　秒杀系统中的服务端商品验证大致流程

根据商品 ID，首先从缓存中查询商品。如果商品存在，则参与秒杀。如果商品不存在，则需要从数据库中查询商品。如果商品在数据库中存在，则将商品信息放入缓存，然后参与秒杀。如果商品在数据库中也不存在，则直接提示失败。表面上看，这个过程是可行的，但是深入分析就会发现一些问题。

（1）缓存击穿

比如商品 A 第一次秒杀时，缓存中是没有数据的，但数据库中有。虽然上面有"如果从数据库中查到数据，则放入缓存"的逻辑，但是，在高并发下，同一时刻会有大量秒杀同一件商品的请求，这些请求会同时去查缓存，得知没有数据后又同时访问数据库。此时，结果可能很糟糕，数据库可能无法承受压力，直接崩溃。如何解决这个问题呢？这就需要加锁，最好使用分布式锁，如图 13-16 所示。

当然，针对这种情况，最好在项目启动之前先对缓存进行预热，即事先将所有的商品同步到缓存中，这样商品基本上都能直接从缓存中获取，就不会出现缓存击穿的问题了。那么是不是上面的加锁这一步就不需要了？表面上看起来确实可以不要，但如果缓存中设置的过期时间不正确，那么缓存会提前过期，或者缓存被不小心删除，如果不加锁，则仍然可能会出现缓存击穿。实际上，加锁就相当于购买了一份保险。

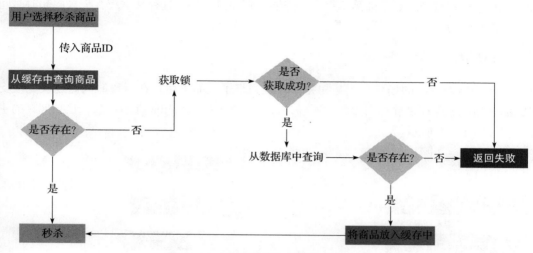

图 13-16　在秒杀系统中使用分布式锁

（2）缓存穿透

如果有大量的请求传入商品 ID，而这些 ID 在缓存和数据库中都不存在，那么这些请求每次都会穿透缓存，直接访问数据库。

因为前面已经加了锁，所以即使并发量很大，数据库也不会直接崩溃。然而，这种处理请求的方式性能并不好，那么是否有更好的解决方案呢？这时可以考虑使用布隆过滤器，如图 13-17 所示。

系统可以根据商品 ID，首先从布隆过滤器中查询其是否存在。如果存在，则允许从缓存中查询数据；如果不存在，则直接返回"失败"。尽

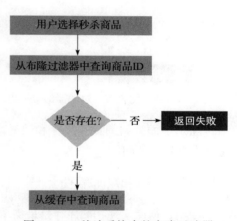

图 13-17　秒杀系统中的布隆过滤器

管这种方案可以解决缓存穿透问题，但也会引入另一个问题：如何保持布隆过滤器中的数据与缓存中的数据一致？这要求在缓存数据更新时及时将更新后的数据同步到布隆过滤器中。如果数据同步失败，则还需要增加重试机制。然而，在考虑跨数据源的情况下，能否保证数据的实时一致性呢？显然这是不可行的。因此，布隆过滤器主要用于缓存数据更新较少的场景。如果缓存数据更新非常频繁，那么应该如何处理呢？这时，就需要将不存在的商品 ID 也缓存起来，如图 13-18 所示。

另外，需要注意的是，当该商品 ID 的请求到达时，从缓存中仍然可以查到数据，只不过这个数据比较特殊，表示商品不存在。需要特别注意的是，这种特殊缓存记录的超时时间应设置得尽量短。

6. 商品库存

真正的秒杀商品的场景，不是扣完库存就完事了，如果用户在一段时间内还没完成支付，那么扣减的库存是要加回去的。所以，这里引出了一个预扣库存的概念，预扣库存的主要流程如图 13-19 所示。

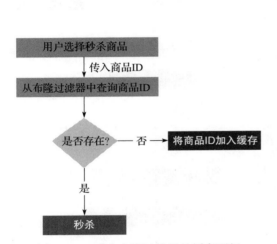

图 13-18　配合布隆过滤器的缓存更新

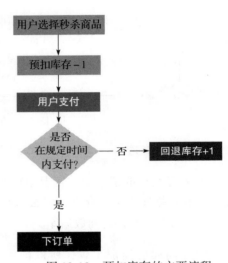

图 13-19　预扣库存的主要流程

除了上面提到的预扣库存和回退库存外，在扣减库存的过程中还需要特别注意库存不足和库存超卖的问题。

（1）数据库扣减库存

使用数据库实现扣减库存是最简单的方案。扣减库存的 SQL 示例如下。

```
update product set stock=stock-1 where ID=9000000003219456;
```

上述这种 SQL 写法实现扣减库存是没有问题的，但是如何在库存不足的情况下阻止用户操作呢？这就需要在更新之前检查库存是否足够。伪代码如下。

```
int stock = mapper.getStockByID(9000000003219456);
if(stock > 0) {
    int count = mapper.updateStock(9000000003219456);
    if(count > 0) {
```

```
        addOrder(9000000003219456);
    }
}
```

上面的代码存在问题，查询操作和更新操作不具备原子性，在并发场景下可能导致库存超卖的情况。加锁是一种解决方法，比如可以使用 synchronized 关键字。

加锁确实可以解决超卖问题，但性能方面不够好。还有一种更优雅的处理方案，即使用数据库的乐观锁。这种方案不仅能减少一次数据库查询操作，还能天然地保证数据操作的原子性，只需稍微调整上面的 SQL 语句即可。

```
update product set stock=stock-1 where ID=product and stock > 0;
```

在 SQL 语句的末尾添加 stock > 0，可以确保不会出现超卖的情况。

注意，上面的方案均需要频繁访问数据库。我们都知道数据库连接是非常昂贵的资源，在高并发的场景下，可能会导致系统雪崩。此外，容易出现多个请求同时竞争行锁的情况，造成相互等待，进而产生死锁问题。

（2）Redis 扣减库存

Redis 的 incr 方法是原子性的，可以用该方法扣减库存。伪代码如下。

```
 boolean exist = redisClient.query(productID,userID);
  if(exist) {
    return -1;
  }
  int stock = redisClient.queryStock(productID);
  if(stock <=0) {
    return 0;
  }
  redisClient.incrby(productID, -1);
  redisClient.add(productID,userID);
return 1;
```

代码流程如下。

1）判断用户是否已经参与过该商品的秒杀活动，如果是，则直接返回 –1。

2）查询商品库存，如果库存小于或等于 0，则直接返回 0（表示库存不足）。

3）如果库存充足，则扣减库存，并保存本次的秒杀记录，然后返回 1（表示秒杀成功）。

仔细思考上面的代码会发现，这段代码存在问题。问题是什么呢？在高并发环境下，如果有多个请求同时查询库存，而此时库存都大于 0，由于查询库存和更新库存不是原子操作，因此就会出现库存超卖的情况，即库存变成负数。

当然，有些人可能会说，加上 synchronized 关键字不就可以解决问题了吗？调整后的代码如下。

```
boolean exist = redisClient.query(productID,userID);
if(exist) {
 return -1;
}
synchronized(this) {
    int stock = redisClient.queryStock(productID);
    if(stock <=0) {
      return 0;
    }
    redisClient.incrby(productID, -1);
    redisClient.add(productID,userID);
}

return 1;
```

使用 synchronized 关键字确实能够解决库存为负数的问题，但是这样会导致接口性能急剧下降，因为每次查询都需要竞争同一把锁，这显然不合理。

为了解决上述问题，可以对代码进行如下优化。

```
boolean exist = redisClient.query(productID,userID);
if(exist) {
  return -1;
}
if(redisClient.incrby(productID, -1)<0) {
  return 0;
}
redisClient.add(productID,userID);
return 1;
```

上述代码的主要流程如下。

1）判断该用户有没有秒杀过该商品。如果已经秒杀过，则直接返回 –1。

2）扣减库存，判断返回值是否小于 0。如果小于 0，则直接返回 0（表示库存不足）。

3）如果扣减库存后，返回值大于或等于 0，则将本次秒杀记录保存起来，然后返回 1（表示秒杀成功）。

该方案表面看没问题，但深入分析会发现，如果在高并发场景中有多个请求同时扣减库存，那么大多数请求的 incrby 操作的结果都会小于 0。虽然库存出现负数，不会出现超卖的问题，但由于这里是预减库存，如果负数值过大，后面万一要回退库存，就会导致库存不准。那么，有没有更好的方案呢？

（3）Lua 脚本扣减库存

Lua 脚本是能够保证原子性的，它与 Redis 配合使用，能够完美解决上面的问题。下面是一段非常经典的 Lua 代码。

```
StringBuilder lua = new StringBuilder();
lua.append("if (redis.call('exists', KEYS[1]) == 1) then");
lua.append("local stock = tonumber(redis.call('get', KEYS[1]));");
lua.append("if (stock == -1) then");
lua.append("return 1;");
lua.append("end;");
lua.append("if (stock > 0) then");
lua.append("redis.call('incrby', KEYS[1], -1);");
lua.append("return stock;");
lua.append("end;");
lua.append("return 0;");
lua.append("end;");
lua.append("return -1;");
```

上述代码的主要流程如下。

1）判断商品 ID 是否存在。如果不存在，则直接返回。

2）获取该商品 ID 的库存，判断库存，如果是 –1，则直接返回，表示不限制库存。

3）如果库存大于 0，则扣减库存。

4）如果库存等于 0，则直接返回，表示库存不足。

7. 分布式锁

在秒杀活动中，在高并发情况下直接将大量请求发送到数据库可能导致数据库压力过大，甚至导致数据库崩溃。为了解决这个问题，可以引入一种流程控制机制，如基于分布式锁的缓存穿透防护策略。具体流程如下。

1）请求到达后，首先从缓存中查找商品信息。

2）如果缓存中存在该商品信息，则直接返回结果。

3）如果缓存中不存在该商品信息，则使用分布式锁进行流程控制，具体操作如下。

①尝试获取一个全局的秒杀锁。如果成功获取锁，则继续执行后续步骤；如果获取锁失败，则返回失败信息。

②再次检查缓存。因为在获取锁的过程中，其他请求可能已经从数据库中查询到该商品信息并放入了缓存，所以需要再次检查缓存是否存在该商品信息。

③如果缓存中存在该商品信息，则释放锁并返回结果。

④如果缓存中仍然不存在该商品信息，则从数据库中查询商品信息。如果查询成功，则将商品信息放入缓存，并设置适当的过期时间。

⑤释放锁并返回结果。

引入分布式锁，可以确保只有一个请求能够从数据库中查询并放入缓存，其他请求在获取锁失败后直接返回，这样做可以减小数据库的压力。

需要注意的是，为了防止缓存击穿的情况发生，即大量请求同时查询一个不存在的商品，可以在缓存中设置一个短暂的空值缓存（如设置一个特殊的标记），来标记该商品在数据库中不存在。这样，其他请求在查询到空值缓存时就可以直接返回失败，而无须再次访问数据库。

分布式锁可以通过不同的方式和工具来实现。下面介绍两种常见的实现方式。

1）使用分布式缓存实现，比如通过 Redis 或 Memcached。

- Redis：Redis 是一种高性能的分布式缓存系统，可以通过 Redis 提供的原子操作来实现分布式锁。具体实现方式是，在 Redis 中创建一个特定的键作为锁，当一个客户端想要获取锁时，会尝试在该键上执行原子操作。如果成功获取到锁，则表示该客户端获取到了分布式锁，此时可以执行相关操作。如果获取锁失败，则表示其他客户端已经获取了锁，当前客户端需要等待或采取其他策略。在执行完操作后，客户端需要释放锁，即删除相应的键。
- Memcached：与 Redis 类似，Memcached 也可以作为分布式缓存系统来实现分布式锁。使用方法也与 Redis 类似，即通过原子操作来获取和释放锁。

2）使用分布式协调服务实现，比如通过 ZooKeeper 实现。ZooKeeper 是一个开源的分布式协调服务，可提供强一致性和高可用性的服务。可以利用 ZooKeeper 的有序节点（Sequential Node）特性来实现分布式锁。具体实现方式是，每个客户端都在 ZooKeeper 上创建一个唯一的有序节点，通过比较自己创建的节点与当前最小的节点来判断是否获取到了锁。如果当前客户端创建的节点是最小节点，则表示获取到了锁，可以执行相应操作，否则需要等待其他节点释放锁后才能执行相应操作。

在实现分布式锁时，需要注意以下几点。

- 锁的获取和释放需要具备原子性，以确保在高并发情况下只有一个客户端可以获取到锁。
- 锁的超时处理，避免因为客户端异常或故障导致锁一直被占用而无法释放。
- 针对长时间占用锁的情况，需要考虑锁的自动释放机制，以防止死锁。
- 锁的可重入性，允许同一个客户端多次获取同一把锁，避免死锁和资源浪费。

在使用分布式锁的过程中，锁竞争、续期、锁重入等问题都是常见的需要考虑的问题，可以通过合理设计和选择适合的工具来解决这些问题。请注意，在实际应用中，仍需要根据具体场景和需求进行细致的设计和测试，以确保分布式锁的正确性和可靠性。需要根据具体的业务场景和系统架构选择适合的分布式锁实现方式，并结合系统的性能和一致性要求进行合理设计和调优。

8. 异步处理

在真实的秒杀场景中有 3 个核心流程：秒杀、下单和支付。

然而，在这 3 个核心流程中，真正具有大量并发的是秒杀流程，而下单和支付流程的实际并发量很小。因此，在设计秒杀系统时，有必要将下单和支付流程从秒杀的主流程中拆分出来，特别是将下单流程设计成 MQ 异步处理。而支付流程，如支付宝支付，是由业务场景本身保证的异步操作。秒杀后下单的流程如图 13-20 所示。

图 13-20　秒杀后下单的流程

在使用消息队列的时候，需要注意以下几个问题。

（1）消息丢失

秒杀成功后，在向 MQ 发送下单消息的过程中可能会出现失败的情况，可能的原因包括网络问题、Broker 宕机、MQ 服务端磁盘问题等。为了避免出现这个问题，可以增加一个消息状态表，如图 13-21 所示。

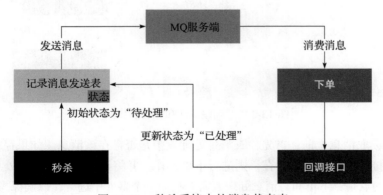

图 13-21　秒杀系统中的消息状态表

在生产者发送消息之前，先将该条消息写入消息发送表，将初始状态设为"待处理"，然后发送消息。消费者在处理完业务逻辑后，通过回调生产者的一个接口来将消息状态修改为"已处理"。如果生产者在将消息写入消息发送表之后发送消息到 MQ 服务端的过程中失败，导致消息丢失，那么可以使用 job 来进行补偿，如图 13-22 所示。

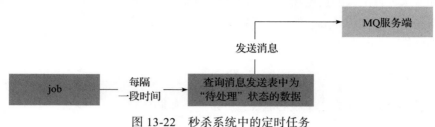

图 13-22　秒杀系统中的定时任务

使用 job 可以定期查询消息发送表中状态为"待处理"的数据，然后重新发送消息。

（2）重复消费

当消费者消费消息并进行应答时，如果网络超时，则可能导致重复消费消息。若消息发送者增加了重试机制，那么消费者收到重复消息的概率会增加。为了解决这个问题，可以增加一个消息处理表，如图 13-23 所示。

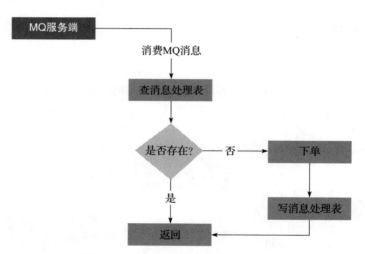

图 13-23　秒杀系统中的消息处理表

消费者在读取消息之前，首先检查消息处理表中是否存在该消息。如果存在，则表示是重复消费，直接返回。如果不存在，则进行下单操作，并将该消息写入消息处理表，然后返回。一个关键的点是：下单和写消息处理表需要在同一个事务中进行，以确保操作的原子性。

（3）垃圾消息

如果发生消息消费失败的情况，例如由于某些原因导致消费者下单一直失败，并且无法回调状态变更接口，那么作业会不断地重试发送消息，最终会产生大量的无效消息。如何解决这个问题呢？

在每次重试作业之前，需要先判断消息发送表中该消息的发送次数是否已达到最大限制。如果达到了最大次数，则直接返回，不再发送消息。如果尚未达到最大次数，则将发送次数加 1，然后发送消息。这样即使出现异常，也只会产生少量的无效消息，不会影响正常的业务进行，如图 13-24 所示。

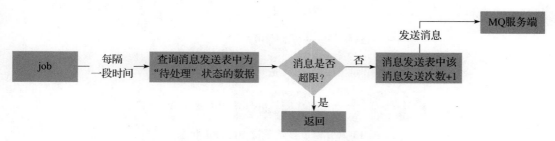

图 13-24　秒杀系统中无效消息的处理

（4）延时消费

通常情况下，如果用户成功秒杀并下单，在 15min 内未完成支付，那么该订单会被自动取消并回退库存。那么，如何实现"在 15min 内未完成支付时自动取消订单"的功能呢？我们最初可能会考虑使用 job，因为它比较简单。然而，job 存在一个问题，即需要定期处理，实时性不够好。如图 13-25 所示，使用延时队列可以很好地解决这个问题。

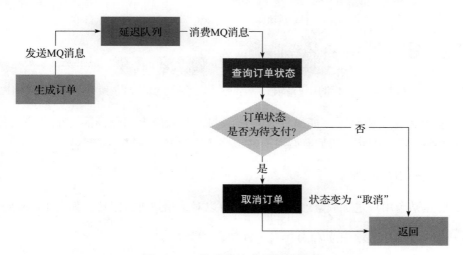

图 13-25　秒杀系统中的延时队列

在下单时，消息生产者会先生成订单，此时订单状态为"待支付"，并将一条消息发送到延时队列中。当达到延时时间时，消息消费者会读取消息，并查询该订单的状态是否为

"待支付"。如果是"待支付"状态，则会将订单状态更新为"取消"状态。如果不是"待支付"状态，则说明该订单已经支付过，直接返回。

一个关键点是，用户完成支付后，会将订单状态修改为"已支付"，如图 13-26 所示。

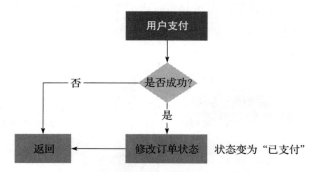

图 13-26　修改秒杀系统中的订单状态

9. 限流

普通用户可通过在秒杀页面单击"秒杀"按钮抢购商品。而"羊毛党"可能在自己的服务器上模拟正常用户登录系统，跳过秒杀页面，直接调用秒杀接口。如果是正常用户的手动操作，那么一般情况下 1s 只能单击一次"秒杀"按钮，如图 13-27 所示。

但是服务器可以在 1s 内请求上千次接口，如图 13-28 所示。

图 13-27　秒杀系统中正常用户请求　　　　图 13-28　秒杀系统中的非正常用户请求

这种差距实在太明显了，如果没有任何限制，那么绝大部分商品可能会被机器抢走，而不是正常的用户。因此，我们有必要识别这些非法请求，并进行限制。

（1）对同一用户限流

为了防止某个用户过于频繁地请求接口，可以对该用户进行限流，如图 13-29 所示。

对于同一个用户 ID，比如每分钟只允许请求 5 次接口。

（2）对同一 IP 限流

有时候仅对单个用户进行限流是不够的，一些高手可以模拟多个用户来发送请求，这样系统就无法识别了。这时需要添加对同一 IP 的限流功能，如图 13-30 所示。

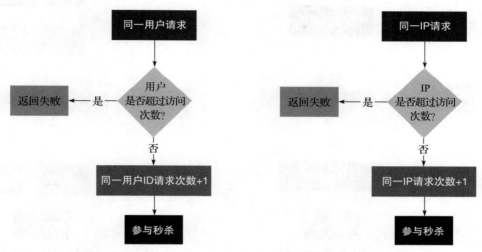

图 13-29　对同一用户限流　　　　　　图 13-30　对同一 IP 限流

限制同一 IP 的请求次数，例如每分钟只允许 5 次接口请求。然而，这种限流方式可能会导致误杀的情况，例如在同一公司或网吧的出口 IP 相同的情况下，如果多个正常用户同时发起请求，则可能会有一些正常用户被限流。

（3）对接口限流

并非限制了同一用户请求和对同一 IP 限流就万事大吉了，有些人甚至可以使用代理，每次请求都换一个 IP，这时可以限制请求的接口总次数，如图 13-31 所示。

在高并发场景下，这种限制对于系统的稳定性是非常有必要的，但可能由于有些非法请求次数太多，达到了该接口的请求上限，而影响其他正常用户访问该接口。

（4）加验证码

相对于上面 3 种方式，加验证码的方式更精准一些，同时能够限制用户的访问频次，且不会存在误杀的情况，如图 13-32 所示。

通常情况下，用户在发起请求之前需要输入验证码。服务端会对该验证码进行校验，只有当验证码正确时才允许进行下一步操作，否则会直接返回并提示验证码错误。此外，验证码一般是一次性的，同一个验证码只允许使用一次，不允许重复使用。普通验证码生成的数字或图案较简单，可能会被破解。它的优点是生成速度较快，但缺点是存在安全隐患。还有一种验证码为移动滑块，它的生成速度较慢，但相对更安全，是目前各大互联网公司的首选。

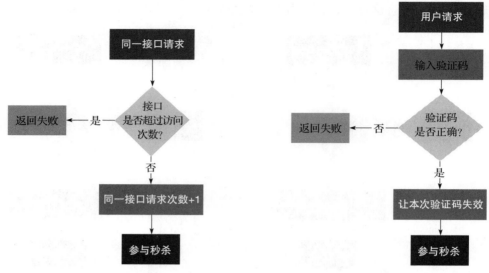

图 13-31　秒杀系统中的接口限流　　　　图 13-32　秒杀系统中的验证码应用

13.4　本章小结

电商系统的优化是一个复杂而持续的过程，需要根据具体的业务需求、系统架构和性能瓶颈进行针对性的调整和优化。

在电商系统的运行过程中，业务需求和用户量都可能会发生变化。因此，系统的扩展性是至关重要的。通过扩展系统的硬件资源和软件资源，如增加服务器数量、使用负载均衡和分布式架构等，可以有效应对不断增长的用户请求和数据处理需求。扩展性的设计需要考虑系统的可伸缩性、容错性和可管理性，以确保系统能够持续稳定地运行。

定期进行系统维护是保持电商系统高效稳定运行的关键。维护工作包括监测系统的性能指标、错误日志和异常情况，及时发现和解决问题。通过监控工具和日志分析，可以及时发现系统的瓶颈和潜在问题，并采取相应的优化措施。同时，进行系统备份和制定灾难恢复方案也是必要的，这样可以保障数据的安全性和可用性。

性能监测和迭代优化是提升电商系统的关键环节。定期进行性能测试，评估系统的各项指标，包括响应时间、吞吐量和并发处理能力等，可以了解系统的性能状况并找出性能瓶颈。基于性能测试的结果制定相应的优化策略，如数据库查询优化、缓存策略调整、代码优化等，可以提高系统的整体性能和用户体验。

除了以上几个方面，还有其他优化策略，如优化网络通信、提升安全性、改进搜索功能、增加个性化推荐等，这些都需要根据具体的业务需求和用户反馈来确定优化的方向和重点。

第 14 章　*Chapter 14*

典型并发场景——营销红包的性能优化

由于营销活动需要创造营销节点，扩大影响力，因此产品策划和运营总是乐此不疲地玩着一个游戏——在足够集中的时间内（如毫秒级）处理足够多的用户请求。这也是彰显技术实力的一次大考。小米的抢号手机、天猫的双十一、微信和支付宝的"春晚红包"等，都是这方面的典型代表。

本章以红包场景为例，重点讨论如何解决高并发的问题。本章借用大众所熟知的场景进行分析，并且仅代表笔者观点，对类似支付宝红包或者微信红包的分析不代表官方实际实现。因此，本章用类支付宝、类微信表示，思考问题的方法读者或可借鉴。

14.1　类支付宝红包系统的业务流和挑战

类支付宝红包主要用于营销，以促进交易量并让利给用户。根据出资方式，可以分为平台出资、商户出资以及混合出资 3 种方式。根据发放方式，可以分为主动发放和被动领取。被动领取的典型场景是双十一活动期间天猫和支付宝联合举办的定时领取红包活动。

14.1.1　类支付宝红包业务动作和潜在技术挑战分析

类支付宝商家主动发放红包的业务流程一般如下。

1）商家通过类支付宝开放平台或者与类支付宝签约的第三方服务商申请发红包的权限。

2）商家在自己的后台系统中创建红包活动，包括红包金额、领取规则、有效期等。

3）用户在类支付宝 App 中参与活动并领取红包，类支付宝会实时检查用户是否符合领取规则。如果符合，则将红包金额打到用户类支付宝账户中。

4）用户在 App 中使用红包支付订单时，类支付宝会自动使用红包金额抵扣订单金额。

在具体业务流程中，还会涉及红包发放的安全、活动的数据统计与分析等方面。

下面用一个表格来展现相关的业务动作以及对应技术层面重点关注的问题，如表 14-1 所示。

表 14-1　业务动作以及对应技术层面重点关注的问题

业务动作	高可用	可扩展性	性能	用户体验 / 易用性
领取	Y（表示该场景适用，余同）	Y	Y，大商户红包模板热点问题	秒级
支付咨询	Y	Y	Y，大商户红包模板热点问题 多红包查询性能问题	秒级
核销	Y	Y		秒级

几乎所有需要全天候提供服务的业务都需要具备高可用性和可扩展性。这可以通过负载均衡、无状态服务、多机房等手段来实现。由于这不在本书的讨论范围之内，因此我们不会展开讨论。然而，性能和用户体验密切相关。如果性能不佳，用户等待时间就会变长，往往会导致体验不佳。从表 14-1 可以看出，大商户红包模板的热点问题和支付咨询时的红包查询问题是两个与性能相关的关键问题。

14.1.2　讨论方案：大商户红包热点问题

第 10 章提到一个营销场景案例：优惠券（红包）发放与核销。

- 领取环节：对于大商户品牌，在重要节日，如双十一、618、某品牌店庆等特殊日子，可能会面临每分钟数万甚至百万级的并发领取需求，领取 / 发放的并发压力非常大。
- 支付咨询环节：当大量用户咨询符合规则限制下的优惠券（红包）时，最主要的挑战在于性能。在活动期间，用户支付的并发度非常高，此时查询可用优惠券（红包）的数量、金额和规则还需要访问数据库，比较烦琐。此时，优惠券模板成为热点，需要解决。

解决模板热点问题有以下两种常见方法。

- 分拆模板：例如，将 2000 万的红包预算分拆成 10 个，每个红包预算相当于 200 万。如果平均每个用户领取金额为 2 元钱，假设在 10min 内领取完毕，那么领取红包的 TPS（每秒事务处理量）= 2 000 000/（60 × 10）× 2 ≈ 1667。分拆成 10 个，则每个红包的 TPS 只需 1667 就可以满足需求（在实际情况下，用户领取可能是不均匀的）。这种方法的不足之处在于增加了配置的复杂度。
- 使用缓存：根据业务复杂度的不同，可以采取多级缓存策略。

14.1.3　多级缓存策略

对营销活动进行分类, 大致可以分为以下两类。

- 大促活动: 比如双十一、双十二。对于哪些业务要发红包以及发放多少红包, 都需要有计划。这类活动的特点是集中和有计划。
- 商户自发的营销活动: 这类活动的特点是红包数量多, 有可能出现热点模板。

建议从活动分类的角度来讨论性能问题。另外, 由于受到内存大小限制, 建议将本地缓存分为常驻缓存、LRU 缓存和远程缓存这 3 个级别, 具体如表 14-2 所示。

表 14-2　本地缓存划分表

场景	常驻缓存	LRU 缓存	远程缓存
计划型、平台出资大红包模板	1) 热点模板, 模板数量非常少 2) 缓存占用空间小 3) 活动时间周期较长, 比如半个月 4) 活动结束后, 清理缓存	—	—
计划型、非平台出资模板	—	提前载入缓存, 设置过期时间 (比如 1 天), 按照 LRU 策略过期。这类模板数量较多, 为平衡存储成本, 不做全量缓存	—
非计划型、商户红包模板	—	非计划性, 动态识别热点模板	更少量发放红包, 酌情采取远程缓存

14.1.4　讨论方案: 单笔支付咨询多红包问题

类似支付宝这样的支付平台与业务形态密切相关, 涉及多种支付工具的组合问题。在这里, 我们只讨论多个红包的情况。在大促销活动中, 一个用户通常会领到多个红包, 例如, 笔者曾经在一次活动中领到了 20 多个红包。理想的情况是用户能够尽量使用这些红包, 以提供最好的用户体验。然而, 根据二八法则, 大多数用户在一次支付中使用的红包数量不超过 5 个。具体的数据可以通过平台的建设者进行统计, 然后根据数据制定相应的策略。

为了提高性能, 在查询红包可用性时, 应根据用户和一些上下文进行规则匹配。例如, 在查询可使用的红包记录时, 可以添加 SQL 限制: limit N。同时, 应尽量减少对数据库的访问。例如, 在核销红包时, 除了查询最后一个红包之外, 其他红包应全部使用。我们可以通过特别构建一个批量数据更新的 SQL 语句来减少对数据库的访问。

在具体场景中, 按照上述策略和方法进行操作, 然后根据性能测试的数据, 从点、线、面甚至整体进行性能优化, 从而走进成功的道路。

14.2 类微信红包系统的业务流和挑战

本节从外部视角考虑类微信红包系统的业务流程、挑战和具体实现，其中新春红包的复杂度要高得多。

14.2.1 类微信红包业务动作分析

发红包的流程大致如图 14-1 所示。

图 14-1 发红包的大致流程

拆红包的流程大致如图 14-2 所示。

图 14-2 拆红包的大致流程

由于类似微信这样的产品实质是一款即时通信工具，所以我们首先要考虑的是异步化。用户关注红包消息，但是发放和领取都是由系统后台记录的，不会影响终端用户的使用体验。

14.2.2 异步化

对发红包动作进行异步化的过程如图 14-3 所示。V0 到 V1 的变化在于引入 MQ，对于付款后发放的记录进行异步化处理。用户往往会先看到群消息提示，然后进行拆红包的动作。

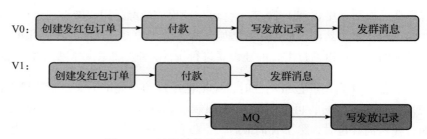

图 14-3 对发红包动作进行异步化的过程

同样，对拆红包的动作也可以进行异步化，过程如图 14-4 所示。将领取记录和后续操作异步化处理，可以提升拆红包动作的整体 TPS。

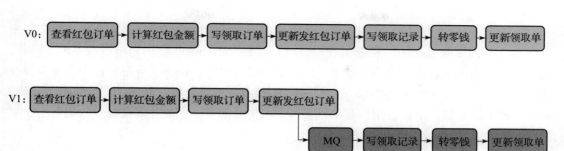

图 14-4　对拆红包的动作进行异步化的过程

14.2.3　SET 化：分拆资源

在类微信红包系统中，如何处理同时存在海量事务级操作的问题？

类微信红包系统根据红包 ID，按照一定规则将其切分为多个垂直链条，每个链条上的服务器和数据库组成一个 SET。各个 SET 相互独立、解耦，同一个红包 ID 的请求会被垂直路由到同一个 SET 内进行处理。这样就将所有红包请求分散为多个小流，互不影响，实现了高度内聚和分而治之。

通过这个方案，类微信红包系统将同时存在的海量事务级操作分散为多个小流，提高了系统的并发处理能力。同时，实现了高度内聚和分而治之，解决了同时存在海量事务级操作的问题。

单元化原则是指将一个大型软件拆分为多个可独立部署、可独立扩展、可独立运行的小单元。这样可以提高整体系统的可维护性和可扩展性，与 SET 化有相通之处。

14.2.4　无并发写的实践

类微信"摇一摇"领红包的流程示意图如图 14-5 所示。

在常规的服务化架构中，可以将接入服务理解为 BFF（Backend for Frontends，前端的后端）。然而，类微信红包的架构则采取了相反的方式，这是为了满足性能需求。

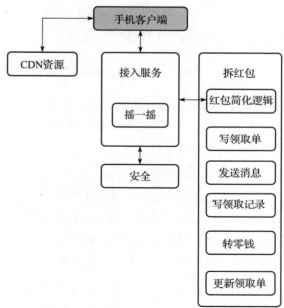

图 14-5　"摇一摇"领红包的流程示意图

在微服务架构中，BFF 作为微服务和前端应用之间的中间层发挥着重要作用。它的主要职责是处理微服务之间的服务组合和编排，并适配不同前端应用和渠道的要求。同时，BFF 还可以用于中转和聚合网络请求，以降低后端的 QPS。BFF 服务通常位于中台微服务之上，与前端应用版本协同发布，避免了中台微服务频繁修改和发布版本以适配前端需求的问题。BFF 服务能够承担应用层和用户接口层的主要职责，完成各个微服务的服务组合和编排。

类微信在接入服务中内置了"摇一摇"模块，从而减少了一次 RPC 调用。为了降低抢红包时的并发访问（关键在于红包扣减），类微信采取了以下两个动作。

- 支付系统将所有需要下发的红包生成红包票据文件，并将红包票据拆分成多份。这是常见的分拆锁逻辑。
- 将拆分后的红包票据文件放置在每个接入服务实例中。当接收到客户端发起摇一摇请求后，接入服务中的摇一摇逻辑会取出一个红包票据，并在本地生成与用户绑定的加密票据，下发给客户端。客户端携带加密票据到后台进行拆红包操作。后台的红包简化服务可以通过本地计算验证红包，完成抢红包过程。

换句话说，在抢红包的过程中没有数据库操作，完全无数据库并发写入。而拆红包的过程采用异步写入的方式。这种方式充分利用了客户端 App 的优势。在浏览器 – 服务器的 PC 互联网架构中，为了安全考虑，不适合将某些重要逻辑放在浏览器端运行。

14.3 预加载和考虑备案

在高并发实践中，没有 CDN 是不可想象的。

春晚活动中涉及大量的资源，包括图片、拜年视频等。图片和视频的大小各不相同，从几十字节到几万字节不等。在高峰期，如果瞬间有海量的请求传送到 CDN 上，那么系统的带宽根本无法应对。

为了有效应对瞬间峰值对 CDN 的压力，类支付宝对资源进行了有效管理和控制。首先，在客户端预先嵌入了几种默认资源，以备不时之需。其次，尽量提前打开入口，当用户浏览过后，将资源下载到本地，这样再次浏览时无须远程访问 CDN。最后，制定了应急预案，一旦发现高峰期流量告警，就紧急从视频切换到图片，从而降低带宽压力，确保不会因带宽不足而导致限流等影响用户体验的问题。

又例如，原本 QQ 红包中不经常变化的静态资源会分发到各地的 CDN，以提高访问速度，如页面、图片、JavaScript 等，只有动态变化的内容才会实时从后台获取。然而，即使所有静态资源都采用 CDN 分发，也无法应对流量洪峰。因此，QQ 团队采用了一种方法：

使用手机 QQ 离线包机制，提前将红包相关的静态资源预加载到手机 QQ 移动端，以减轻 CDN 的压力。离线包预加载的方式有两种，一种是将静态资源放入预加载列表，另一种是主动推送离线包。

14.4　性能优化策略与案例的关系

根据性能优化策略，可以清楚地看出本章介绍的相关实践都属于相应的性能优化策略范围内。性能优化策略总体上分为控制资源需求相关因素和管理资源相关因素两大类。笔者将电商秒杀商品、类支付宝红包和类微信红包的具体技巧和策略进行了对应，如表 14-3 所示。

表 14-3　本章实践案例所涉的具体技巧和策略

一级策略	二级策略	三级策略	电商秒杀商品场景	类支付宝红包场景	类微信红包场景
控制资源相关因素	优先级队列	—	符合要求的用户进入队列之中	—	用户抢到红包后不会同步进行后续的账务处理，请求会被放入红包异步队列
	减少开销	—	—	极端情况下关闭预算分片的合并服务；调整单笔咨询的红包数量	"摇一摇"服务前置到"接入服务"中，减少 RPC 调用，如图 14-5 所示
	提高资源效率	—	—	合并查询 SQL，减少网络访问；合并多次更新 SQL，减少网络访问	—
	限流	—	每一层都有限流	每一层都有限流	每一层都有限流
管理资源相关因素	增加资源	—	在活动初期的容量评估阶段考虑资源，提前演练测评，对于部分业务，还应考虑动态扩容能力，典型的如新浪微博		
	增加并发	分拆（分拆锁、分离锁、分拆业务资源）	库存 sku 记录分拆	营销模板分拆	红包票据分拆
		多线程	—	—	—
		异步化	消息队列	—	消息队列
	使用缓存	—	重度使用	重度使用	重度使用
	预加载	—	静态资源预加载	静态资源预加载	静态资源预加载

在穆拉特·埃尔德等编写的《持续架构实践：敏捷和 DevOps 时代下的软件架构》一书中有一个典型的案例 TFX（见表 14-4），通过对应的优化策略来指导具体的架构实践。

表 14-4　TFX 案例

策略	TFX 实现
按优先级请求	为高优先级请求（如信用证支付事务）使用同步通信模型。对于低优先级请求（如大容量查询），使用异步模型和排队系统
减少开销	如果可能，将较小的服务分组成较大的服务
增加资源效率	安排定期的代码检查和测试，重点关注所使用的算法以及这些算法如何使用 CPU 和内存
增加并发	通过使用消息总线将 TFX 服务与 TFX 支付服务连接起来，减少阻塞时间
使用缓存	考虑为交易方管理系统、合同管理系统以及费用和佣金管理系统组件使用数据库对象缓存
使用 NoSQL 技术	文档管理系统使用文档数据库，支付服务使用键值数据库

　　行业内不断涌现新的技术，如分布式架构及如今如火如荼的 AIGC。然而，就具体的非功能要素（如本书讨论的性能）而言，无论技术如何演进，按照相应的性能优化策略行事，最终都不会有太大偏差。

14.5　本章小结

　　本章主要描述了营销红包的业务流程和性能挑战。

　　首先介绍了类支付宝红包系统的不同出资方式和发放方式，重点讨论了大商户红包模板热点问题和支付咨询时的红包查询问题，并提出了解决方案，如分拆模板和使用多级缓存策略。此外，还讨论了单笔支付多红包的问题，并提出了相应的策略和方法来提高性能。

　　然后介绍了类微信红包系统的业务流程和性能要素，包括发红包和拆红包的流程，以及对类微信红包业务的优化思路，如异步化和 SET 化分拆资源。此外，还介绍了类微信红包系统采用无并发写的实践，通过将红包票据文件拆分和客户端的异步写入来提高性能。

　　在高并发场景中，预加载和资源管理是优化性能的关键。类支付宝和 QQ 红包通过在客户端预先嵌入默认资源、提前打开入口、制定应急预案等方式有效管理和控制资源，减轻 CDN 的压力，确保系统能够应对瞬间峰值的请求。

　　最后，性能优化策略包括控制资源需求相关因素和管理资源相关因素两大类，涉及秒杀、类支付宝红包和类微信红包场景，涉及的技巧和策略在表 14-3 中列出。另外，《持续架构实践：敏捷和 DevOps 时代下的软件架构》一书中的 TFX 案例通过优化策略指导具体架构实践。无论技术如何演进，按照相应的性能优化策略行事是重要的。

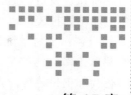

支付系统 / 核心交易系统的性能优化

在电商系统中，支付系统扮演着至关重要的角色。它是连接消费者、商家（或平台）和金融机构的桥梁，可管理支付数据，调用第三方支付平台接口，记录支付信息（如订单号、支付金额），并进行金额对账。根据不同公司对支付业务的定位，支付系统经历了两个阶段。第一阶段是支付作为封闭、独立的应用系统，为公司内部业务提供支付支持，并与业务紧密耦合。第二阶段是支付作为开放的系统，为公司内外部系统和各种业务提供支付服务，与具体业务解耦。

支付系统在电商系统中扮演了以下几个关键角色。

- 支付处理：支付系统负责处理用户的支付请求。用户选择支付方式并确认购买后，支付系统接收并处理支付请求，验证用户身份和支付信息，并与支付渠道（如银行、第三方支付平台）进行交互，完成支付操作。
- 安全性保障：支付系统在电商系统中起着重要的安全保障作用。它使用加密技术和安全协议，确保用户的支付信息、交易数据在传输和处理过程中得到保护。支付系统还需符合 PCIDSS（Payment Card Industry Data Security Standard）等相关安全标准，以保障用户支付信息的安全性。
- 支付方式管理：支付系统管理和支持多种支付方式，如信用卡支付、借记卡支付、电子钱包支付、支付宝支付、微信支付等。它与不同的支付渠道和服务提供商集成，为用户提供多样化的支付选择。
- 订单管理与结算：支付系统与订单管理系统和库存管理系统集成，确保支付和订单信息的一致性。支付系统负责更新支付成功的订单状态，并触发后续的订单处理流程，如订单确认、发货、退款等。它还处理结算相关操作，将支付款项结算给商家，并生成相应的结算报表。

- 交易记录和报告：支付系统记录和存储所有交易信息，包括支付时间、金额、支付方式、交易状态等。这些交易数据可用于生成交易报告，帮助电商企业了解销售情况、用户行为和支付趋势，为业务决策提供依据。
- 退款与售后支持：支付系统支持退款和售后服务流程。当用户发起退款申请时，支付系统验证退款请求的合法性，并与相关系统协同工作，进行退款操作。它还提供售后支持，如取消订单、修改订单等功能。

支付系统在电商系统中起着至关重要的作用，涵盖支付处理、安全性保障、支付方式管理、订单管理与结算、交易记录和报告、退款与售后支持等方面。一个高效、安全、可靠的支付系统对电商企业的顺利运营和用户体验至关重要。本章以性能为切入点，对支付系统进行深度解读。

15.1　支付系统 / 核心交易系统的架构特点

15.1.1　支付系统的作用

图 15-1 所示为资金流向示意图。首先，当用户产生支付行为时，资金从用户端流向支付系统；而在退款时，资金则相反，从支付系统回流至用户端。因此，在整个交易过程中，用户端与支付系统之间的资金流动方式是双向的。对于支付系统而言，资金既有进也有出。从支付系统到商户端的资金流动相对简单。在清算完成后，支付系统负责将代收的资金结算给商户。通常，结算操作可在线上完成（采用支付公司代付接口或者银企直连接口），也可以由公司财务通过线下手工转账的方式来完成。因此，这种资金流动方式是单向的。出于资金安全考虑，大多数公司通常采用线下方式实现。

图 15-1　资金流向示意图

真实的资金流首先由支付公司按照约定期限（通常为 $T+1$）结算到平台公司的对公账

户中，然后由平台公司根据交易明细进行二次清算，最后结算给对应的商户。

15.1.2　支付系统的架构

支付系统架构如图 15-2 所示。

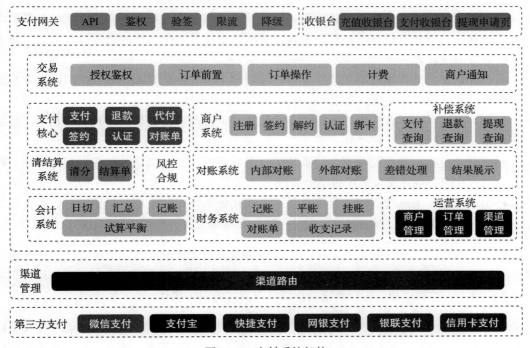

图 15-2　支付系统架构

下面对图 15-2 所示的支付系统架构涉及的主要模块进行简单解读。

- 支付网关：支付网关是连接不同支付渠道和商户系统的中间平台，负责接收来自商户的支付请求，并将请求传递给相应的支付渠道或支付核心，以完成支付过程。
- 收银台：用户在进行线上购物或支付时，通过进入一个页面来完成支付的过程。用户可以在收银台上选择支付方式、输入支付信息，并进行支付操作。收银台通常是支付网关的一部分。
- 交易系统：业务发起支付时，支付系统与业务方的前置模块主要用于对业务的校验、接单、查询请求等处理。
- 支付核心：支付核心是支付系统的核心引擎，负责处理支付过程中的各种交易请求，包括接收支付请求、交易处理、资金结算等。
- 商户系统：商户系统是为商户提供的具有管理支付交易、查询交易数据、配置支付选项等功能的管理平台。商户可以通过商户平台来管理自己的支付业务。

- **补偿系统**：补偿系统通常用于处理支付过程中出现的异常情况，如支付失败、订单取消等情况，需要对相关方进行补偿或调整。
- **清结算系统**：清结算系统负责处理支付过程中的结算动作，确保资金结算到位，包括向商户结算款项，同时也负责向渠道支付相应的手续费等。
- **对账系统**：对账系统用于进行不同支付系统之间的数据对账，以确保交易数据的准确性。它会对支付核心、商户平台、清结算中心等各个组件的数据进行对比，防止数据出现异常。
- **会计系统**：会计系统用于处理支付过程中产生的会计核算相关的数据，确保资金的正确流转和账务处理，保证支付过程中的财务准确性。
- **财务系统**：财务系统用于整体管理和监控支付过程中的资金流动和资金状况，帮助企业进行财务决策和管理。
- **运营系统**：运营系统负责支付系统的日常运营管理，包括系统监控、问题处理、性能优化等，确保支付系统的稳定运行。
- **渠道管理**：渠道管理用于管理支付网关连接的不同支付渠道，包括银行、第三方支付服务提供商等，以确保支付网关可以顺利地将支付请求发送到适当的支付渠道。

在支付系统中，支付网关和支付渠道的对接非常重要且烦琐。支付网关作为对外提供服务的接口，扮演着将资金操作请求分发到对应支付渠道模块的角色。支付渠道模块负责接收网关的请求，并调用相应支付渠道的接口执行真正的资金操作。

支付网关在这个过程中类似于设计模式中的包装器（Wrapper），它封装了各个支付渠道之间的差异，为网关提供了统一的接口。这样一来，无论是哪个支付渠道，网关都能够以统一的方式与其进行交互。

支付系统对其他系统，尤其是交易系统，提供了多种支付服务，包括签约、支付、退款、充值、转账、解约等。有些地方还可能提供签约并支付的接口，以支持在支付过程中绑定银行卡的操作。这些支付服务的实现流程基本上是相似的，包括下单、取消订单、退单、查询订单等操作。

每个操作的实现通常都包括以下 7 个步骤。

1）参数校验：对传入的参数进行验证，确保其符合要求和规范。
2）支付路由：根据业务规则和策略，确定使用哪个支付渠道来处理该操作。
3）生成订单：根据业务需求，生成相应的订单信息。
4）风险评估：对支付操作进行风险评估，以确保交易的安全性。
5）调用渠道服务：通过支付网关调用支付渠道模块的接口，执行实际的资金操作。

6）更新订单：根据支付结果，更新订单的状态和相关信息。

7）发送消息：向相关系统或用户发送支付结果通知。

对于一些较为复杂的支付渠道服务，可能还涉及异步通知和处理的步骤，以确保支付结果的及时性和准确性。

在实现支付系统时，软件工程师需要具备扎实的编程技能，并能对支付领域有深入理解。同时，注重细节、进行充分测试和保证质量也非常重要，以确保支付系统的稳定性和安全性。此外，与团队成员和其他相关方进行良好的沟通和协作，也是成功实现支付系统的关键因素。

1. 网关前置

支付网关前置作为对接业务系统的模块，为其提供支付服务，对整个支付系统的稳定性、功能、性能和其他非功能性需求有直接影响。它集成了所有支付服务接口，并通过统一的方式将不同支付渠道提供的接口呈现给业务方，使得接入方只需对接支付网关，而对支付渠道的增加和调整对业务方是透明的。

为了保证支付网关的性能，需要完成大量的操作，并尽量将这些操作异步化处理。为了保持支付网关前置的稳定性，应尽量减少对业务方的影响，避免系统重启等操作。当然，支付网关也需要进行升级和重启。为解决这个问题，可以采用基于 Nginx 的负载均衡系统（LBS 网关）。LBS 在这里有两个作用：一是实现负载均衡，确保请求能够平均分配到多台机器上；二是隔离支付网关重启对调用的影响。支付网关可以采用多台机器进行分布式部署，当需要重启时，可以逐个服务器启动。在某台服务器重启时，先从 LBS 系统中取消注册，等重启完成后，再重新注册到 LBS 上。这个过程对调用方是无感知的，可以保证支付服务的连续性。

在安全方面，为了避免接口受到攻击，支付网关要求业务方通过 HTTPS 来访问接口，并提供防篡改机制。防篡改机制通常通过接口参数签名来实现。目前主流的签名方法是按照参数名称排序后对参数进行加密和散列，可以参考微信的签名规范。

通过以上的设计和安全措施，支付网关前置能够提供稳定、高效、安全的支付服务，并对业务方提供便利和透明的接口。作为软件工程师，我们需要关注支付网关前置的设计和实现，确保其满足系统需求，并持续优化和改进以提供更好的用户体验。

2. 交易流水和记账

在支付系统中，记录交易流水并更新相关数据是非常重要的。同时，为了更新个人和机构账户总额、处理交易流水记录以及库存，需要支持事务处理机制。

从性能的角度考虑，可以采用消息机制来异步化处理与交易相关的数据。下面是一种常见的处理方式。

1）在支付网关前置的主流程中仅记录交易流水，并将当前的请求保存到数据库中。

2）完成数据记录后，将相关信息发送到消息队列（MQ）中。

3）记账、统计和分析等操作通过接收 MQ 消息来完成数据处理，这样可以将这些操作与主流程解耦，提高系统的性能和可伸缩性。

4）对于涉及本地资金支付（如钱包支付）的情况，可能需要使用分布式事务处理，这包括扣减账户余额、记账、扣减库存等操作。在这种情况下，每个操作的失败都需要进行回滚，以确保数据的一致性和完整性。阿里等公司有很好的实践经验，读者可以参考相关资料。

5）当交易量增加时，可能需要考虑对交易表进行分表分库的处理。分表分库可以根据流水号或交易主体 ID 进行策略选择。后者可以支持按用户获取交易记录。对于存储支付系统最有价值的数据，可以考虑使用专门的存储，如 Elasticsearch，以确保数据库的专用性和性能。同时，风控、信用和统计所需的数据可以通过 MQ 同步到 HBase 等存储系统中，以满足不同的需求。

以上的处理方式，可以提高支付系统的性能、可扩展性和数据处理效率。作为软件工程师，我们需要根据具体需求和系统规模，选择合适的技术和架构来支持支付系统的数据处理和性能优化。同时，需要关注数据的一致性和安全性，确保支付系统的稳定运行和用户体验。

3. 风控模块

支付系统中的风控非常重要，不容忽视。它的作用是保护支付系统免受欺诈和风险的侵害。风控可以分为多个模块，包括数据采集、数据分析、实时计算、规则配置和实时拦截等。

对于每一次交易，风控通常会返回 3 个结果：通过、拦截和增强验证。

- 通过：表示该交易没有问题，可以直接放行，继续进行后续处理。
- 拦截：表示该交易被风控系统判定为高风险交易，需要阻止该交易的进行，以保护支付系统和用户的安全。
- 增强验证：表示该交易存在一定的风险或存疑，需要用户进一步核实身份或提供额外的验证信息，以确保交易的合法性。例如，要求用户输入手机号码或身份证号码，这通常用于防止身份被盗用的情况。

此外，对于一些可疑交易，可能需要进行人工核实，以进一步确认交易的真实性。这通常用于处理个人恶意消费等情况。

　　风控系统的设计和实现是一个复杂的话题，需要综合考虑多个因素，包括数据采集的准确性、分析算法的精确性、实时计算的性能和规则配置的灵活性等。同时，对于风控系统，也需要不断优化，以适应不断变化的风险和欺诈手段。

　　总之，风控在支付系统中扮演着至关重要的角色，它能够帮助支付系统及时识别和阻止潜在的风险交易，保护用户的资金安全和支付体验。我们需要关注风控系统的设计和实现，确保其高效、准确地识别和处理风险，以提供安全、可靠的支付服务。

4. 支付路由

　　支付路由的设计和实现是一个复杂的任务，需要考虑多个因素，包括支付方式的支持、渠道的可靠性、用户体验和安全性等。作为软件工程师，我们需要综合考虑这些因素，制定合理的支付路由策略，以提供稳定、安全和便捷的支付服务。

　　在设计和实现支付路由时需要考虑的各种因素如下。

- 多样的支付方式：支付系统需要支持多样的支付方式，以满足不同用户的需求。这确保了用户在支付时能够选择最适合他们的支付方式，同时也为系统创造了更多的商业机会。
- 快捷支付与网银接口：快捷支付和网银接口是两种主要的银行支付途径，提供了不同的用户体验。快捷支付需要在本地保存用户支付信息，所以系统的安全性至关重要。
- 安全性和标准要求：为了确保支付信息的安全，银行要求接入方通过安全开发标准（ADSS）检验才能接入快捷支付。这是保障用户敏感信息不被泄露的重要措施。
- 多渠道选择和权重：为了避免单点故障，可以为每个支付方式定义多个渠道，使系统在一个渠道出现问题时可以切换到另一个渠道。定义渠道权重可以进一步优化路由策略，确保可靠渠道优先使用。
- 复杂的实际路由：实际支付路由可能更加复杂，需要考虑多个因素，如不同系统、地区和业务的不同要求。这可能需要在设计中灵活考虑多个维度的因素。
- 综合考虑的设计策略：在设计支付路由策略时，需要综合考虑支付方式支持、渠道可靠性、用户体验和安全性等多个因素。这需要软件工程师进行全面分析和权衡。

5. 支付渠道

　　按渠道拆分和按服务拆分支付系统中的应用有各自的优势，具体选择取决于用户的系统需求、业务场景和团队组织。无论选择哪种方式，确保微服务之间的通信和协作都是关键，以确保整体系统的稳定性和一致性。

- **按渠道拆分**：按渠道拆分是将每个支付渠道独立部署在一个容器中，为支付网关提供相同的服务接口。这种方式可以使得每个支付渠道都具有独立的生命周期，方便单独维护和扩展。不同的支付渠道可以根据其特性进行优化，从而提高整体性能和可用性。
- **按服务拆分**：按服务拆分是根据支付系统的不同功能将其拆分成支付、对账、退款等子系统，每个子系统都单独部署。这种拆分方式侧重于功能的划分，可以使得每个子系统都具有独立的职责和开发团队。同时，这种拆分方式也有助于提高系统的可维护性和可扩展性。

6. 渠道拆分

按渠道拆分，可以将每个渠道对接系统所在的机器仅开放对渠道和支付网关前置机的访问白名单。这样可以限制外部访问的范围，减少潜在的攻击面。同时，这种拆分也可以提高系统的可维护性和安全性，因为每个渠道对接系统都可以独立进行安全配置和监控。

1）**按服务拆分的优势**：按服务拆分支付渠道可以带来一些优势，包括独立部署、隔离问题、共享加 / 解密逻辑等。

- **独立部署**：每个支付服务接口都作为独立的子系统部署，使得不同渠道的变更和维护相互隔离，避免单个渠道的问题影响整体系统的稳定性。
- **隔离问题**：由于不同渠道独立部署，因此某个渠道的问题不会影响其他渠道的正常运行，提高了系统的稳定性。
- **共享逻辑**：对接渠道的难点在于加 / 解密和报文组装解析。按渠道拆分可以使得每个渠道对不同服务的加 / 解密和报文处理逻辑都是一样的，减少了开发投入。

2）**挑战和问题**：尽管按服务拆分支付渠道有很多优势，但也面临着一些挑战和问题。

- **银行加密客户端的需求差异**：不同银行的加密客户端可能有不同的需求，有些支持特定操作系统，这可能导致在一个容器中难以满足所有需求。
- **渠道访问量不均衡**：某些渠道的访问量可能较小，从而导致资源浪费。通过虚拟化或容器化技术，可以更好地管理资源分配，提高效率。

3）**安全**：从安全角度来看，按渠道拆分也具有优势。对接渠道通常要求只对特定 IP 的机器开放访问，按渠道拆分可以更精确地控制访问权限，减少系统暴露的风险。

按照服务拆分支付渠道在微服务架构中可以带来很多好处，但同时也需要解决一些挑战，如加密客户端需求差异和渠道访问量不均衡。在设计和实施中，需要综合考虑这些因素，以满足系统的稳定性、安全性和性能需求。

7. 接入渠道

不同的支付渠道具有各自的特点和优势，选择哪些渠道要根据业务需求和目标受众来决定。同时，每个渠道的对接都需要考虑其技术复杂度、安全性要求以及用户体验等因素。确保选择合适的支付渠道，并对其进行有效的对接和集成，是建立稳定、安全且受用户欢迎的支付系统的关键。

下面是对接入渠道的进一步解释和总结。

- **第三方支付**：第三方支付渠道（如支付宝和微信支付）在大多数应用中都是必需的，因为它们的使用率非常高。它们无须绑卡，用户授权后即可进行支付，提供了良好的用户体验。对于特定业务场景，如游戏和企业支付，还可以考虑专用的第三方支付平台。
- **银联**：银联的存在方便了与银行的对接，但与第三方支付不同，银联需要用户绑定银行卡。这可能导致一些用户的折损。然而，绑卡后的支付操作相对简单。银联接入需要 ADSS 认证，确保安全性和合规性。
- **银行**：银行渠道的对接可能比较复杂，涉及多家银行的不同需求。根据交易量和业务需求，可以选择优先对接一些主要的大型商业银行和股份制银行。对接一个银行可能需要较长的时间和一定的成本，包括专线接入费用等。
- **手机支付**：手机支付内置于手机厂商的支付功能，如苹果的 In-App 支付、三星支付、华为支付等。这些支付方式针对特定的手机型号支持 NFC 等技术，尽管用户群体相对较小，但根据业务需要也可以考虑接入。

15.2　交易系统的链路优化

交易系统在整个支付系统中充当了连接业务前置和支付网关的桥梁，确保支付过程的可靠性、一致性和安全性。设计和实现交易系统时需要考虑各种业务场景、并发情况和异常情况，以构建一个稳定、高效的支付交易处理平台。同时，交易系统还需要与其他系统进行集成，如清结算系统、风控系统等，以实现全面的支付功能和业务支持。交易系统架构如图 15-3 所示。

交易系统具备以下功能。

- **业务校验**：交易核心首先对业务方发起的支付请求进行校验，以确保请求的合法性和有效性。这可能包括验证支付金额、商户信息、订单号、支付方式等，以防止恶意或错误的请求。

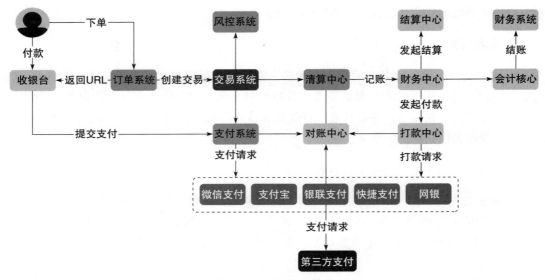

图 15-3　交易系统架构

- **接单**：通过校验后，交易核心会接收业务方的支付请求，之后发起支付的指令。这可能涉及生成新的支付订单、存储订单信息，并为后续的支付流程做好准备。
- **查询请求处理**：除了发起支付，业务方可能还会发起查询请求，以获取订单的支付状态、交易详情等信息。交易核心会处理这些查询请求，从数据库或缓存中检索相应的订单信息，并将查询结果返回给业务方。
- **交互与通信**：交易核心与业务方的前置模块进行通信，可以通过接口、消息队列等方式进行。这样的通信可以包括支付请求的传递、交易状态的更新通知等。
- **并发和事务处理**：交易核心需要处理并发的支付请求，以确保数据的一致性和完整性。使用事务管理技术可以保证支付过程中的数据操作是安全的，避免数据不一致或意外情况的发生。
- **异常处理**：在支付过程中可能会出现各种异常情况，如支付超时、支付失败等。交易核心需要捕获并处理这些异常，向业务前置或支付网关返回适当的错误信息，以便业务方进行相应的处理。

交易系统核心流程的优化会涉及很多方面，这里从以下 4 个主要方面进行分析。

1. 保证数据一致性

支付系统最重要的是数据的一致性，因为涉及真实的资金情况，所以对订单的一致性要求最高，否则会导致资金损失的情况发生。例如，用户购买了一件商品，并成功提交了支付请求。但由于网络延时或其他技术问题，支付系统没有及时收到支付成功的确认信息，导致系统误以为支付失败。然后用户可能会再次尝试支付，而此时系统可能已经接收到之前的支付请求，但由于状态不一致，又会再次处理这笔订单，导致重复支付，用户被多次扣款，而实际上只有一笔订单成交。为了避免这种资金损失情况的发生，架构设计时可以考虑以下几个方面。

（1）唯一标识符和幂等性

每笔订单都应该有一个唯一的标识符，比如订单号。在处理订单时，系统应设计成具有幂等性，即多次相同的请求对系统的状态不会产生影响，确保重复请求不会导致多次处理同一笔订单。

这里假设业务代码是 ABC，订单号的设计规则为 YYYYMMDD-ABC-XXXXX。

- YYYYMMDD 表示订单生成的日期，比如，"20230811" 表示 2023 年 8 月 11 日。
- ABC 表示业务代码，可以根据具体业务进行设置。
- XXXXX 是一个递增的序号，每天都可以从 00001 开始递增，或者根据并发订单量进行调整。

这样的设计方案确保了订单号的唯一性，因为每天的订单号都会根据日期和序号进行生成，而业务代码保证了订单号的区分度。

为了防止重复处理已支付订单等问题，用户可以在订单表中添加一个字段，用于记录订单的处理状态（如未处理、处理中、已处理）。在处理支付请求时，首先检查订单状态和处理状态，只有在特定条件下才进行处理。同时，用户也可以将业务跟踪号关联到支付、渠道订单和资金流水等相关数据中，以确保数据的关联和追溯。

（2）事务和状态管理

使用事务来确保支付过程的原子性，同时保持订单状态的一致性。在支付完成后，应立即将订单状态更新为已支付，并在处理支付请求时进行适当的状态检查，以避免重复处理已支付的订单。

每个订单都可以拥有一个版本号字段，每次更新订单状态时，版本号都会增加。在处理支付请求时，首先检查订单状态和版本号，确保只有在订单状态允许的情况下（如未支付状态）才能继续处理支付。可以通过乐观锁的方式实现这一点，即在更新订单状态时比较版本号，如果相符则进行更新，否则拒绝操作。

确保支付请求的处理是幂等的，即同一个支付请求可以多次进行处理，但只会对订单状态产生一次变化。在支付处理逻辑中，可以在数据库操作之前检查订单状态，如果已支付则直接返回成功，避免重复更新订单状态。

使用消息队列来处理支付请求。当用户发起支付请求时，首先将支付请求放入消息队列中，然后由支付系统从队列中逐个处理请求。这可以确保每笔支付请求只会被处理一次，避免了多次处理同一订单的情况。

在处理支付请求时，可以设置定时任务来监控支付状态。如果在一定时间内没有收到支付确认信息，则可以将订单状态回滚或标记为异常状态，以避免因网络或其他问题导致的订单状态不一致。

（3）确认机制

实现支付确认机制，确保支付系统和用户端之间的通信能够及时、准确地传递支付结果。如果支付成功，那么用户应该立即收到确认，以免用户重复发起支付请求。

用户发起支付请求时，支付系统应立即返回支付请求接收的响应，让用户知道支付请求是否成功接收。为了避免用户长时间等待响应，支付系统可以设置一个合理的超时时间，超时后自动返回支付未确认的信息。

支付系统可通过异步通知（如回调 URL、消息队列等方式）将支付结果通知给用户端，当支付状态发生变化时，支付系统会向用户端发送通知，确保用户及时了解支付结果，避免重复发起支付请求。

提供一个支付状态查询接口，允许用户通过订单号或业务跟踪号实时查询订单的支付状态。这样用户可以随时查询订单的支付状态，避免了因为不确定性而重复发起支付请求。

在支付系统中使用消息队列的发布订阅模式将支付结果发布给订阅者，其中，用户端可以是一个订阅者。这样，当支付状态发生变化时，支付系统会发布消息，用户端订阅并及时获得支付结果。

在用户端处理支付结果时，需要保证对于同一个支付结果的处理是幂等的。即使由于网络问题或其他原因多次收到相同的支付结果通知，用户端也不会重复处理。

在支付确认过程中记录详细的日志，包括支付请求、响应、通知等信息。同时，建立监控系统，实时追踪支付确认的情况，一旦发现异常，及时进行报警。

（4）超时和回滚

在支付请求被发起时，可以在订单记录中标记支付状态为"处理中"或类似的状态。如果发生超时，则可以根据订单状态进行相应的处理，例如将订单状态回滚到未支付状态，以便后续再次尝试支付。

处理支付请求时，可使用分布式事务确保支付状态和订单状态的一致性。如果支付请求超时，那么分布式事务可以回滚订单状态和支付状态的变更。在系统设计中，需要考虑不同场景下的决策逻辑，例如直接回滚还是通知相关人员等。

在支付请求处理过程中，应设置适当的超时机制，以避免长时间未收到支付结果而导致系统状态不一致。如果支付请求超时，则可以回滚订单状态，以便后续再次尝试支付。同时，应设置合理的超时时间。该超时时间应根据业务特点和支付系统性能确定，以确保足够的时间来处理支付，但又不至于过长。

在支付请求被发起后，应启动一个定时任务来监控支付状态的变化。如果超过预设的超时时间仍未收到支付结果，那么定时任务可以触发超时处理逻辑。

在支付请求发起后，如果发生超时，那么应及时通知用户支付尝试失败，并提供相关的支持联系方式，以便用户与客服人员沟通并解决问题。人工介入可帮助处理特殊情况，避免系统状态不一致。

建立支付系统的监控系统，实时追踪支付状态的变化和处理情况，记录详细的日志信息，包括支付请求、超时事件以及相关处理。这有助于及时发现问题，进行排查和修复。

2. 异常支付流程的处理

组合支付包括使用红包、优惠券和支付宝支付，若支付宝支付环节出现失败的情况，那么系统需要确保整体订单的状态一致性和资金正确性。例如，用户 A 购买了一件商品，总价为 100 元。用户在支付时选择了使用一个价值 30 元的红包和一个价值 20 元的优惠券，同时使用支付宝支付了 50 元。然而，在支付宝支付环节出现了问题，导致支付宝支付失败。为了避免发生这种资金损失的情况，在架构设计时可以考虑以下几个方面。

（1）异常报告和处理触发

当支付失败时，系统会将此异常情况报告给异常管理组件。异常管理组件根据事先设定的规则来判断是否需要触发反向退款流程。

应设置监测机制，实时监控支付过程中的异常情况，可以通过支付系统的日志、监控指标等方式来实现。当发生支付失败时，支付系统应立即生成异常报告，其中包含失败的支付信息、订单号、支付方式等关键信息。

将异常报告传递给异常管理组件，可以通过消息队列、API 调用等方式来实现，确保报告能够准确地传递给异常管理组件进行后续处理。

在异常管理组件中设置一系列规则，用于判断何时触发反向退款流程。这些规则可以基于支付方式、支付失败原因、订单状态等因素进行设定。例如，如果支付宝支付失败，且其他支付方式扣款成功，则触发退款流程。异常管理组件应能够根据设定的规则自动判断是否需要触发退款流程。如果满足条件，那么系统可以自动发起相应的退款请求。

对于一些特殊情况，可能需要人工介入来判定是否触发退款。在异常处理流程中设置人工干预选项，以便相关人员能够审查和判定异常情况，记录异常情况、处理流程以及判定结果。这有助于后续的审计和追溯，以及不断优化异常处理规则。

（2）反向退款流程启动

如果规则确定需要进行反向退款，那么异常管理组件会向支付系统发起红包和优惠券的退款请求。这些请求会包括退款金额、订单号等关键信息。

根据异常情况和规则判定，计算出需要退还的红包和优惠券的金额，确保退款金额准确反映支付失败造成的损失。异常情况报告应包含足够的关键信息，如订单号、支付方式、支付失败原因等。异常管理组件可以利用这些信息构建退款请求。这里根据计算出的退款金额和订单号构建退款请求，其中包括退款的详细信息以及必要的认证和授权信息，以确保退款的合法性和安全性。

异常管理组件通过支付系统提供的退款 API 进行调用，或通过消息队列等方式发送退款通知，以确保与支付系统有效交互。在发起退款请求后，异常管理组件应记录这些退款请求，以便后续审计、追溯和问题排查。支付系统接收到退款请求后，需要进行相应的退款操作。在退款过程中，应确保退款金额和订单号匹配，以及必要的资金操作正确无误。

（3）资金和状态更新

支付系统接收到退款请求后，首先检查相应的红包和优惠券是否仍在有效期内，并且是否可退款。如果条件满足，那么支付系统将更新红包和优惠券的状态为"可使用"，并执行退款操作。

支付系统接收到退款请求后，首先验证退款请求的合法性，确认退款请求包含必要的信息，如订单号、退款金额等。对于涉及的红包和优惠券，检查其是否在有效期内，并且是否符合退款条件。如果条件不满足，则可能需要拒绝退款请求。

如果退款条件满足，那么支付系统应将相应的红包和优惠券的状态更新为"可使用"，以便用户在后续购买中继续使用。执行退款操作，将退款金额返还到用户的账户中。这可能需要与第三方支付平台进行交互，以确保退款的准确性和及时性。在退款过程中，确保记录资金流水，包括退款金额、时间等信息。

（4）订单状态更新

支付系统会更新整个订单的状态。如果支付宝支付失败，那么订单状态可能会被更新为"待支付"状态，以便用户可以重新尝试支付。

在接收到退款请求并完成退款操作后，支付系统需要再次检查订单的状态，确保退款操作不会影响已经进行的状态更新。如果支付失败，那么支付系统应该将订单的状态更新为合适的状态，以便反映支付失败的情况。在订单状态发生变化时，支付系统应该向相关组件或模块发送通知，以便其他系统能够及时感知状态变化。支付系统可以向用户发送通知，告知支付失败的情况，并鼓励用户尝试重新支付。为用户提供重新支付的机会，可以通过向用户提供支付链接、重新提供支付按钮等方式实现。

3. 代付拆单时部分成功的情况处理

假设一个电商平台需要对供应商进行代付操作，以结算订单中的货款。在代付拆单后，生成了 3 个子单：子单 A、子单 B 和子单 C。子单 A 和子单 B 成功完成代付，但子单 C 在支付渠道上遇到了问题，支付失败。为了避免这种资金损失的情况发生，架构设计时可以考虑以下几个方面。

（1）异常子单报告

当子单 C 支付失败时，电商平台的系统会将子单 C 的异常情况报告给异常处理组件。这个报告应包含子单 C 的关键信息，如供应商信息、订单号、支付金额、支付渠道、支付失败原因、时间戳、重试次数、错误代码等。

（2）异常处理组件

异常处理组件可以根据支付失败的原因来判断是否需要后续处理。有些支付失败情况可能是暂时性的，可以尝试重发；而有些可能是永久性的，需要人工介入处理。如果子单 C 已经尝试了一定次数的重试，则可以将其标记为无法自动处理，需要人工干预。如果支付失败的原因是特定的错误代码或情况，那么异常处理组件可以根据这些标识来决定后续的处理方式。如果同一供应商连续出现多次支付失败，那么可能需要进行更严格的处理，如通知相关负责人。

（3）调度中心

如果规则判断需要处理该异常情况，那么异常处理组件会将子单 C 发送到调度中心。

调度中心可能维护一个任务队列，用于接收异常处理组件传递过来的需要处理的任务，其中包括需要重发的子单 C。调度中心会根据事先设定的重发策略，尝试重新发送代付请求，这可能包括重试次数、时间间隔等。

调度中心需要监控自动重发过程中的状态，记录每次重发的结果和时间。如果达到重发次数上限，那么将做出相应的标记。如果自动重发尝试达到了上限且仍然无法成功，那么调度中心会将需要人工干预的子单 C 标记为等待人工处理。不论是自动重发还是人工支付，调度中心都需要及时更新子单 C 的状态，以反映实际处理情况。

（4）重发策略

调度中心根据设定的重发策略尝试重新发送子单 C 的代付请求。重发策略包括重试次数和时间间隔等。如果重发成功，则更新子单 C 的状态为成功。

设置一个最大重试次数，如 3 次。如果子单 C 在指定的重试次数内仍然支付失败，则停止重试，并标记为需要人工处理。在两次重试之间设置一个时间间隔，例如每次重试间隔10min。这可以防止频繁发送请求，给支付渠道一些时间处理之前的请求。每次重试的时间间隔都可以呈指数递增，即每次重试的时间间隔是前一次的倍数。这可以让重试更加智能地适应不同情况。在一定的时间范围内随机选择一个时间间隔进行重试，可以避免过于规律的请求。设置一个最大重试时间，如果在这个时间内无法成功重发，则停止重试。根据历史数据和成功率，设定一个失败阈值。如果子单 C 的重试失败次数超过阈值，则停止重试。初始时使用较短的时间间隔，如果前几次重试都失败，则逐渐增加时间间隔，以提高成功率。如果前几次重试均失败，则可以考虑将子单 C 标记为需要人工干预，而不继续自动重发。

对于不同类型的异常情况，可以设定不同的优先级和重发策略，以适应不同的场景。

（5）状态更新和通知

无论是自动重发还是人工支付，都需要确保子单 C 的状态得到及时更新。同时，通知相关人员或系统，以确保问题得到妥善处理。如果自动重发成功，那么调度中心应该更新子单 C 的状态为成功。如果重发失败次数达到上限，则应标记子单 C 为需要人工干预。如果操作员成功进行人工支付，则调度中心应更新子单 C 的状态为成功。如果人工支付失败，则相应地标记为未成功。确保状态更新是在事务内进行的，以保持订单、子单和资金状态的一致性。

如果子单 C 连续多次重试失败，或者人工支付也失败，那么调度中心应触发异常报警机制，通知相关的运维人员、技术团队或管理层。在自动重发或人工支付成功后，调度中心可以向相关系统或人员发送通知，以便了解情况。如果子单 C 需要人工支付，那么调度中心应向操作员发送指引，包括支付金额、支付渠道等信息，以便操作员能够进行正确的人工支付操作。确保任何状态变更都能够通知到相关人员或系统，以便能够及时了解代付交易的进展。

4. 特殊业务场景中的高并发压力应对方法

在促销活动、特殊节日等时期，用户的支付请求可能会急剧增加，导致支付系统面临高并发压力。这可能导致系统崩溃、性能下降或响应延时。为了避免资金损失的发生，架构设计时可以考虑以下几个方面。

（1）预估负载和规划资源

提前预估可能的用户访问量和支付请求，根据预估的负载情况规划足够的资源，包括服务器、数据库连接和网络带宽等。

回顾类似的促销活动、特殊节日等的历史数据，分析访问量和交易量的波动情况。考虑当前市场的趋势和发展，预测用户参与的可能性。活动前的宣传和广告效果、广告投放可能会影响用户流量，需要进行估算。

分析用户行为模式，了解用户在促销活动中的购物行为，预测可能的交易数量。考虑高峰期，例如促销活动首日或特定时间段，预测峰值负载，确保系统能够应对高峰压力。

根据预估的负载，确定需要的服务器数量、数据库连接数和网络带宽等资源。

考虑突发情况，将容量规划设置为弹性的，以应对意外的负载增加。在预估负载的基础上增加一定的缓冲区，以应对未预料到的情况。在活动期间实时监控系统的负载和性能，根据实际情况及时调整资源分配。

为了应对突发情况，制订紧急响应计划，包括资源调整和应急措施等。

（2）自动扩展

在交易系统中实现自动扩缩容过程时，需要确保数据的一致性。这包括将现有数据迁移到新的服务器实例上进行扩容，并在缩容时保证数据的完整性，可以使用数据库复制、分片等技术来维护数据一致性。

交易系统中的交易数据可能涉及多个操作，因此在自动扩缩容过程中，必须确保所有交易数据能够正确进行事务处理，以避免数据丢失或不一致的情况。在自动扩缩容时，新的服务器实例需要正确地添加到负载均衡器中，以确保请求能够均匀分布到各个实例。同时，建议设置实时监控系统，以便及时感知服务器实例的状态和负载情况。这有助于及时发现性能下降或异常情况，并在需要时启动扩缩容过程。在实际运行之前，应对自动扩缩容机制进行充分的自动化测试，模拟高负载和扩缩容情景，验证自动化机制的稳定性和准确性。在自动扩缩容过程中，还要确保容灾和备份策略的有效性，以避免数据丢失和系统不可用的风险。

另外，设计合理的扩缩容条件和策略，可以避免由于过度扩缩容而导致资源浪费或不稳定的情况发生。

（3）缓存优化

在交易系统中实现缓存优化是提高性能和降低数据库负担的重要策略。

了解交易系统中哪些数据被频繁访问、哪些数据较少被访问，以及不同数据的访问模式（如读多写少、写多读少等）非常重要。根据数据访问模式选择合适的缓存适用场景，如数据库查询结果、热门商品信息、用户会话等。选择适当的缓存策略，如写穿透处理、缓存雪崩预防、缓存更新策略，并考虑实现多层次的缓存，如本地缓存和分布式缓存结合，以在不同场景下提供更好的性能。

（4）数据库优化

在交易系统中进行数据库优化是确保性能和可靠性的关键一步，优化数据库查询语句和索引，使用数据库连接池管理连接，避免数据库成为性能瓶颈。

（5）异步处理

为了减轻前端请求的并发压力，可将支付请求的处理异步化。将请求放入消息队列中，在后台进行异步处理。

用户下单后，将订单创建的请求放入消息队列。后台异步处理组件从队列中读取订单创建请求，创建订单并更新订单状态。同时，在下单时，将库存扣减的请求放入消息队列。异步处理组件读取库存扣减请求，并执行库存扣减操作。若扣减库存失败，则可以进行消息重试，以保证库存的一致性。

同样地，将支付记录生成的请求放入消息队列。后台异步处理组件读取请求，生成支付记录并更新订单状态。

尽量将各个写操作解耦，避免在一个事务中同时处理多个写操作。由于异步处理可能会存在一定的时间间隔，因此需要设计一致性机制，以确保各个步骤的数据一致性。同时，由于异步处理可能会进行重试，因此需要保证每个步骤都是幂等的，即多次执行不会导致不一致的结果。此外，需要设计错误处理机制，对于处理失败的情况，将错误信息记录到日志或监控系统中，以便后续跟踪和处理。针对不同的写操作，可以设计不同的异步处理队列，以避免单一队列成为瓶颈。

另外，要确保消息队列支持消息持久化，以防止消息丢失。如果使用的消息队列不支持持久化，则可以考虑将写操作的数据预先存储在数据库中，然后通过消息队列通知异步处理。

（6）服务降级

在高并发情况下，为确保核心功能的稳定运行，可以暂时关闭某些非核心功能或限制部分用户的服务。在交易系统中，服务降级可以帮助保障支付和订单处理等核心业务的稳定性。

首先，明确定义交易系统的核心功能，通常包括支付、下单和订单处理等与交易直接相关的功能。然后，识别哪些功能是相对次要的或对用户体验影响较小的，可以在高并发情况下暂时关闭或限制这些非核心功能。

设置性能监控系统，实时监测交易系统的性能指标。一旦性能下降，就可以及时触发服务降级。设计合适的触发条件，当系统的负载达到一定阈值或性能下降到一定程度时，触发服务降级。定义不同的降级策略，可以通过关闭部分功能、延时处理、返回静态数据等实现。触发服务降级后，及时通知运维团队和开发团队，以便进行进一步的监控和处理。考虑实现动态调整降级策略的能力，根据系统负载和性能实时调整服务降级的程度。当系统负载降低或性能恢复时，自动解除服务降级，恢复受限制的功能。如果涉及用户的服务降级，则应及时向用户通知，以避免用户困惑和不满。

在设计服务降级策略时，要考虑其对业务的影响，确保核心业务仍然能够正常运行。

（7）请求限流

在交易系统中，实施请求限流策略可以保障系统的稳定性和安全性。通过限制单个用户或 IP 的请求频率，可以避免恶意攻击或异常请求对系统造成过大影响。

可以设定每个用户或 IP 在一定时间内发送的请求数量上限，这可以通过设定时间窗口（如每秒、每分钟）和最大请求数来实现。使用令牌桶算法或漏桶算法来实现请求的限流。这些算法可以平滑地控制请求的流量。要求用户在每次请求中都提供有效的身份验证或令牌，以确保只有合法用户才能够访问系统。

根据系统负载情况，动态调整请求限流的参数。在高负载时适当提高限制，在低负载时放宽限制。考虑限流达到时的处理机制，可以返回友好的错误信息或启动服务降级，以保障用户体验。针对不同类型的用户，可以设置不同的请求限流策略，以便对不同用户进行差异化的限制。

维护黑白名单，对恶意 IP 或用户进行拦截，以进一步增强安全性。对于频繁发送异常请求的用户，可以进行临时封禁或暂时降低请求限制。在设计限流策略时，要注意不要过于严格限制正常用户的请求，以免影响用户体验。确保在限流错误返回信息中不泄露敏感信息，以防止攻击者获取有关系统的信息。

（8）预案演练

预案演练是确保系统在发生灾难性事件时能够迅速恢复并保持稳定运行的重要步骤。在交易系统中，特别是在高并发期间，进行预案演练可以帮助系统运维团队熟悉应急响应流程，验证容灾和恢复策略的有效性。

15.3　对账系统的设计

15.3.1　对账系统概述

对账系统或对账平台通常用于比对财务数据上的金额或订单数据的差异等，主要体现在交易的金额上。然而，这里所指的对账平台旨在成为一个更广泛的工具、一个平台化的解决方案。尽管对账的需求起源于财务对账，但目前该平台已经扩展支持多种业务领域之间不同形式的对账工作。此外，这个工具化的产品还能够支持不同业务形态下的大数据量比对。通过统一的平台建设，该对账平台使得不同业务线之间相同或相似的对账诉求能够得到统一解决，从而减少人力资源消耗和独立开发所带来的资源浪费。总体而言，这个对账平台成为一个全面且高效的工具，使得企业能够更加便捷地进行对账工作，并且满足多样化的对账需求。同时，平台化的特性也使得它更灵活地适应不同的业务场景，提升了数据对比的精度和效率。

对账实际上是在两个数据源中查找指定范围内相同和不同的数据。对账系统通常包括 3 个环节：数据采集及加工、对账和调账。

- 数据采集及加工：将不同源的数据采集并加工成标准化或易于对账的数据，为对账做准备。
- 对账：找出两个数据源中相同和不同的数据并输出。
- 调账：针对对账中的金额差异，找出背后的原因并进行账务上的调整操作。

在谈到数据采集及加工和调账环节时，我们必须熟悉各个数据源的数据结构。然而，当我们需要对几十个业务线进行对账时，了解所有业务侧的数据结构会变得非常困难。因此，当我们将对账平台的重点放在核心问题上时，目标会变得非常清晰，即为众多业务线提供通用的对账工具。这要求我们不侵入业务逻辑，使平台的对账功能能够适应大多数业务线，并满足对账需求。

接入对账平台的一些标准如下。

- 提供两个数据源中已经加工好的一张宽表数据，无须与其他表进行关联。
- 提供对账所需的对账条件，如比对字段、比对范围、对账周期、结果输出形式等。

- 需要对账的数据根据时效性一般可以分为离线数据对账和实时数据对账。
- 离线数据对账一般在数据产生之后的第二天进行，即 $T+1$。
- 实时对账指实时产生的数据当天就可以进行比对。

财务上一般都会采用 $T+1$ 的方式对账。假设每天产生的业务数据量在上百万或千万级别，通过对账平台直接连接业务库可能会给生产数据库造成压力，因此 $T+1$ 对账非常适用。这类数据可以通过 ETL 的方式从业务库中抽取到数据仓库中进行加工、分析和处理。实时对账一般采用直接连接业务库的方式来采集数据，需要在对账平台配置相关的数据源信息，适用于数据量较小的情况。

下面介绍离线数据的对账。当离线数据被抽取到数据仓库后，业务方可以对数据仓库中的数据表进行各种加工和计算，最终生成符合对账平台标准的宽表，供对账平台进行对账。因此，对账平台的数据采集和加工工作可以完全由数据仓库来解决。

接下来是调账问题，不同业务线的调账方式也不同。如果所有调账都在对账平台处理，那么会增加对账的负担并增加与各个业务系统的耦合性。另一种思路是将对账结果通过接口形式开放给业务系统进行查询，而各个业务线的个性化调账功能则由业务系统自身完成。这样可以使对账平台更加独立，专注于对账本身，并将强大且通用的对账功能作为目标，实现平台化、工具化的输出，解决通用的对账类问题。

如图 15-4 所示，对账平台针对上述 3 个不同环节采取的措施如下。

- 平台的数据采集及加工：将所有数据交由数据仓库处理，通过数据管道对各个业务线的业务数据进行 ETL 抽取，并将其存储在大数据集群中。可以通过计算作业对数据进行加工处理。
- 平台的对账：这是我们关注的核心。通过通用化的设计、简洁的配置和高效率的比对，我们的对账环节能够解决大多数业务线的通用数据对账问题。
- 平台的调账：开放对账结果查询接口，使业务系统能够自主进行调账或差异处理需求的开发。

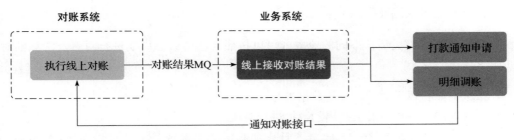

图 15-4　对账系统的一般流程

15.3.2 对账需求分析

对账需求分析需要考虑业务的实际情况和风险，以确保不同系统中的数据在一致性和准确性方面得到验证。下面是对账需求分析的一些关键要点。

1. 对账数据间的关系

我们将需要比对的两个数据源称为主数据源与目标数据源。通常情况下，大数据源的数据关系可以分为以下 3 种情况。

- 一对一：主数据源与目标数据源表之间的数据存在一对一的关系。通过一个或多个字段的组合，最多可以在另一张表中找到一条相应的记录。
- 一对多：数据表中的记录是一对多的关系，即主表的记录在目标表中可以找到相应的多条记录。一个例子是订单表与订单明细之间的关系。
- 多对多：主数据源表中的多条记录与目标表中的多条记录进行比对。例如，业务系统中的订单明细与财务系统中的结算明细数据进行比对。

当然，在不影响业务含义的情况下，针对不同对账数据间的关系，我们可以将其转换为一对一的关系进行比对。无论是一对多还是多对多的关系，我们都可以通过数据分组汇总，然后使用一对一的关系进行匹配比对。

2. 对账的维度

在业务的对账需求上，数据会存在以下两种情况的对账。

- 明细对账：要求对账的最细粒度，即对比表中的每一条记录。
- 汇总对账：按照需要的维度进行汇总后，比对总金额、总数量等汇总后的数据。

汇总对账的维度可能不止一个。例如，业务上可以按照商家和月度进行汇总后对账，也可以按照商家及产品维度汇总后进行对账。总之，汇总对账的维度是灵活多变的，应根据不同的业务线进行配置。

3. 对账数据的范围及周期

对账的周期较为灵活，不同的业务线可以按照自己的结算周期进行对账。常见的对账周期如下。

- 按天对账：每天对前一天的数据进行对账。
- 按周对账：每周一对上一周的数据进行对账。
- 按半月对账（如 1 日—15 日，15 日—月末）：每月初或月末对前推半个月的数据进行对账。

- 按自然月对账（或类似上月 28 日—本月 27 日）：每月的某个日期对上一个月的数据进行对账。
- 按季度对账：每个季度开始时对上一个季度的数据进行对账。
- 还可以根据需要扩展其他的对账范围。

在对账平台中，对账的周期和范围需要根据不同的业务需求进行配置。

4. 对账触发条件

对于业务而言，它们并不关心如何实现对账，只在乎不要太烦琐，并且当要重新对历史账单进行核对时，必须能够支持。那么我们的对账任务在什么时候触发呢？这里有两种情况。

- 自动触发：按计划定时进行对账。
- 手动触发：由人工手动触发进行对账。

即使原本是按天对账的任务，用户也希望能够对 10 天前的数据进行重新核对。因此，在需求中，这个设置也需要考虑进来。

5. 对账结果的输出

对账结果包含两部分：交集和差集。交集是相同的数据；差集是不同的部分，即有差异的部分。根据对账的需求不同，有些业务线需要输出全量数据，即包含交集和所有差集；而有些业务线只需要保留有差异的部分即可。因此，我们将对账结果输出模式设置为以下 4 种。

- 全量存储：存储主数据源的全部数据以及主数据源与目标数据源之间的所有差异数据。
- 全量差异存储：仅存储两个数据源之间的所有差异数据。
- 主数据源差异存储：仅存储主数据源与目标数据源不一致以及目标数据源中不存在的数据。
- 目标数据源差异存储：仅存储目标数据源中不存在的数据以及与主数据源不一致的数据。

15.3.3　对账流程和规则设计

对账逻辑如下。

1）从上游渠道（如银行、银联等金融机构）获取对账文件，程序逐行解析入库。

2）在程序处理中，以上游对账文件的表为基准，程序逐行读取并对比系统的交易记录与账务记录（在有账务系统的情况下，合理方案应该是与账务记录对比），查找出差异记录。

3）以系统的交易记录对比账务记录为基准，程序逐行读取并与上游对账文件对比，查找出差异记录。

对账系统的实现难点如下。

- 在对账过程中查询相关数据，如果数据量巨大，则对数据库的性能影响较大，而且对账逻辑扩展极为麻烦。
- 逐行比对算法的效率较低，优化空间有限。如果采用 INTERSECT、MINUS 操作，则对数据库的压力较大。
- 在业务量大的情况下（例如有上百家上游渠道需要对账，每一家都有几十万条交易记录），对账服务器及数据库服务器负荷较高。即便采用读写分离，对账时使用读库，压力也一样很大。
- 导入批量文件，逐行入库时效率较低（每一次都需要建立网络连接、关闭连接）。

1. 对账流程

对账的完整流程如图 15-5 所示。

根据图 15-5 可知，对账流程主要分为如下几个模块。

（1）下载对账

- **对账单获取方式**：银行通常会采用不同的方式将对账单提供给接入方，包括 FTP 推送、FTP 下载、HTTP 下载等。对于网银的对账单，通常需要手动登录银行后台管理系统进行下载。
- **技术实现方法**：对于不同的获取方式，可以采用工厂模式，根据支付渠道的不同，使用不同的下载类来处理。如果是 HTTP 接口，则可以使用 Apache HttpClient 实现链接池和断点续传；如果是 FTP，则可以使用 Apache Commons Net API。这些工具和库提供了方便的方法来实现数据的下载和 I/O 操作。
- **设置重试次数和链接超时**：在下载对账单时，需要设置合适的重试次数和链接超时时间。过于频繁地重试可能会对服务器造成负担，而过长的超时时间可能会影响后续处理步骤。通常建议在 5 ~ 10min 的重试间隔区间内进行设置，以平衡重试频率和对服务器的影响。
- **注意异常处理**：在下载对账单时，要考虑网络异常、连接超时等情况。适当的异常处理和错误日志记录可以帮助用户及时发现问题并解决。
- **定时任务**：对于银行推送或定时提供对账单的情况，用户可能需要实现定时任务来自动触发对账单的获取和处理流程。这样可以确保对账单始终保持最新。

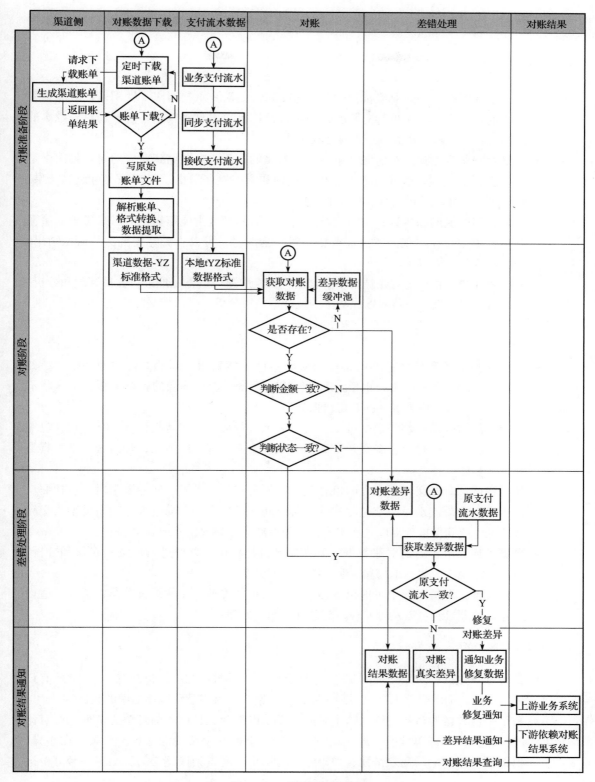

图 15-5　对账的完整流程

（2）创建批次

- **防止重复对账**：创建对账批次的一个重要目的是防止重复对账，特别是在对账频率较高的情况下。每次进行对账时，都可以使用批次信息来判断是否已经对该批次的交易进行过对账，从而避免重复处理。
- **存储对账结果信息**：在对账结束后，将对账的结果信息存储到对应的对账批次中是一种良好的实践。这样可以方便以后查询和审查对账历史，了解每次对账的结果，包括平账金额、差错信息、缓存池信息等。
- **对账结果的追溯和审计**：将对账结果信息存储到批次中能够提供对对账历史的追溯和审计能力。在出现问题或需要核实对账情况时，可以查看特定批次的对账结果，帮助定位和解决问题。
- **数据管理和分析**：将对账结果信息存储到批次中还可以方便地进行数据管理和分析。用户可以根据批次进行对账成功率的统计、差错分析、异常情况的排查等。

（3）解析文件

- **解析文件类型和格式**：不同渠道的对账文件可能采用不同的文件类型和格式，如JSON、文本、CSV、Excel 等。建议使用工厂模式设计不同的解析模板，将这些不同格式的文件解析为统一的对账数据类型。
- **加密和压缩处理**：部分银行可能会对对账单进行加密，或者提供以 ZIP 格式打包的文件。在解析过程中，需要开发额外的工具类来处理这些情况，包括加解密工具类和 ZIP 解压工具类。
- **解析字段**：对账文件中包含的信息是对账的关键，列出了一些主要字段，包括商户订单号、交易流水号、交易时间、支付时间、付款方、交易金额、交易类型、交易状态等。应确保准确提取这些字段，以便后续对账和数据处理。
- **数据入库**：解析后的对账数据需要存储到数据库中，以便进行后续的对账和分析。入库时需要考虑数据结构和对账系统的数据模型。
- **异常处理**：解析过程中可能出现格式错误、解密失败、文件缺失等异常情况。适当的异常处理机制可以及时发现问题并进行相应处理。

（4）对账处理

- **查询订单数据**：对账处理的第一步是查询平台和银行的交易订单数据，包括所有订单。具体查询的数据来源包括平台数据库、银行交易记录和缓存池中的数据。
- **基于平台数据的对账逻辑**：这个对账逻辑是以平台交易成功的订单为基准进行对比的，遍历银行订单数据，逐一比对订单号、金额和手续费等信息。如果存在差异，则将平台订单记录到差错池；如果银行订单中没有找到该笔交易，则将平台订单记录到缓存池。同时统计对账金额和订单数。

- **基于银行数据的对账逻辑**：这个对账逻辑是以银行交易数据为基准的，遍历所有平台交易，包括未成功的订单。对比订单号，找出订单号相同但支付状态不一致的订单。如果存在差异，则将订单记录到差错池。如果在平台交易中没有找到该订单，那么在缓存池中查找对应的平台订单，验证金额是否一致。如果仍然不一致，那么将订单记录到差错池；如果在缓存池中找到了对应的订单，则验证金额是否一致。如果在缓存池中仍然没有找到对应的订单，那么将订单记录到差错池，表示平台漏单。同时统计对账金额和订单数。

（5）对账统计

- **对账完成时间**：记录对账操作的完成时间，以便了解对账的持续时间和频率。这对于监控和性能优化都很有价值。
- **对账是否成功**：标记对账操作是否成功完成。如果对账成功，则意味着平台和银行的交易数据一致；如果对账失败，则需要进一步地调查和处理。
- **平账的金额和订单数**：记录在对账中平账的金额总和及涉及的订单数量。平账表示在对账中找到了相符的订单，金额和订单数相符。
- **差错的金额和订单数**：记录在对账中发现的差错金额总和及涉及的订单数量。差错可能是由于金额不一致、订单丢失等原因导致的。
- **缓存池金额和订单数**：缓存池中存放着在银行订单中找到但在平台订单中未找到的交易，记录缓存池中的金额总和及涉及的订单数量。这些交易可能需要进一步核查。

（6）差错处理

- **本地未支付，支付渠道已支付**：这种情况可能是因为本地未正确接收到支付渠道的异步通知而导致的。解决方法是将本地状态修改为已支付，并进行相应的后续处理，如通知业务方或更新订单状态等。
- **本地已支付，支付渠道已支付但金额不同**：这种情况需要人工核查。差异的原因可能是由于货币转换、手续费、通信错误等引起的。人工核查后，可以决定是否进行金额修正等操作。
- **本地已支付而支付渠道无记录，或本地无记录而支付渠道有记录**：这些情况较少出现，但仍需要进行处理。在排除可能的跨天因素后，需要了解具体原因，可能是由于系统故障、通信问题等引起的，应根据具体情况进行调查和修复。
- **自动处理和人工处理**：系统中的差错可以分为自动处理和人工介入处理两种情况。自动处理适用于一些常见且可以预见的差错情况，而人工介入处理则适用于较为复杂或需要判断的情况。

- **差错原因分析和记录**：对于每种差错情况，都建议记录下具体的差错原因、解决方法以及相关数据，以便日后审查和追溯。

2. 对账规则的配置

对账的数据查询可以分解为以下几个部分。

- **查询字段**：包括主数据源和目标数据源的查询字段，对于含义相同的字段，可以设置相同的别名。
- **对比字段**：即需要对比的字段，这些字段是从查询结果中选择的。
- **主键字段**：用于处理两个数据源记录之间的映射关系，例如在一对一的情况下，我们可以通过业务主键进行关联，比如订单编号等。
- **数据源**：指定用于比对的两个数据源来自哪个库表。
- **查询范围**：两个数据源都有各自的查询条件，同时我们也会在条件中加入一个查询日期范围。
- **汇总条件**：如果进行汇总对账，则需要填写相应的汇总字段。
- **输出字段**：对于对账结果的输出，我们最终会将其持久化到数据仓库或关系型数据库中，因此输出字段与查询字段有所区别。
- **输出表**：对账结果输出的字段将存放在哪个库的哪张表中。

图 15-6 所示为对账规则设计。对账规则的设计具体如下。

- **数据源表**：存储所有的数据源表信息，区分对账的数据源表及对账结果输出表。
- **对账作业表**：指定需要对账的两个数据源、对账区间、对账时间、存储位置、存储配置、状态等字段。
- **对账规则表**：定义对账规则，分为明细对账和汇总对账。
- **对账规则字段映射表**：上述 4 类字段（查询字段、对比字段、主键字段、输出字段）都可存入该映射表中，通过分类区分为查询列、对比列、匹配列和存储列。
- **对账规则扩展表**：用于存储对账规则中两个数据源的过滤条件及汇总条件。
- **对账任务表**：对账作业根据对账时间定时生成每一天的对账任务，用于具体的对账，并记录对账任务的执行情况。

图 15-6　对账规则设计

15.3.4　对账系统实现说明

前面提到了对账平台关注的主要点和业务上的对账需求之后，现在来讨论具体的对账实现方案。

- **软件 /SQL 比对**：针对不同的业务线，编写不同的代码段或不同的 SQL 进行比对。当遇到大量数据记录时，比对效率较低，需要编写不同的脚本来执行对账，此时工作量较大，而且不够通用。
- **Redis 的 Set 集合比对**：需要将比对的数据存放到 Set 集合中，然后求交集和差集。简单的对账需求和简单的数据结构容易比对，但涉及数据加工时存在一些限制。
- **Spark/Spark SQL 比对**：使用大数据计算框架进行大数据处理，在大量数据的情况下效率较高，而且内置函数可以方便地处理复杂的数据结构。

图 15-7 所示为基于 Spark 的对账处理实现。通过将参数拆解并直接查询数据仓库中的业务数据进行比对，可以使我们更加专注于对账算法的设计及可视化参数配置。

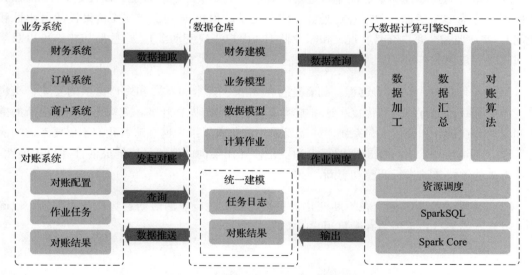

图 15-7　基于 Spark 的对账处理实现

选择使用 Spark 作为处理大数据量、多业务线以及对账过程中的工具，基于以下原因。

- **大数据量**：当对账数据量在高峰时可能达到上千万甚至上亿数据量的情况下，使用传统的数据处理方式可能效率低下，而 Spark 的分布式计算能力则可以有效地处理这样的规模，提高运行效率。
- **多业务线**：由于需要支持众多的业务线，每个业务线都可能有不同的数据源和数据结构。使用 Spark，读者可以通过 Spark SQL 直接查询数据仓库中的数据，而不需要详细了解每个业务线的数据结构。这种分离业务逻辑和数据接入的过程可以降低耦合，使对账系统更具通用性。

- **内置函数**：SparkSQL 内置了许多函数，可以方便地进行参数加工和处理。这些内置函数可以帮助用户处理数据，进行各种转换、过滤和匹配操作，以满足对账算法的需求。
- **灵活性和性能**：Spark 的分布式计算架构使得它能够在处理大规模数据时保持高性能。同时，它的灵活性使得用户可以使用不同的数据源、格式和处理逻辑，以适应不同的对账需求。
- **标准化数据处理**：使用数据仓库进行数据的标准化处理，有助于确保数据的一致性和可对比性。Spark 可以直接查询这些标准化的数据，简化了整个对账流程。

15.4 本章小结

支付系统的健壮性和稳定性非常重要。对于一个复杂的系统来说，监控是必不可少的。监控可以分为多个层面，包括业务监控（核心交易流程）、渠道监控（支付渠道的可用性和性能）、商户监控（商户交易状况）和账户监控（用户账户变动等）。这些监控措施可以及早发现问题，减少潜在的风险。

架构设计是一个动态的过程。随着业务的增长、技术的发展和用户需求的变化，支付系统需要不断地进行演化和优化。这可能涉及对系统的扩展、升级、重构等，以适应新的挑战和变化。在设计和开发支付系统时，需要采用演化式思维。这意味着我们不仅要考虑当前的需求，还要预见未来可能出现的需求和变化，并在架构中保留足够的灵活性和可扩展性，以便将来能够快速地进行调整和更新。

支付领域的技术和标准在不断变化，我们需要关注行业的最新趋势和技术创新，以确保支付系统始终具备竞争力并满足用户的需求。

扩 展 篇

Chapter 16 第 16 章

全链路性能压测

全链路性能压测技术已经发展了相当长的时间。随着互联网、金融等行业的数据不断增加，业务复杂度也越来越大。并发和流量峰值的不断上升对系统的稳定性提出了更高的要求。因此，这些因素越来越受到广大架构师的重视。如今，线上的全链路性能压测技术已成为海量用户高并发业务系统的性能和稳定性保障的重要手段之一。本章将介绍这一技术的背景、价值及核心技术要点。

16.1　全链路性能压测的背景与价值

性能工具公司 Perfma 发布的《全链路压测技术发展指南》中对全链路压测的定位为：通过对线上核心业务的链路梳理，模拟海量用户的实际操作，对线上系统进行各类测试和验证，以验证业务目标达成所需的容量是否符合预期。同时，对压测过程中的性能问题进行调优和分析，反复演练，并制定各类大促保障预案，如限流和熔断等，以保障关键业务的达成。

随着微服务架构和分布式技术的发展，线上业务系统的规模越来越庞大，服务实例数量非常庞大，依赖的基础设施和中间件也非常多，调用链路越来越复杂。以笔者参与的某个国际汇款业务为例，部署的服务实例节点总规模超过 1000 个，一次复杂的交易全流程调用的服务链路节点超过 100 个。这给系统的容量度量和端到端的性能测试带来了较大的挑战，并需要进行后续的性能分析和优化。

一方面，常规的测试环境很难模拟生产环境的全部数据和状态。例如，简单地降低测试环境的规模和配置不能直接反映出生产环境的容量和性能水平。这就是为什么性能测试与生产环境相比会出现所谓的"失真"情况。另一方面，由于复杂的分布式环境，性能并不是简单的线性关系，传统的测试方式也无法反映系统在面对突发大规模流量时的反应情况。因此，在以下场景中，性能测试一直是大规模分布式特别是微服务场景下的痛点。

- 需要了解生产环境的系统性能情况，包括容量指标和并发处理能力。需要知道在多少并发下能够达到预期的延时响应请求，以及在什么情况下会出现端到端的延时退化。
- 在面对一些促销活动、秒杀红包等突发流量激增的情况下，我们需要评估、度量、分析和优化系统的性能。我们需要确定系统是否能够承受住大量的流量，是否存在性能瓶颈节点，是否会导致关键时刻无法实现整体系统的扩缩容。
- 常规的性能测试无法全面覆盖线上复杂的数据和流量分布情况。测试用例的准备程度不足以代表真实的线上业务场景。例如，一个金融核心交易系统模块可能有 3000 多种业务服务交易，每种交易都有不同的数据分布和调用频率，而不同的交易之间可能会相互嵌套和组合。
- 在生产环境进行压力测试时，我们需要避免测试本身对生产环境产生负面影响。例如，如果大量的测试数据写入生产业务数据库中，则可能会影响业务数据库的性能和稳定性，以及后续的数据同步和下游分析处理。压力测试本身的高并发可能会占用业务处理服务或中间件的资源，从而对正在执行的业务处理产生直接影响，甚至影响系统的稳定性。

大概从 2014 年起，以淘宝的双十一大促等项目的稳定性建设作为契机，业内开始尝试系统性的研究，并实践全链路线上的性能压测，以此来推动解决上述痛点。

第一，通过全链路监控技术，在复杂的分布式链路下高效地采集和分析端到端的性能指标。第二，通过模拟真实数据或复制线上流量等方法，创建大规模的压测请求数据，为测试做好准备。第三，通过设计和改造业务系统和中间件，实现压测数据和常规业务数据的处理和存储的隔离。

16.2　端到端全链路监控分析

在分布式系统设计特别是微服务架构日益普及的今天，一个完整的端到端调用链路中涉及的处理流程和节点非常复杂。当其中某个组件出现性能问题时，开发人员往往无法快速定位问题的根源，只能依靠日志逐个排查，效率非常低。而分布式链路追踪通过收集一次分布式请求中的所有调用信息，在统一关联合并后还原成调用链路，通过调用关系树以图形化方式展示出来，从而实现系统问题的快速定位、链路性能分析、依赖路径识别等功能。

16.2.1 APM 技术

为了能够合理支持复杂分布式场景下端到端的性能指标实际情况，业内目前一般采用 APM（应用性能管理）工具来实现分布式链路跟踪技术。这些工具在低侵入性的情况下生成和采集链路调用数据，从而实现性能的日常监控和分析优化。

APM 技术通过在分布式系统的各个节点进行代理增强或 SDK 集成，在运行时对链路的各个服务进行方法级的调用拦截，生成调用日志。最后，通过全局跟踪 ID 和每个具体步骤调用的 ID 进行关联，从而方便地在跨节点实例的分布式环境中还原完整的调用链路，并进行后续的性能统计分析。图 16-1 所示为 APM 全链路监控示意图。

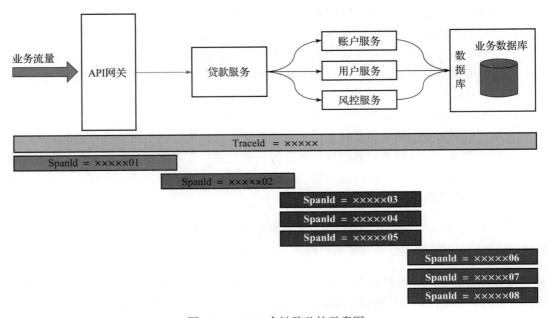

图 16-1　APM 全链路监控示意图

目前常见的开源 APM 技术有 PinPoint、Zipkin、Spring Cloud Sleuth 和 Apache Skywalking 等。其中，Apache Skywalking 因其功能多样、性能较高、使用方便而成为当前国内使用最广泛的 APM 技术。

16.2.2 Apache Skywalking

Apache Skywalking 是由吴晟主导并开源的一整套应用性能监控解决方案。它使用 Java Agent 在应用启动时对加载的类字节码进行增强，以实现无侵入地植入监控埋点代码。图 16-2 所示为 Apache Skywalking 的监控界面。

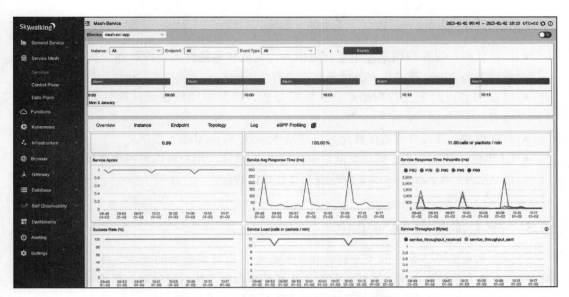

图 16-2　Apache Skywalking 的监控界面

除了 Java 语言平台，目前常见的其他语言平台也都提供了支持。此外，针对中间件和基础设施不方便进行链路跟踪的问题，Apache Skywalking 官方项目的插件库中提供了大量的集成插件，可方便我们监控和分析从业务系统到中间件的各个处理节点的性能情况，如图 16-3 所示。

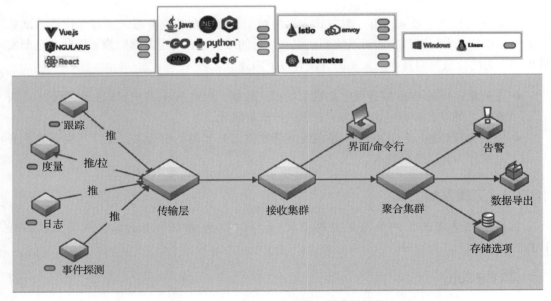

图 16-3　Apache Skywalking 集成的插件

Apache Skywalking 项目由以下 4 个部分组成。

- 探针代理：可在应用系统中运行时插入，生成和采集性能监控数据。在 Java 平台上使用 Java Agent 技术，在其他平台上会有所不同。
- 后端服务：用于支持数据聚合、数据分析，以及驱动数据流从探针到用户界面的流程。
- 数据存储：通过开放的插件化接口存储 Apache Skywalking 数据。
- UI 界面：是一个基于接口高度定制化的 Web 系统，用户可以可视化查看、分析和管理 Apache Skywalking 收集的性能和监控指标数据。

16.3　线上流量复制与染色

流量复制与染色通常是线上全链路压测的起点，也是最重要的准备条件。通过流量复制，可以获取大量基于真实交易的流量作为压测请求数据，然后通过对数据进行染色，将压测数据与线上处理过程进行隔离，从而实现完整的全链路压测。

16.3.1　流量复制

全链路压测的测试业务数据来源有两大类。一类与传统测试一样，测试团队通过一定的业务规则构造线下的测试数据来作为测试用例的输入请求。另一类则是通过对线上实际业务请求的流量进行某种方式的复制，进而作为全链路压测的请求输入数据。

早期性能测试主要采用第一类方式。然而对于非常复杂的业务系统而言，构造测试数据集的工作量巨大，而且在面对系统调整或修改后的维护过程时也非常麻烦。因此，逐渐发展出第二类的流量复制技术。常见的方法有以下两种。

- 在流量入口的 Web 服务处收集请求的报文数据，形成 Web 请求日志并保存下来。需要时，可以直接通过这些 Web 日志进行流量回放。
- 使用 TCPCopy 或 GoReplay 等在线流量复制工具复制一份请求，并将其发送到业务系统作为测试数据输入。

16.3.2　流量复制工具

目前使用最多的是两个流量复制工具——TCPCopy 和 GoReplay。这两个工具各有特点。

1. TCPCopy

TCPCopy 由网易技术部开发，并于 2011 年 9 月开源。其系统架构如图 16-4 所示。

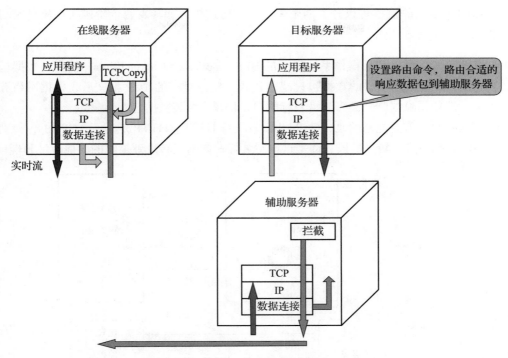

图 16-4　TCPCopy 系统架构

TCPCopy 是一种 TCP 数据包的请求复制工具。它通过复制在线数据包、修改 TCP/IP 头部信息并将其发送给测试服务器来进行实时的测试请求调用。同时，它也可以保存测试请求报文以备后续的离线回放。对于上下游处理能力不一致的情况，TCPCopy 还可以使用流量部分回放转发一部分流量，或者通过流量放大的方式将转发流量放大一个特定倍数，增加下游的压力。

TCPCopy 主要由两个组件构成：Client 和 Intercept。Client 端负责复制流量和转发，Intercept 负责对响应流量的拦截和 TCPCopy 的链接处理。

TCPCopy 基于 TCP 底层数据包的请求复制，无须穿透整个协议栈进行上层的协议数据处理。因此，它可以实现高效性能的请求数据复制，对业务系统的影响非常小，并且对上下游可以做到透明无感知。

2.GoReplay

GoReplay 是一款针对 HTTP 请求数据的录制回放工具，使用 Go 语言开发，非常简单易用，只需在负载均衡器或 HTTP 网关入口服务器上执行一段程序，即可将生产环境的流量复制到其他环境的服务器，如开发环境、测试环境或其他生产环境的服务节点。GoReplay 常用于全链路压测和线上问题复现排查。

GoReplay 的工作流程可以分为两个大阶段，通过拦截和转发两个阶段实现流量复制处理，原理图如图 16-5 所示。

- 拦截阶段：通过调用操作系统层面的 BPF（Berkeley Packet Filter，伯克利数据包过滤器）设置指定端口的数据包过滤表达式，拦截对应的 TCP 报文后，根据网络五元组（源 IP，源端口，目标 IP，目标端口，协议）拼装数据包。
- 转发阶段：需要注意的是，GoReplay 只支持 HTTP（HTTP 是基于 TCP 的），得到完整的数据后进入转发阶段，即把这些封装好的数据包转发到指定的其他地址和端口。

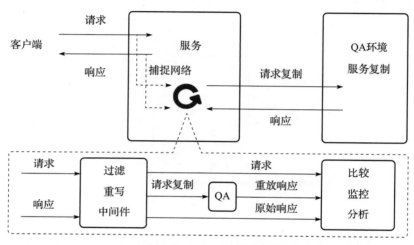

图 16-5　GoReplay 原理图

GoReplay 具有丰富的功能，支持流量的放大和缩小、频率限制，支持根据正则表达式过滤流量，并且可以修改 HTTP 请求头，从而实现对流量处理方式的特殊定制。GoReplay 可以实现与 TCPCopy 相同的功能，例如支持离线流量，可以将请求数据包记录到文件中，以备后续的回放和分析。同时，GoReplay 还支持与 ElasticSearch 集成，可以将数据存入 ElasticSearch 进行分析查询。

3. TCPCopy 与 GoReply 的对比

TCPCopy 和 GoReplay 是目前常用的流量复制工具，它们各具特色。下面对这两款工具进行简单对比。

- 从功能上看，TCPCopy 和 GoReplay 都支持流量在线复制转发、离线数据录制回放以及流量的缩放，并且对应用没有直接侵入。
- 从部署方式看，TCPCopy 的部署方式和操作相对复杂，而 GoReplay 相对简单，只需启动一个进程。

- 从支持的网络协议看，TCPCopy 支持的协议比较丰富，而 GoReplay 仅支持 HTTP。

综上所述，在基于 REST/HTTP 的微服务环境下，如 Spring Cloud 微服务技术体系，目前更常使用 GoReplay。对于以基于 TCP 为主的微服务体系，如 Apache Dubbo，或是一些复杂的应用场景，推荐使用 TCPCopy。它可以方便地进行多协议的扩展和定制，甚至可以集成到自己的测试工具体系中。

16.3.3　流量染色

无论采取哪种方式，都需要将测试数据和正常的业务数据区分开。这个步骤被称为流量染色。染色一般通过对请求报文添加染色标记来实现。该标记将在整个端到端的处理全链路中传递，以便在任何环节都可以通过染色标记来区分当前请求是否属于在线压测数据。后续的处理可以基于此标记进行判断。

常见的微服务架构包括基于 REST/HTTP 的 Spring Cloud 体系，以及自定义 TCP 的 Dubbo 技术。对于基于 HTTP 的服务调用，可以通过在 HTTP 的 Header 中增加染色标记来实现向后续的服务节点传递，从而保证整个处理链路都支持对全链路压测的处理。流量染色原理示意图如图 16-6 所示。

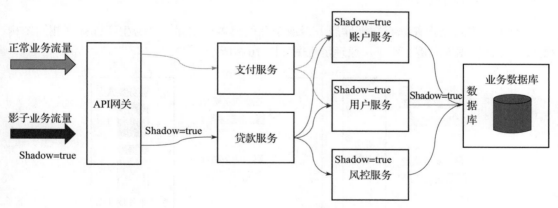

图 16-6　流量染色原理示意图

对于 Dubbo 协议，可以在 Dubbo 的自定义 Context/Parameters 中添加标记，并在整个调用链中传递。在服务处理的内部，也可以通过 ThreadLocal 方式跨调用方法实现标记的传递。

16.4　全链路压测的数据安全与隔离

流量复制和染色需要根据系统的重要性及安全性等级来考虑是否需要对敏感数据进行脱敏处理等操作。需要进行全链路压测的系统，通常都是比较核心的业务系统，它们对数据的安全性和系统的稳定性要求也较高。

16.4.1 数据隔离

在规划全链路压测任务时，需要预先梳理所有的调用链路，调研和度量各个环节的性能和容量情况，为全链路压测的测试数据容量和压力做准备。同时，我们需要在业务处理、数据存储、日志存储、中间件等各环节通过对测试数据进行隔离来保障安全性和稳定性。

顺着这个思路，对于数据存储的隔离来说，一个自然而然的想法就是用不同的业务数据库或表来存储正常业务数据和测试数据，这就是所谓的影子库、影子表。顾名思义，影子库和影子表与常规的业务库和业务表具有一模一样的结构，就像正常业务数据库表的影子，但是其中存放的都是测试的数据。这样就可以实现测试数据的隔离，并且在系统不需要做线上压测时，可以清理掉影子库或影子表，实现对系统数据存储的最小影响。

16.4.2 影子库与影子表

通过将压测产生的影子流量数据路由到线上的测试数据库或数据表，在数据库层面实现业务数据和测试数据的隔离，保证生产数据的可靠性与完整性，防止压测数据对生产数据库中的真实数据造成污染。

影子库方式是指在原有数据库服务器或单独的机器上创建一个与生产数据库相同结构的线上测试数据库实例，影子库原理示意图如图 16-7 所示。

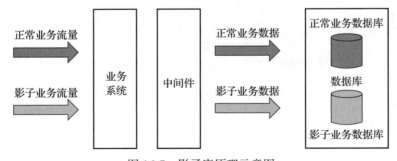

图 16-7　影子库原理示意图

影子表方式是指在生产环境的业务数据库实例中额外创建一些存储测试数据的数据表，这些数据表也同样具有相同的表结构，影子表原理示意图如图 16-8 所示。

这两种方式的差异如下。

- 影子库方式需要更多的资源和应用侧的数据库连接，但便于数据清理，并且在数据库资源使用率较高时，可以通过扩展实例来降低压测流量对业务数据库的影响。通常在数据量较大、压力较高时采用这种方式。

- 影子表方式则不需要额外的资源，测试数据存储在同一个业务库的不同表中，通常用于压测数据量和并发较小时。

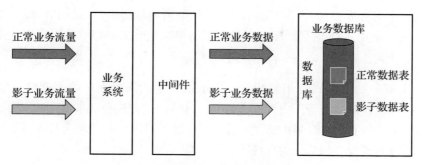

图 16-8 影子表原理示意图

16.4.3 ShardingSphere 的影子库功能

我们在业务处理环节可以使用染色标记或业务规则来判断是否属于测试数据，并将其写入影子库或影子表中。这项工作也可以借助一些数据库中间件来完成，比如著名的 Apache ShardingSphere 项目中的影子库功能。

Apache ShardingSphere 专注于全链路压测场景下的数据库层面的解决方案，并提出了影子库功能：它能自动将符合配置规则的压测数据路由到用户指定的数据库或数据表中。

ShardingSphere 内置了以下两种类型的影子算法。

- 基于列的影子算法：识别 SQL 中的数据，并将其路由到影子库，适用于由压测数据名单驱动的压测场景。
- 基于 Hint 的影子算法：识别 SQL 中的注释，并将其路由到影子库，适用于由上游系统透传标识驱动的压测场景。

根据原理示意图（如图 16-9 所示），我们可以了解到 ShardingSphere 通过解析 SQL 来进行影子判定，根据用户在配置文件中设置的影子规则将 SQL 路由到生

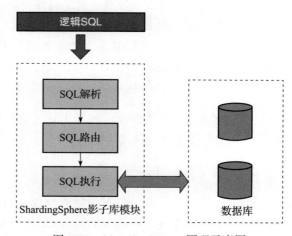

图 16-9 ShardingSphere 原理示意图

产库或影子库。

以 insert 语句为例，Apache ShardingSphere 在写入数据时会对 SQL 进行解析，根据配置文件中的规则构造一条路由链。在路由链的处理过程中，如果存在其他需要路由的规则，如分片路由，则会首先根据分片规则路由到计算得到的数据库，然后执行影子路由判定流程，判定执行的 SQL 是否满足影子规则的配置，将数据路由到相应的影子库。正常的生产数据则保持不变。

在基于微服务的分布式应用架构下，为了提升系统压力测试的准确性并降低测试成本，通常选择在生产环境进行压力测试。然而，这种测试方法会带来更大的风险。通过使用 ShardingSphere 的影子库功能，并结合灵活配置的影子算法，可以解决数据污染和数据库性能等问题，满足复杂业务场景下的在线压力测试需求。

16.5 全链路压测下相关系统的改造

全链路压测是一项复杂而庞大的工作，需要各个微服务和中间件之间的配合和调整，以应对不同的流量和压测标识的透传。

16.5.1 业务系统的改造

业务系统的改造涉及以下几个方面。

1. 对全链路跟踪的支持

全链路压测的准备阶段中有一个重要的步骤，就是梳理整个业务处理和服务调用链路，然后针对链路调用的各个环节进行全链路跟踪 /APM 的支持处理，在运行期引入某种 APM（如目前使用非常广泛的 Apache Skywalking）。这个环节目前一般都是通过 Java Agent 实现对业务逻辑代码无侵入的方式。特别是在当前的大规模分布式微服务实践中，为了进一步在依赖和打包发布环节降低对 APM 相关组件的依赖，我们通常采用外挂包的方式，而不是将这些依赖添加到项目依赖后打包到应用系统的 FatJar（包含了所有依赖包的 jar）中去。

完成集成后，需要在测试环境配置相应的监控分析和统计指标，达到对分布式系统链路各个环节都能全面实时监测的目标。

2. 对影子库表的支持

为了支持对影子流量的数据隔离处理，通常需要在项目中明确编码方式，将特定标记的数据写入影子库表，或使用类似 Apache Shardingsphere 的组件实现低侵入的数据处理规则。这些改动需要在开发期进行，并重新打包、编译、发布更新，对系统会有一定影响。

在使用影子库表时，需要提前评估当前系统的数据库容量和压力水平，并考虑是使用影子库还是影子表进行集成。

在全链路压测准备阶段，需要在压测完成后核对并分析影子库表中的数据，确认不再使用时，应采取相应的策略和方式清理生产环境的测试数据，可以保留部分铺底的公共数据以供下次压测使用，而影子数据本身可以在后续的上线升级发布过程中进行清理。

3. 对日志输出的改造

在全链路压测过程中，压测流量会产生大量的访问请求。这些请求在系统各个节点进行处理时会生成大量的系统日志。如果不进行特殊处理，那么压测产生的日志和正常的业务日志会写入同一个日志文件，从而导致以下两个问题。

- 大量的日志堆积会导致应用节点的磁盘 I/O 甚至 CPU 飙升。这往往还会导致应用的 JVM 长时间地 Safepoint 暂停，进而影响应用节点的性能和稳定性。
- 这些规模巨大的日志被收集分发到下游的日志分析平台和监控系统。由于测试日志的干扰，会导致日志分析平台和业务监控系统输出的数据分析报告失真，不能真实反映系统的状态和数据统计情况。

为了避免上述问题，我们将在日志的写入持久化环节对业务日志和压测日志进行物理隔离处理，具体方式如下。

- 当压测应用接收到压测流量的请求时，将压测标记放到线程上下文中。
- 在业务处理逻辑代码中操作日志时，操作线程会从线程上下文中获取压测标记。
- 如果存在压测标记，则通过封装增强的日志操作工具类（如 Log4j 的 Appender）将压测流量产生的日志写入单独指定的日志目录／日志文件中，实现了压测日志数据和业务日志数据的物理隔离。
- 如果不存在压测标记，则正常处理业务系统日志。
- 针对压测数据的日志文件，可以单独采集和汇总到特定的日志收集分析工具中进行处理。

此外，由于压测时往往会将流量放大到一定的倍数，导致日志量比正常情况增加了较大的数据量级，但是这些压测数据的日志往往并不那么重要，因此，我们还会采取一些策略在日志的生成和采集环节优化日志的数据规模。一般有以下方式。

- 按指定频率采样收集，例如，每 10 条日志只采集 1 条输入到日志文件中，或者 100 条日志采集 1 条，从而大大减少了日志数据量。虽然会丢失一些信息，但能保证大规模并发下的统计数据与之前基本相当。在压测过程中，我们更关注耗时操作，因此有时会进一步优化日志采集，通过改造代码实现针对超过耗时阈值的方法，强制打印日志，提升后续日志分析的准确度。

- 按不同类型的日志单独打印，例如，将业务处理的日志、接入/接出的日志、调用中间件的日志等不同类型的日志拆分输出到不同的日志文件。这样，可以单独配置压测过程中只采集和关注某些类的日志信息，而其他日志可以采样甚至关闭，从而降低日志输出和采集的影响。

16.5.2　消息队列的改造

分布式系统中最常见的通信方式是 RPC 远程调用和 MQ。前者代表了微服务之间的调用，后者代表了业务处理过程中的各类异步访问和数据同步等操作通过 MQ 进行处理。如果大量的压测数据和正常的业务数据在短时间内都堆积到 MQ 中，则会导致系统下游的处理速度变慢，业务出现大范围的超时失败。

因此，类似于对数据/日志的隔离，我们同样需要对 MQ 中的消息进行相应的压测数据隔离。常见的消息队列隔离方式类似于影子库方式和影子表方式，另外还有以下两种方式。

- Topic 隔离：此方式类似于影子库方式。我们通过创建多个影子 Topic，在业务处理逻辑中根据线程上下文中的压测标记，将原本要写入业务 Topic 的消息写入对应的影子 Topic 中，从而实现消息的隔离。下游的业务系统可以照常订阅处理正常的业务 Topic，而我们可以使用单独的订阅者、消费服务或者微服务实例资源来订阅压测的影子 Topic，这样在测试并发压力很大时就不会影响到正常的业务处理过程。
- Tag 隔离：使用此方式，我们不需要创建额外的 Topic。在并发数据量较小的情况下，直接将压测数据写入业务的 Topic 中。在写入之前，先在消息上添加一个 Tag 或 Properties 标记，标记这个消息是一个测试数据的消息。下游的订阅消费处理，同样也会进行相应的 Tag 标记判断，从而将消息分发到特定的线程资源处理。这种方式类似于逻辑隔离，实际上处理资源和正常的处理业务数据是相同的，所以在使用之前需要评估压测的并发数据量和正常的并发业务量，这两者之和要低于线上 MQ 集群的吞吐处理能力。

16.5.3　外调服务的挡板功能

在全链路压测过程中经常会遇到调用外部服务的场景。这些外部服务通常由其他部门甚至合作伙伴公司提供，如在贷款审批中调用第三方风控系统、在电商交易中调用第三方支付或短信服务、在机票预订系统中调用中航信的机票座位和价格服务等。我们往往不清楚外部系统的并发吞吐能力。如果我们在线上进行高并发的全链路性能压测，那么往往会导致外部系统无法承受而宕机。特别是一些提供给许多公司和业务使用的基础服务，一旦不可用，就会产生严重的影响。例如，如果我们过载了中航信的系统，则将导致全国范围内的机票销售出现问题。

为了解决这类问题，通常会使用挡板技术。对于这些调用外部服务的场景，我们设计一个模拟配置参数。当该参数开启时，根据压测标记判断是否对当前的压测流量请求使用挡板。如果判断为压测数据并且使用挡板，那么系统将调用预先配置的响应数据报文模板（或由挡板服务器提供的服务），填充后直接返回给调用方，而不是实际调用外部服务。这样可以解决压垮第三方外部接口服务的问题。

对于基于 Dubbo 实现的微服务体系，通常可以使用 Dubbo 内置的 Mock 特性进行封装。而对于 Spring Cloud 微服务，则可以通过在 Feign 上添加拦截器（Interceptor）来实现类似的功能。

需要注意的是，针对此类功能需要进行全面充分的测试，以防止线上的真实业务由于漏洞穿透而最终调用了挡板功能。虽然业务在我们的系统中成功执行，但实际上没有调用真正的第三方服务，从而导致后续的对账失败并造成经济损失。

16.5.4　缓存中间件的改造

在大规模分布式业务系统中，为了提升处理性能并降低业务操作延时，目前常用的方法是使用缓存技术，减少对数据库的 I/O 访问。同样，在全链路压测过程中，也需要考虑对缓存数据进行隔离，以保证正常业务缓存数据不受干扰，并实现有效的读写操作。

类似于消息队列隔离，这里也存在两种不同的隔离思路。

- 影子集群缓存隔离方案：创建一个独立的影子缓存服务集群。以 Redis Cluster 为例，如果正常的缓存业务数据存放在一个由 5 个主节点和 5 个从节点组成的 Redis Cluster 缓存集群中，那么应额外创建一个由 5 个主节点和 5 个从节点组成的 Redis Cluster 影子缓存集群。在处理缓存数据读写时，判断是否存在压测标记。如果存在标记，则操作影子缓存集群，否则正常读写常规业务缓存集群。通过这种方式，实现了压测缓存数据和业务缓存数据的物理隔离。
- 影子 Key 隔离方案：这种方式类似于逻辑隔离，无须创建额外的缓存集群。在处理缓存数据读写时，判断是否存在压测标记。如果存在标记，则在读写缓存时修改缓存的 Key，在原有的 Key 后增加特定的影子标记后缀，并操作缓存集群，否则正常读写数据。通过这种方式，实现了压测缓存数据和业务缓存数据按照 Key 进行隔离。这种方式通常适用于并发数据量不大的场景。需要注意的是，修改 Key 后会导致数据分发到不同的 Redis Cluster 节点实例，如果后续需要在一个 Lua 脚本或 Pipeline 中操作这组数据，则无法实现。此时可以利用 Redis Key 的 Tag 机制，确保一组不同的 Key 使用相同的方式进行 Hash 操作，分配到相同的槽位和节点实例。

16.6 全链路压测的行业案例

自从 2014 年前后在淘宝双十一大促活动中引入全链路压测技术以来，它很快成为保障高并发系统性能和稳定性的利器，在各类大型互联网公司的核心业务中得到了广泛的发展和应用。

淘宝的双十一大促活动长期以来一直是国内高并发系统的典范。通过多年的摸索和实践，淘宝逐渐形成了一套适用于其电商体系的完整自动化全链路压测流程。每经历一次双十一，都会从项目立项到组织协调、资源规划、任务调度执行、工具平台化方面积累丰富的经验，在数据准备、架构改造、流量安全策略（环境及流量隔离）、压测实施、问题定位分析等方面也会积累丰富的经验。

确定大促活动后，首先对业务模型进行评审，确定对应的技术架构、压测范围、压测数据量级和数据结构。然后是数据准备，包括准备通用基础数据和压测流量数据，通过建立业务模型和构造流量基础数据来实现。

淘宝的双十一压测环境完全使用线上环境，因此需要对线上链路进行分析和评估，判断对涉及的上下游业务是否有影响，是否需要进行扩容，以及判断对中间件性能容量的相关影响，并制定相应的应对和处理策略。这些问题涉及业务系统、环境和流量数据等方面。通过改造业务系统、中间件，以及准备压测流量数据来解决这些问题，并最终提供成熟的产品化方案，为全链路压测提供一站式功能，减少复杂的改造和维护成本。

为了应对正常的施压流量且数据不错乱，我们采用经典的影子库／影子表方案来进行压测数据隔离，以确保流量安全策略。对于涉及第三方系统的调用，如支付宝、短信等服务，我们采用了单独的内部测试环境进行打通和集成。同时，通过使用挡板功能来降低全链路压测过程对外部服务可用性的影响。在进行全链路压测之前，通常会对系统的各个环节进行充分的预热处理，确保系统加载各类基本数据完毕，特别是缓存完成初始化，使系统达到可压测状态。

压测结束后，需要对压测进行复盘。通过对监控指标和统计数据进行分析，评估当前全链路的性能是否达标，是否与预期有偏差，以及性能瓶颈的具体位置。然后，通过优化来提升系统，并提供一些实践经验和改进意见，为下一次全链路压测做准备。

通过几年的全链路压测技术的发展建设，淘宝电商平台系统在双十一大促活动中表现良好，有效支撑了系统在交易并发高峰时的流量冲击。

16.6.1 滴滴出行的全链路压测

2016 年，滴滴出行面临着日单量从百万增长到千万的挑战，与此同时，IT 系统也屡次出现线上故障，因此系统稳定性建设变得至关重要。为解决这个问题，技术团队启动了全链路压测项目。

滴滴的全链路压测方案可以用官方团队的一句话总结：在线上环境中，针对全业务核心链路，采用数据隔离的方式进行压测。

针对滴滴业务的特殊性，以虚拟城市为维度，有效区分了测试数据中的虚拟司乘和真实司乘，实现了测试数据与真实业务数据的隔离。同时，扩展了 Trace 通路，在通路上添加压测标记，统一使用 Trace 来判断压测流量。

值得一提的是，由于滴滴内部存在大量的异构语言系统，比如 PHP、Java、Go、C/C++ 等，因此无法实现语言和框架的收敛。为了解决这个问题，选择使用中间件收敛，为每种语言提供一个基础组件类库，并尽量将中间件收敛到该类库中，从而最终实现将上述 4 种语言和 8 套框架都纳入统一的全链路压测体系中。在这个过程中建立了一套完整隔离的线上环境，以满足在线上进行更多正确性验证的日常需求。

随着全链路压测技术在滴滴的发展与实践，平台稳定性工作越来越受重视，并发挥出了巨大的作用。对于事故的预警、降级处理和处理预案也越来越成熟，事故时长也明显缩短。

16.6.2　美团全链路压测自动化实践

美团旅游度假团队在 2018 年春节前尝试接入了全链路压测，利用全链路压测技术系统性地评估容量，并进行分析和优化，最终确保了春节期间系统的稳定。

美团全链路压测实践的最大特色是提出了全链路压测自动化，解决了周期常态化压测过程中的人力成本高、多个团队重复工作、压测安全不可控、风险高等问题。为了实现自动化和常态化，技术团队对压测实施的具体动作做了统一梳理，在压测各个阶段推进标准化和自动化，努力提升全流程的执行效率。技术团队集成了美团基础的压测平台 Quake，该平台主要提供流量录制、回放和施压的功能。技术团队还设计并实现了全链路自动化压测系统。该系统提供链路梳理工具，支持链路标注和配置功能、抽象数据构造接口，提供压测计划管理和一键压测、自动生成报告等功能，极大地方便了技术团队使用全链路压测技术。

根据"美团技术团队"账号在知乎发布的《全链路压测自动化实践》一文中提供的架构图（如图 16-10 所示），系统的总体逻辑架构主要包括链路构建 / 比对、事件 / 指标收集、链路治理、压测配置管理、压测验证检查、数据构造、压测计划管理、报告输出等功能模块。这些模块为全链路压测的整个流程提供支持，努力降低业务部门使用全链路压测的门槛和成本。

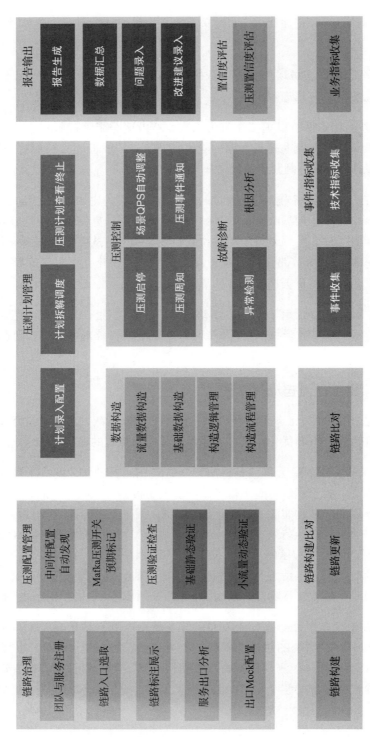

图 16-10 美团全链路压测架构

16.6.3　饿了么全链路压测平台

自 2015 年开始，饿了么公司的外卖业务进入了快速扩张阶段。截至 2017 年 9 月，饿了么在线外卖平台的用户数量达到 2.6 亿，系统并发量也大幅提升，对系统的稳定性和性能提出了更高的要求。为了解决这些问题，开始引入全链路压测技术。

首先，对业务模型进行梳理，整理出各类关键的调用路径。然后，针对读写请求采用不同的方法进行测试。通过模拟外卖平台下单、开放平台下单、商户接单和物流配送，以及模拟大量用户查询操作，覆盖所有关键路径的接口，不断从各个入口施加压力，实现对全链路的性能压测。

饿了么技术团队的说法："全链路压测平台自 2017 年 7 月上线至 10 月期间，为超过 5 个部门提供了上千次测试服务。按照每一类测试配置和执行的人力成本计算，大约节省了 1000 个小时的工作量。"

16.7　本章小结

本章介绍了全链路压测的背景和价值，以及端到端全链路监控分析的重要性。全链路压测通过模拟海量用户的实际操作对线上系统进行测试和验证，以验证容量是否符合预期。在分布式系统中，通过 APM 技术和 Apache Skywalking 等工具实现分布式链路跟踪，可以快速定位问题、分析性能和识别依赖路径。Apache Skywalking 是一套应用性能监控解决方案，可监控各个处理节点的性能情况，并提供可视化的界面进行数据分析和管理。

在全链路性能压测中，流量复制与染色是重要的准备条件。流量复制可以获取真实交易流量作为压测请求数据，而染色则用于区分压测数据和线上处理过程。常用的流量复制工具有 TCPCopy 和 GoReplay，它们都支持在线复制、离线回放和流量缩放。对于基于 REST/HTTP 的微服务环境，推荐使用 GoReplay；而对于基于 TCP 的微服务和复杂应用场景，则推荐使用 TCPCopy。流量染色通过在请求报文中添加标记实现，保证整个处理链路都支持全链路压测。

全链路性能压测中的数据安全与隔离是重要考虑因素。在规划压测任务时，需要梳理调用链路并对各环节进行性能和容量度量，同时通过数据隔离保障安全性和稳定性。影子库和影子表是实现数据隔离的方式，它们在数据库层面将测试数据与生产数据分开存储，以防止压测数据对生产数据库造成污染。此外，ShardingSphere 的影子库功能可以通过染色标记或业务规则将测试数据路由到指定的数据库或数据表中，提供了数据库层面的解决方案。

　　具体而言，可以通过封装增强的日志操作工具类将压测流量产生的日志写入单独的日志目录，对压测数据的日志文件进行采样和拆分输出，以优化日志数据规模。对于消息队列和外调服务，可以采用 Topic 隔离和 Tag 隔离的方式进行隔离处理。另外，对于缓存中间件，可以采用影子集群缓存隔离方案和影子 Key 隔离方案来实现数据隔离。

　　最后，我们介绍了淘宝、滴滴出行、美团和饿了么平台在全链路压测方面的实践。淘宝在双十一大促活动中积累了丰富的经验，滴滴出行通过数据隔离和中间件收敛解决了多语言系统的问题，美团通过全链路压测自动化提高了执行效率，饿了么通过全链路压测平台实现了对关键路径的性能压测。这些实践对于提升系统稳定性等起到了重要作用。

第 17 章 | *Chapter 17*

云原生技术为性能带来的机遇与变革

优化软件性能的目标是提升用户体验和降低硬件成本。从宏观层面上来说，性能优化通常分为两种：纵向和横向。纵向指的是通过一些优化手段提升单机的 TPS。例如，为了提升接口的 QPS，降低算法的时间复杂度；为了降低服务的延时，可以使用缓存等方法来减少网络 I/O 的耗时。而横向指的是通过集群部署来提升单机软件的整体处理能力。要达到理想的处理能力，集群部署通常是最终解决方案。扩展性能瓶颈点可以线性提高软件的处理能力。

从软件架构层面来说，需要进行横向扩容的原因有两个。

- 一是软件可能存在单机性能极限。例如，Redis 作为单线程内存数据库，2 核就可以达到 80 000QPS，即使增加到 64 核，资源利用率并不能有效提升，也不会带来更多的性能提升。但是，如果将这台 64 核的物理机基于虚拟化技术构建多节点的 Redis 集群，那么不仅可以成倍提升性能，还可以保证 Redis 服务的整体稳定性。简单来说，在硬件资源不变的情况下，提升处理能力也就是性能得到了优化。
- 二是通过横向扩容，可以在不改变一行代码的情况下提升系统性能和稳定性，这也是一种常规的优化思路，即以空间换时间。

从某种程度上来说，只要底层基础设施支持弹性扩缩容，达到充分利用硬件资源的目的，那么横向扩容就是最简单也是最容易获得收益的性能优化方式。

提到弹性扩缩容，就不能不提及以 Kubernetes 为核心的云原生技术。首先，云原生技术利用 Kubernetes 的资源调度能力，使软件可以在几秒之内扩展成百上千个副本。其次，云原生技术是一种标准化的解决方案，CNCF 在早期定义云原生概念时就提到了可观测性，它认为可观测性是云原生时代的必备能力。最后，Kubernetes 选择以 Docker 为代表的容器打包解决方案，它基于 Linux 的 CGroup 和 Namespace 提供了轻量级虚拟化技术，容器运行时共享操作系统内核，不会带来太多的性能损耗。

此外，在进行 IT 系统建设的过程中，许多企业采用了烟囱式的系统建设方式，而且这种方式越来越多，导致硬件资源占用越来越多，无法实现资源的统一管理，资源利用率极低。面对高并发多应用的互联网场景，许多软件都面临突发流量的挑战，但当突发流量过去后，资源很难得到重复利用，无法实现峰谷互补的效果。通常情况下，软件本身没有资源管理能力。为了解决这类问题，以前一般采用虚拟机的方式，但是虚拟机存在资源占用多和启动速度慢的问题。面对众多的资源管理难题，企业和组织很难适应市场的快速变化。即使花费了大量的人力和物力成本来完成软件的上线，面对各种复杂的系统调用，技术人员也很难从整体上观测到系统的运行情况，难以保证服务的性能。下面分析采用云原生技术（云原生是基于容器编排框架 Kubernetes 构建的生态软件的统称）如何解决这些问题。

17.1　云原生弹性的实现原理

云原生弹性是指在云计算环境下，通过自动化和智能化的方式，实现软件的弹性扩展和收缩。实现云原生弹性的关键在于容器编排技术和自动化运维技术的应用。容器编排技术是指通过容器化技术将软件打包成容器，并通过容器编排工具进行管理和调度。容器编排工具可以根据软件的负载情况自动地进行容器的扩容和收缩，从而实现软件的弹性。说到容器编排和调度工具，就不能不提云原生应用的基石——Kubernetes。Kubernetes 是容器编排系统的事实标准。

17.1.1　Kubernetes 的资源类型

本小节对 Kubernetes 的基础概念做简单介绍。在介绍过程中，主要会围绕 Kubernetes 的资源调度管理能力和横向扩缩容能力展开，不会过多解释 Kubernetes 自身的概念和实现原理。另外，可能会涉及一些专业术语，如果有兴趣，读者可以去官网深入了解。

1. Pod

Kubernetes 中有两个基础但非常重要的概念——Node 和 Pod。Node 是对集群资源的抽象，如我们熟知的节点；而 Pod 是对容器的封装，是软件运行的实体。Node 提供资源，而 Pod 使用资源，这些资源包括计算（CPU、内存、GPU）、存储（HDD、SSD）、网络（带宽、IP、端口）。在 Kubernetes 中，最小的操作单位是 Pod。Pod 是 Kubernetes 中创建和管理容器的最小可部署计算单元。Pod 中可以包含一个或多个容器，以及共享的存储、网络等资源。Pod 支持多种容器环境，其中，Docker 是一种容器运行时环境。

Pod 可以封装一个或多个紧密耦合且需要共享资源的软件。它们共享容器存储、网络和容器运行配置项。Pod 中的容器始终同时调度，并具有共同的运行环境。可以将单个 Pod 想象为运行独立应用的逻辑主机，其中运行着一个或多个紧密耦合的应用容器。在引入 Pod 之前，这些软件可能在几个相同的物理机或虚拟机上运行。

可以按照以下 Kubernetes YAML 编排文件的标准编写软件。

```
apiVersion: v1
kind: Pod
metadata:
  labels:
    app: nginx
  name: nginx
spec:
  containers:
    - image: nginx
      imagePullPolicy: Always
      name: http
      resources:
        requests:
          cpu: "300m"
          memory: "56Mi"
        limits:
          cpu: "500m"
          memory: "128Mi"
      livenessProbe:
        httpGet:
          path: /
          port: 80
        initialDelaySeconds: 15
        timeoutSeconds: 1
      readinessProbe:
        exec:
          command:
            - cat
            - /usr/share/nginx/html/index.html
        initialDelaySeconds: 5
        timeoutSeconds: 1
```

上面的 YAML 编排文件描述了符合预期的 Pod。一般情况下，这种文件被称为资源清单文件，并在创建过程中分为以下 3 个步骤。

第一步：需要指定容器的镜像。通常这是基于 Docker Build 构建的软件，然后使用声明式 YAML 定义 "containers" 来指定一个或多个容器。

第二步：为每个软件指定占用的资源大小，以防止软件无限制地消耗系统资源。

第三步：声明软件的存活探针和就绪探针。存活探针用于确定何时重新启动容器。存活探针可以检测到软件的"假死"情况（软件在运行，但无法继续执行后续步骤）。重新启动处于这种状态的容器有助于提高软件的可用性，即使存在缺陷。例如，Java 软件在发生内存泄漏（OOM）后无法处理请求，但 JVM 进程仍在运行。存活探针定期检测软件是否正常工作，如果无法正常工作，那么存活探针会向 Kubernetes 发送信号，告知 Kubernetes 容器运行异常，并触发重新启动。这使得软件在 Kubernetes 平台上具备了自我修复的能力。某些软件可能需要一定的时间来加载配置或数据，或者可能需要执行预热过程以防止第一个用户请求的响应时间过长，影响用户体验。在软件更新的情况下，不希望立即将请求转发到正在启动的 Pod 上，特别是在其他实例可以正确快速处理请求的情况下。只有当 Pod 完全准备就绪时，才会将请求转发给它。

除了上述特性外，还可以在 Pod 类型的 YAML 编排文件中定义环境变量、软件启动命令、容器运行前后的收尾工作、初始化容器等。然后只需要将完整的编排文件上传到 Kubernetes 平台，然后执行一条命令"启动软件"，那么 Kubernetes 就会按照我们定义的方式启动软件。

2. Deployment

Pod 是如何实现扩容的呢？这就要提到 Deployment 了。

Deployment 用于管理 ReplicaSet，ReplicaSet 是维护一组在任何时候都处于运行状态的 Pod 副本的稳定集合。它通常用来保证给定数量的、完全相同的 Pod 的可用性，即在任何时间都有指定数量的 Pod 副本在运行。这样，软件就实现了横向扩容为多个副本。此时有些读者可能会有疑问，既然已经有了 Deployment，为什么还要 ReplicaSet 呢？ReplicaSet 会持续监听这些 Pod 的运行状态，在 Pod 发生故障使重启数量减少时重新运行新的 Pod 副本，Kubernetes 控制器运行时示意图如图 17-1 所示。特别是在新版本软件不稳定的情况下，ReplicaSet 可以保证软件版本回滚或者灰度发布。虽然看起来很复杂，但是作为使用者，我们并不会经常直接与 ReplicaSet 这一对象打交道。

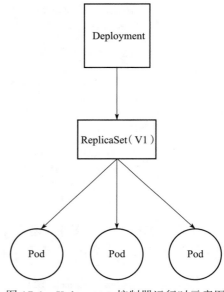

图 17-1 Kubernetes 控制器运行时示意图

我们只需要按照如下方式定义 Deployment 即可。

```
apiVersion: apps/v1
kind: Deployment                  #指定创建资源的角色/类型
metadata:                         #资源的元数据/属性
  name: demo                      #资源的名字, 在同一个namespace中必须唯一
  namespace: default              #不指定时默认为default命名空间
  labels:                         #自定义资源的标签
    app: demo
  annotations:
    name: string
spec:
  replicas: 2                     #声明副本数目
  selector:                       #标签选择器
    matchLabels:                  #匹配标签, 需与上面的标签定义的app保持一致
      app: demo
  template:                       #定义业务模板
    metadata:                     #资源的元数据/属性
      labels:                     #自定义资源的标签
        app: demo                 #模板名称必填
      spec:
        containers:               #Pod中的容器列表
          - image: demo:v1        #容器使用的镜像地址
            name: demo
            resources:
              limits:
                cpu: 100m
                memory: 500Mi
              requests:
...
```

与 Pod 类型相比,Deployment 类型在声明中添加了一些内容。其中之一是副本(Replicas)的定义,该定义标识软件所需的副本数量。Kubernetes 会确保软件的副本数量始终为 2,如果有一个副本发生故障,那么 Kubernetes 会立即尝试重新启动一个新的副本,以保持正确的副本数量。在实际生产环境中,为了确保服务的稳定性,通常会使用 Deployment 类型,而很少使用 Pod 类型。这样,Kubernetes 中就创建了一个最小化的集群。

3. Service

如何访问我们的软件呢?下面介绍 Service 对象。

Service 是 Kubernetes 的核心概念。创建 Service,可以为具有相同功能的一组容器提供一个统一的入口地址,并将请求负载分发到后端的各个容器应用上。

思考一个问题,在 Deployment 中定义了 3 个 Pod。当一个 Pod 由于某种原因停止时,Deployment 会创建一个新的 Pod,以确保运行中的 Pod 数量始终为 3。但每个 Deployment

都有自己的 IP 地址，前端请求并不知道新 Pod 的 IP 是什么。那么，前端的请求如何发送到
新 Pod 呢？ Kubernetes 的 Service 定义了一个服务的访问入口地址。前端的软件通过该入口
地址访问由 Pod 副本组成的集群实例。来自外部的访问请求会被负载均衡到后端的各个容
器应用上。Service 与其后端 Pod 副本集群之间通过 Label Selector 实现关联。如果读者稍微
注意上文中的编排文件，就会发现编排文件中存在一个 Label 的定义。Label 是 Kubernetes
系统中的一个核心概念。Label 以键值对的形式附加到各种对象上，如 Pod、Service、Node
等。Label 定义了这些对象的可识别属性，用于对它们进行管理和选择。简而言之，前端请
求不是直接发送到 Pod，而是发送到 Service，然后 Service 根据 Label 将请求转发给 Pod。
应用程序公开网络服务示意图如图 17-2 所示。

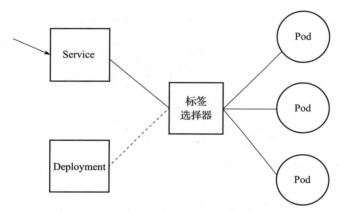

图 17-2　应用程序公开网络服务示意图

Service 的编排文件如下。

```
apiVersion: v1
kind: Service
metadata:
  name: demo
  namespace: default
  labels:
    - app: demo
  annotations:
    - name: string
spec:
  type: ClusterIP
  ports:
    - port: 8080                              # 服务监听的端口号
      targetPort: 8080                        # 容器暴露的端口
      protocol: TCP                           # 端口协议，支持 TCP 或 UDP，默认为 TCP
      name: http                              # 端口名称
  selector:
    app: demo
```

4. 核心概念小结

Pod 是一个或多个容器的集合，通常用于承载我们的软件。Pod 由 Deployment 进行管理，Deployment 负责控制 Pod 应用的升级、回滚，同时也能控制 Pod 的数量。Service 提供一个统一的入口，负责将前端请求转发给 Pod。我们只需要将 Deployment 和 Service 的编排文件提交给 Kubernetes 即可。

想象一下，如果没有 Kubernetes，在面对高并发时，我们该如何实现横向扩容呢？首先要准备物理机资源，为了避免软件之间的干扰，可能还需要将这些物理机虚拟化成多个虚拟机。然后，通过脚本将软件分发到各个虚拟机上，并启动软件。最后，配置各个虚拟机对外暴露的 IP 地址。运维人员既要保证底层服务器的正常运行，又要保证软件的稳定运行。软件与底层基础设施交织在一起，经常需要开发人员介入。很难确保上层软件的稳定性。而 Kubernetes 将基础设施和软件的关注点分离，开发人员只需要关注软件的正确性。通过编排文件告诉 Kubernetes 需要运行的软件和副本数量，底层基础设施会负责保证稳定性和扩容问题。

17.1.2 Kubernetes 的资源管理和调度

资源管理和调度可以理解为 Kubernetes 将集群的资源整合在一起，形成一个资源池，每个 Pod 都可以从整个资源池中自动分配资源来使用。默认情况下，只要集群还有可用的资源，软件就可以使用。Kubernetes 考虑到了多租户的场景，并引入了命名空间（Namespace）的概念，对集群进行简单的隔离。

基于命名空间，Kubernetes 可以对资源进行隔离和限制，这就是资源配额。资源配额限制了某个命名空间可以使用的总资源量，包括 CPU、内存总量及 Kubernetes 自身对象的数量。通过资源配额，Kubernetes 可以防止某个命名空间下的用户无限制地使用超过预期的资源，比如未经评估就大量申请 16 核 CPU 和 32GB 内存的 Pod。

下面是一个资源配额的示例，它限制了命名空间只能使用 20 核 CPU 和 1GB 内存，同时可以创建 10 个 Pod、20 个副本和 5 个 Service。

```
apiVersion: v1
kind: ResourceQuota
metadata:
  name: quota
spec:
  hard:
    cpu: "20"
    memory: 1Gi
    pods: "10"
    replicationcontrollers: "20"
    resourcequotas: "1"
services: "5"
```

Resource Quota 能够配置的选项还有很多，比如 GPU、存储、配置等。

用户在 Pod 中可以配置要使用的资源总量，Kubernetes 根据配置的资源数进行调度和运行。目前主要可以配置的资源是 CPU 和内存，Kubernetes 可以保证软件在运行过程中不会占用超过配置的系统资源。

用户在创建 Pod 的时候，可以通过指定容器的 requests 和 limits 两个字段来控制应用的资源占用。下面是一个实例。

```
apiVersion: v1
kind: Pod
metadata:
  name: demo
  namespace: example
spec:
  containers:
    - name: demo-ctr
      image: demo
      resources:
        limits:
          cpu: "1"
          memory: "100Mi"
        requests:
          cpu: "0.5"
memory: "200Mi"
```

Request 是容器请求要使用的资源，Kubernetes 会保证容器能使用到这么多的资源。请求的资源是调度的依据，只有当节点上的可用资源大于 Pod 请求的各种资源时，调度器才会把 Pod 调度到该节点上（如果 CPU 资源足够，内存资源不足，那么调度器也不会选择该节点，反之也是一样）。

Limit 是 Pod 中容器能使用的 CPU 和内存资源的上限。CPU 属于可压缩资源，其中 CPU 资源的分配和管理是 Linux 内核借助于完全公平调度算法（CFS）和 CGroup 机制共同完成的。简单地说，如果容器使用超出 CPU 设置的 CPU Limit，CPU 资源就会被限流。对于没有设置 Limit 的 Pod，一旦节点的空闲 CPU 资源耗尽，可供分配的 CPU 资源就会逐渐减少。不管是上面的哪种情况，最终的结果都是容器无法承载外部更多的请求，表现为应用延时增加，响应变慢。内存属于不可压缩资源，在容器之间是无法共享的，是完全独占的，这也意味着资源一旦耗尽或者不足，如果此时软件继续向操作系统申请资源，那么会申请失败、服务被操作系统杀死，从而出现 Pod 不断重启的现象。

Request 和 Limit 决定了 Pod 的服务质量（QoS）等级。如果 Pod 没有配置 Limit，那么它可以使用节点上任意多的可用资源。这类 Pod 能够灵活使用资源，但也会存在一定的不稳定性。当这类 Pod 占用过多的资源导致节点资源紧张时，会优先杀死这类 Pod，而不是对资源随意使用。Kubernetes 根据 Pod 的资源请求和限制的配置方式将 Pod 分成 3 个 QoS 等级。

- Guaranteed：Pod 中的每个容器（包括初始化容器）都必须指定内存和 CPU 的 Request 和 Limit，并且两者要相等。这是最高优先级，适用于数据库应用或一些重要的业务应用。除非 Pod 使用超过它们的 Limit，或者节点的内存压力太大，否则不会被杀死。
- Burstable：这种类型的 Pod 设置的 Request 小于 Limit。可以使用超过自己请求的资源，上限由 Limit 指定。如果 Limit 没有配置，则可以使用节点的任意可用资源。这种类型的 Pod 优先级较低，适用于一般的应用或批处理任务。
- Best Effort：这种类型的 Pod 没有设置 Request 和 Limit，优先级最低。Kubernetes 在调度过程中不考虑此类 Pod 占用多少资源，可以运行到任意节点上（从资源角度来说）。这种类型的 Pod 可以是临时性的不重要应用。Pod 可以使用节点上的任何可用资源，但在资源不足时也会被优先杀死。

除了 QoS，Kubernetes 还允许我们自定义 Pod 的优先级，代码如下。

```
apiVersion: scheduling.k8s.io/v1alpha1
kind: PriorityClass
metadata:
  name: high-priority
value: 1000000
globalDefault: false
description: "This priority class should be used for XYZ service pods only."
```

优先级的使用也比较简单，value 值越大，优先级越高。只需要在 pod.spec.PriorityClassName 中指定要使用的优先级名称，即可将当前 Pod 的优先级设置为相应的值。Kubernetes 在调度过程中将优先考虑高优先级的 Pod。例如，在一些实际部署过程中，中间件的优先级可能要高于业务软件，我们可以通过提高中间件的优先级来提前调度中间件。

需要注意的是，调度器只关心节点上可分配的资源以及节点上所有 Pod 所请求的资源，而不关心节点资源的实际使用情况。换句话说，如果节点上的 Pod 申请的资源已经使用完节点的资源，那么即使它们的使用率非常低（例如，CPU 和内存使用率都低于 10%），调度器也不会继续调度 Pod 上去。因此，即使 Kubernetes 具有强大的资源调度能力，这部分资源也很难得到有效利用。也许有些读者会想到，在配置时可以不设置资源上限（即没有 Limit 配置），只要节点上有相应的资源，软件就可以使用。然而，如果某些软件存在内存泄漏或死循环等问题，就会无限占用系统资源，可能会降低服务的整体稳定性。为了保证服务的稳定性，我们通常需要在正常情况下配置 Request 和 Limit。那么如何准确评估 Pod 的

Requests 和 Limit 资源占用呢？如果评估过低，则会导致软件不稳定；如果评估过高，则会降低资源利用率，造成资源浪费。这是容量规划领域内的问题。目前基本上都是根据业务性能测试或线上指标观测的结果来进行资源占用配置的。理想情况下，调度相关的配置应完全收敛在 Kubernetes 平台中，Kubernetes 能够自动识别软件需要占用的硬件资源，业务人员无须关心具体的资源设置。然而，这需要 Kubernetes 调度引擎足够智能。

17.1.3 Kubernetes 的资源动态调整能力

软件的实际流量不断变化，资源使用率也会随之变化。为了应对流量的变化，Kubernetes 应该能够自动调整软件所占用的资源大小。例如，在线商品应用在促销期间的访问量会增加，Kubernetes 应该能够自动增加 Pod 资源以增强软件的计算能力；促销结束后，应自动降低 Pod 的计算能力，以避免资源浪费。

增减计算能力有两种方式：改变单个 Pod 的资源和增减 Pod 的数量。这两种方式对应了 Kubernetes 的横向 Pod 自动扩容（Horizontal Pod AutoScaling，HPA，简称为横向扩容）和垂直 Pod 自动扩容（Vertical Pod AutoScaling，VPA，简称为垂直扩容）。

1. 横向扩容

横向 Pod 自动扩容的思路如下：Kubernetes 运行一个控制器，周期性地监听 Pod 的资源使用情况或其他指标信息。当超过设定的阈值时，会自动增加 Pod 的数量；当低于某个阈值时，会自动减少 Pod 的数量。阈值以及 Pod 的上限数量和下限数量都需要用户进行配置。

图 17-3 所示为 HPA 控制器实现原理示意图。HPA 控制器执行弹性功能的主要步骤如下。

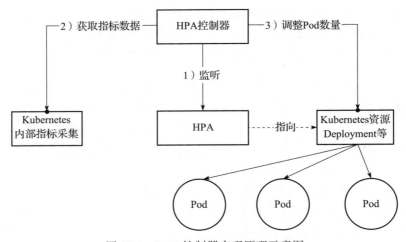

图 17-3　HPA 控制器实现原理示意图

1）监听 HPA 资源，一旦生成 HPA 资源或更改 HPA 配置，HPA 控制器能及时感知并调整。

2）从 Metrics API 获取对应的指标数据，如 CPU、内存、QPS 等。

3）针对每个指标项单独计算期望实例数，然后取所有期望实例数中的最大值，作为当前工作负载的期望实例数。

在某些情况下，指标数据会频繁且大幅度地抖动。从应用稳定性的角度来看，我们不希望应用缩容。为了解决这个问题，HPA 引入了配置来控制扩缩容行为，该功能在 HPA（autoscaling/v2beta2）中引入，要求 Kubernetes 集群版本高于或等于 1.18。

HPA 的弹性行为分为扩容行为和缩容行为。行为具体由以下 3 部分组成。

- 稳定窗口：稳定窗口会参考过去一段时间计算出的期望实例数，选取极值作为最终结果，从而保证系统在一段时间窗口内保持稳定。对于扩容行为，取极小值；对于缩容行为，取极大值。
- 步长策略：限制一段时间内实例变化的范围。步长策略由步长类型、步长值和时间周期 3 部分组成。需要注意的是，时间周期与上述的稳定窗口概念是不同的。此处的时间周期定义了回溯多长历史时间来计算实例数的变化情况。
- 选择策略：可从多个步长策略计算后的结果中选择，支持最大值、最小值和关闭这 3 种策略。

一开始，我们的实例数量是固定的。固定实例数最大的问题是在业务低谷时会造成资源浪费，而在业务高峰时又无法充分利用资源。为了解决资源浪费问题，引入了 HPA。HPA 的设计架构允许扩展各种类型的指标，但这也导致 HPA 只能被动地响应指标进行弹性扩缩。在这种模式下，弹性滞后是不可避免的，这也导致资源供给会滞后，而资源供给的滞后可能会导致业务稳定性下降。在实际使用场景中，一些整点秒杀或促销活动通常持续大约 5min，这段时间内流量会急剧增长，但当 HPA 完成横向扩容后，秒杀活动可能已经结束。为了缩短扩缩容的时间，我们可以根据业务场景从历史数据中识别周期性趋势，引入 Cron HPA（定时扩缩容），提前扩容下个周期应用的实例数量，以应对预期内的突发流量。

2. 垂直扩容

与 HPA 的思路相似，垂直扩容调整的是单个 Pod 的 request 值（包括 CPU 和内存）。但是如果不重新启动 Pod，则将无法更改资源占用大小。可以使用 Kubernetes Vertical Pod Autoscaler（VPA）自动调整部署的 Pod 中运行容器的资源请求和限制。VPA 可以通过以下方式提高集群资源利用率。

- 根据使用情况自动设置请求，以确保为每个 Pod 提供适当的资源量。

- 维持容器初始配置中指定的限制和请求之间的比率。
- 根据一段时间内的使用情况，缩减过度请求资源的 Pod。
- 根据一段时间内的使用情况，扩大资源请求不足的 Pod。

VPA 包括以下 3 个组件。

- Recommander：它会消费 Metrics Server 或其他监控组件的数据，然后计算出 Pod 的资源推荐值。
- Updater：它会找到被 VPA 接管的 Pod 中与计算出的推荐值相差较大的，对其进行更新操作（目前是 evict，新建的 Pod 在下面的 Admission Controller 中会使用推荐的资源值作为请求）。
- Admission Controller：新建的 Pod 会经过该 Admission Controller，如果该 Pod 被 VPA 接管，则将会使用 Recommander 计算出的推荐值。

可以看到，这 3 个组件的功能是互相补充的，共同实现了动态修改 Pod 请求资源的功能。HPA 还没有合并到官方的 Kubernetes Release 中，后续的接口和功能很可能会发生变化，这里不进行过多介绍，有兴趣的读者可以去官方查看最新特性。

目前，HPA 和 VPA 不兼容，只能选择一个使用，否则两者会相互干扰。而且 VPA 的调整需要重启 Pod，这是因为 Pod 资源的修改是比较大的变化，需要重新执行调度的流程，保证整个系统没有问题。目前，社区也在做原地升级，也就是说不通过杀死 Pod 再调度新 Pod 的方式，而是直接修改原有的 Pod 来更新。

理论上，HPA 和 VPA 可以共同工作。HPA 负责瓶颈资源，VPA 负责其他资源。例如，对于 CPU 密集型的应用，可以使用 HPA 监听 CPU 使用率来调整 Pod 的数量，然后使用 VPA 监听其他资源（内存、I/O）来动态调整这些资源的请求大小。

自动缩放是一项强大的功能。它使我们的软件能够自动处理负载变化，而无须任何人为干预，从而降低了运维人员的负担。我们可以使用 VPA 来帮助确定软件所需的资源，还可以根据 CPU、内存利用率使用 HPA 动态添加或删除副本。如果使用事件驱动架构，则还可以根据自定义指标 [如每秒请求数（QPS）或队列中的消息数] 进行扩展。

随着业务的发展，软件数量逐渐增加，每个软件使用的资源也会增加，这可能导致集群资源不足的情况。为了动态地应对这种情况，Kubernetes 提供了集群自动扩容（Cluster Auto Scaler）功能，它可以根据整个集群的资源使用情况来增加或减少节点。

对于公有云来说，Cluster Auto Scaler 监控集群中因资源不足而处于终止状态的 Pod，并根据用户配置的阈值调用公有云的接口来申请创建或销毁虚拟机。对于私有云，则需要与内部的管理平台进行对接。

17.1.4　Kubernetes 的资源碎片问题

Kubernetes 的调度器在为 Pod 选择运行节点时，只会考虑到调度那个时间点集群的状态，经过一系列的算法选择一个当时最合适的节点。但是集群的状态是不断变化的，用户创建的 Pod 也是动态的。随着时间的变化，原本调度到某个节点上的 Pod 现在可能有更好的节点可供选择。下面是一些考虑情况。

- 调度 Pod 的条件不再满足，如节点的标签发生了变化。
- 新节点加入集群。如果默认配置将 Pod 打散，那么应该将一些 Pod 运行在新节点上。
- 节点的使用率不均衡。调度后，一些节点的分配率和使用率较高，而其他节点则较低。
- 节点上存在资源碎片。有些节点调度后仍有剩余资源，但少于任何 Pod 的请求资源；或者内存资源已用完，但 CPU 剩余较多。

为解决上述问题，需要重新调度 Pod（将 Pod 从当前节点移动到另一个节点）。然而，默认情况下，一旦 Pod 被调度到节点上，除非终止 Pod，否则不会移动到另一个节点上。

为此，CNCF 社区孵化了一个称为 Descheduler 的项目，专门用来进行重调度。重调度的逻辑很简单：找到上述情况中已经不是最优的 Pod，并将它们驱逐出去。

目前，Descheduler 不会决定将驱逐的 Pod 调度到哪个节点上，而是假设默认的调度器会做出正确的调度决策。换句话说，Pod 目前不适合的原因并不是调度器算法有问题，而是集群的情况发生了变化。如果让调度器重新选择，那么它现在会将 Pod 放置在合适的节点上。这种做法使得 Descheduler 的逻辑比较简单。Descheduler 的执行逻辑是可配置的，目前有以下几种场景。

- 去除重复：Deployment 中的 Pod 不能同时出现在同一节点上。
- 低资源利用率：找到资源使用率较低的节点，然后驱逐其他资源使用率较高的节点上的 Pod，期望调度器能够重新调度以实现资源更均衡。
- 违反亲和性规则的 Pod：找到已经违反亲和性规则的 Pod 并进行驱逐，可能是因为违反亲和规则是后来添加的。
- 违反节点约束规则的 Pod：找到违反节点约束规则的 Pod 并进行驱逐，可能是因为节点后来修改了标签。

总的来说，Descheduler 是原生调度器的一个补充，用于解决原生调度器的调度决策随着时间而失效或者没有达到最优的缺陷。

随着部署密度和资源占用的提升，资源浪费的概率会逐渐增大。可以通过已知问题经验总结、服务画像、机器画像等统计引擎来为不同的业务自动添加合适的调度策略。例如，I/O 密集型的业务应与延时敏感型的业务互斥，对磁盘性能要求较高的业务需要调度到磁盘性能较高的机器。

从前面介绍的各种 Kubernetes 调度和资源管理方案可以看出，提高应用的资源使用率、保证应用的正常运行、维护调度和集群的公平性是一项非常复杂的任务。Kubernetes 并没有完美的方法，而是对各种可能的问题不断提出一些针对性的方案。

集群的资源使用并不是静态的，而是随着时间不断变化的。目前，Kubernetes 的调度策略是基于调度时集群的一个静态资源切片进行的。动态资源调整是通过驱动程序进行的。HPA 和 VPA 等方案也在不断提出，相信后面会进一步完善这方面的功能，使 Kubernetes 变得更加智能。

资源管理和调度是一个非常复杂的领域。在具体的实施和操作过程中，常常需要考虑到企业内部的具体情况和需求，从而做出针对性的调整。同时，需要开发者、系统管理员、SRE、可观测性团队等不同的小组之间进行合作。在大规模的集群使用过程中，这种付出从整体来看是值得的，提升资源的利用率能有效地节约企业的成本。

17.2　云原生的可观测性

一般来说，可观测性是指根据所了解的外部输出对复杂系统的内部状态或条件的理解程度。一个系统的可观测性越高，就能越快、越准确地发现性能问题并找到其根本原因，而不必进行额外的测试或编码。

在云原生中，可观测性可以用于聚集、关联和分析分布式软件及其运行所用硬件的稳定性能数据指标，以更高效地监控、性能优化、故障排除和调试该软件，达到满足客户体验预期、服务级别协议（SLA）和其他业务要求的目的。

在软件的开发过程中，我们常常忽略软件的可观测性，认为可观测性主要用于基础设施的故障排除和监控告警，只要开发和测试期间保证软件的逻辑严谨，就基本不会有太多的问题，所以也基本不用考虑太多维度的监控和告警指标。其实，随着时间的推移，软件会持续不断地发生变化，只有通过监控指标持续看护软件，同时监测资源占用情况，才能保证软件高效和良好的运行。

例如，当发现软件占用硬件资源过多，严重影响用户体验，资源投入和产出严重不符合时，才会想到进行性能优化。然而，这时进行性能优化往往相对滞后，需要耗费大量的人力和资源，最终效果却不尽如人意。性能优化从来都不是一项简单的工作，通常需要开发、测试，甚至需要公司运维运营人员共同参与。如果软件存在大量的技术债务，没有建立可观测的线上指标，不清楚哪个接口是性能瓶颈，那么如何进行性能测试就会成为问题。我们只知道软件占用资源过多，但是不清楚具体哪个地方存在性能瓶颈，以及本次性能优化的目标是什么。如果仅凭经验进行优化，则往往无法达到预期效果。出现这种情况的原因是我们对自己软件的运行环境和线上真实流量了解不够，导致性能优化缺乏针对性，基本上就是"瞎猜"。举个简单的例子，我们的目标是降低软件的资源占用，本地压测发现 B 接口占用资源过高，便开始优化，优化完成后，B 接口的每秒查询次数提高了，同时资源占用率降低了，但是线上整体资源的利用率并没有下降，后来经过分析发现 90% 的流量实际上都访问 A 接口。

如果我们对每个软件的指标采集都非常完善，监控系统中存在外部接口甚至一些重要函数的指标，那么我们就可以根据这些指标了解软件的高并发发生在哪里，哪块逻辑的延时最高，谁在消耗系统资源，以及优化哪些代码才能达到整体最优。

17.2.1　可观测性与传统监控的区别

云原生可观测性是传统监控的演进形式。传统监控主要面向运维，从系统外部视角观察系统的运行状态；而云原生可观测性则从操作系统和软件内部出发，基于"白盒化"的思路监测内部的运行情况，常规监控和可观测性对比示意图如图 17-4 所示。

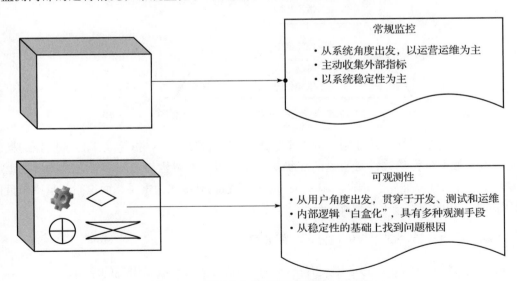

图 17-4　常规监控与可观测性对比示意图

传统的监控以系统可用性为核心，不涉及具体业务，适合报告系统的整体运行情况。而云原生环境下的业务应用通过微服务、分布式架构进行部署，各个业务间的关联程度更紧密,具体到细微处,需要对系统行为进行高度细化的分析与关联。

随着企业从单体架构发展到分布式架构,采用微服务、容器等部署方式,IT 基础设施变得愈发失控。除此以外,许多企业开始采用 Serverless 等更符合云原生环境的技术方式,监控无法再单独以"运维的视角、被动地解决故障"为目标,而要追随 IT 架构的改变、云原生技术的实践,融入开发与业务部门的视角,具备比原有监控更广泛、更主动的功能,这种功能被称作"可观测性"。

云原生环境,一切以业务应用为核心。"可观测性"功能亦是如此。由于云原生应用的创新迭代速度加快,"可观测性"将传统监控的外延放大,把研发纳入"可观测性"功能体系之中,改变传统被动监控的方式,主动观测与关联应用的各项指标,以"上帝视角"让系统恰当地展现自身状态。监控是"可观测性"功能的一部分,监控与可观测性的关系示意图如图 17-5 所示。

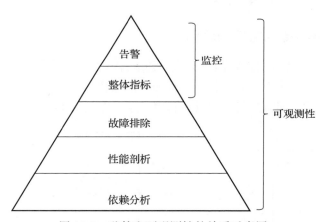

图 17-5 监控和可观测性的关系示意图

业界将"可观测性"功能划分为 5 个层级,其中告警与整体指标属于传统监控的概念范畴。由于触发告警的往往是明显的症状与表象,但随着架构与应用部署方式的转变,不告警并非意味着一切正常,因此获取系统内部的信息就显得尤为重要,而这些信息则须借助"可观测性"功能的另一大组成部分——主动发现。

主动发现由排错、剖析与依赖分析 3 部分组成。

- 排错(Degugging):即运用现有指标数据和信息去诊断故障出现的原因。
- 剖析(Profiling):即运用指标数据和信息进行性能分析。
- 依赖分析:即运用数据信息厘清系统之前的模块,并进行关联分析。

这 3 部分同样存在着严谨的逻辑关系:首先,无论是否发生性能问题,运用主动发现能力都能对系统运行情况进行诊断，通过指标呈现软件运行的实时状态；其次，一旦发现异常，逐层下钻，进行性能分析，调取详细信息，进行深入洞察；再次，调取模块与模块间的交互状态，通过链路追踪构建"上帝视角"。主动发现能力并不是为了告警与排障，而是通过获取最全面的数据与信息构建对系统、应用架构最深入的认知，而这种认知可以帮助我们提前预测与防范故障或者性能问题的发生。

17.2.2　可观测性的维度

可观测性是对底层基础设施和上层软件内部状态及行为的度量和推断，通常包括日志、监控指标、链路追踪等多个度量维度。通过这些维度，我们可以提高问题发现、诊断和解决的效率。

1. 基础设施层

从基础设施层来看，云原生的可观测性与传统的主机监控有一些相似和重合的地方。例如，对计算、存储、网络等主机资源的监控，以及对进程、磁盘 I/O、网络流量等系统指标的监控。

然而，在云原生环境中，由于采用了容器、服务网格、微服务等新技术和新架构，可观测性面临着新的需求和挑战。例如，在资源层面上，需要识别和映射容器、Pod、Service 等不同层次的 CPU、内存等资源；在进程监控方面，需要精确识别容器，并细化到进程的系统调用、内核功能调用等层面；在网络方面，除了监控主机的物理网络外，还需观测 Pod 之间的虚拟化网络以及应用之间服务网格的网络流量。

对于基础设施层面的监控，一般使用 USE（Utilization Saturation and Errors，利用率饱和与误差）方法。该方法主要用于分析系统性能问题，可以指导用户快速识别资源瓶颈以及错误的方法。USE 方法主要关注以下 3 个方面的资源占用情况。

- 使用率：关注系统资源的使用情况。这里的资源主要包括但不限于 CPU、内存、网络、磁盘等。100% 的使用率通常是系统性能瓶颈的标志。
- 饱和度：如 CPU 的平均运行排队长度，这里主要是针对资源的饱和度。任何资源在某种程度上的饱和都可能导致系统性能的下降。
- 错误：指错误计数，如网卡在数据包传输过程中检测到的以太网网络冲突了 14 次。

通过对基础设施资源指标持续观察，技术人员可以方便地识别软件占用资源瓶颈。

2. 业务层

对于业务层面的监控指标，业内一般采用 4 个黄金指标，即 RED 方法。RED 方法是

Google 针对大量分布式监控的经验总结，这 4 个黄金指标可以在服务级别帮助衡量终端用户体验、服务中断、业务影响等方面的问题。这里主要关注以下 4 种类型的指标。

- 延时：指服务请求所需的时间，记录用户所有请求所需的时间，重点是要区分成功请求的延时时间和失败请求的延时时间。例如，当数据库或其他关键后端服务异常触发 HTTP 500 时，用户可能很快收到请求失败的响应内容。如果不区分计算这些请求的延时，则可能会导致计算结果与实际结果产生巨大差异。此外，微服务中通常提倡"快速失败"，开发人员需要特别注意这些延时较大的错误，因为这些缓慢的错误会明显影响系统性能，所以追踪这些错误的延时也非常重要。
- 请求量：监控当前系统的流量，用于衡量服务的容量需求。对于不同类型的系统，流量可能代表不同的含义。例如，在 HTTP REST API 中，流量通常是每秒的 HTTP 请求数。
- 错误：监控当前系统发生的所有错误请求，衡量当前系统错误发生的速率。失败可能是显式的（如 HTTP 500 错误）或隐式的（例如，HTTP 响应码为 200，但实际业务流程仍然失败）。对于一些显式的错误，如 HTTP 500，可以在负载均衡器（如 Nginx）上捕获，而对于一些内部异常，则可能需要直接从服务中添加指标来统计并进行外部获取。
- 饱和度：衡量当前服务的饱和度，主要关注对服务状态影响最大的受限制资源。例如，如果系统主要受内存影响，就主要关注系统的内存状态；如果系统主要受限于磁盘 I/O，就主要关注磁盘 I/O 的状态。因为通常情况下，当这些资源达到饱和后，服务性能会明显下降。同时，还可以利用饱和度对系统做出预测，比如，磁盘是否可能在 4 个小时内满了。

RED 方法跟 USE 方法有一定的重叠，主要用于对常规应用层面的监控和度量，主要关注以下 3 种关键指标。

- （请求）速率：服务每秒接收的请求数。
- （请求）错误：每秒失败的请求数。
- （请求）耗时：每个请求的耗时。

在 4 个黄金信号的原则下，RED 方法可以有效地帮助技术人员衡量云原生以及微服务应用下的用户体验问题。

从应用层来看，在微服务架构下，主机上的应用变得异常复杂。这包括应用本身的平均延时、应用间的 API 调用链、调用参数，以及应用所承载的业务信息，比如业务调用逻辑和参数等。

目前，主流的可观测性系统主要基于 3 种数据类型构建：指标（Metrics）、链路（Tracing）和日志（Logging）。这些数据类型基本涵盖了软件产生的大部分可观测性数据，足以让开发和运维人员洞察软件的运行状态。

- 指标：主要用于监控告警（Monitoring and Alert）场景，通常存储在时序数据库中。
- 链路：主要用于追踪业务依赖调用链的场景，通常存储在日志数据库中。
- 日志：主要用于日志审计场景，通常存储在日志数据库中。

在云原生技术社区中，可观测性的相关产品被分为三大类：监控告警、链路追踪和日志审计。这些产品有开源的，也有商业的。

- 监控告警：如 Prometheus、Cortex、Zabbix、Grafana、Sysdig 等。
- 链路追踪：Jaeger、Zipkin、SkyWalking、OpenTracing、OpenCensus 等。
- 日志审计：Loki、ELK、Fluentd、Splunk 等。

理想状态下，我们通常通过可观测性能力整体观察系统的健康状况。通过"主动发现"的 3 个层级，提取应用系统的实时指标，调取相关的日志信息。最后，通过发现应用模块之间的关联，实现全链路追踪，进而构建对整个应用体系的审视与洞察。然而，在实际使用过程中，开发人员需要同时维护日志、链路追踪和监控指标。3 种数据源的统一存储、展示与关联分析仍面临极大挑战。而解决以上问题的前提仍然是统一数据格式。

为了解决这个问题，CNCF 推出了 OpenTelemetry 项目。该项目旨在统一 Metrics、Logs、Traces 这 3 种数据，实现可观测性的大一统。

OpenTelemetry 的诞生给云原生可观测性带来了革命性的进步，包括以下方面。

- 统一协议：OpenTelemetry 引入了统一的 Metrics、Traces、Logs（规划中）标准，三者具有相同的元数据结构，可以轻松实现相互关联。
- 统一 Agent：使用一个 Agent 即可完成所有可观测性数据的采集和传输，不需要为每个系统部署各种不同的 Agent，极大地降低了系统的资源占用，并使整体可观测性系统的架构更加简单。
- 云原生友好：OpenTelemetry 诞生于 CNCF，对各类云原生系统提供更好的支持。此外，目前许多云服务提供商已宣布支持 OpenTelemetry，未来在云上使用将更加便捷。
- 厂商无关：该项目完全中立，不偏向任何厂商，使每个人都能够自由选择、更换适合自己的服务提供商，而无须受到某些厂商的垄断或绑定。
- 兼容性：OpenTelemetry 得到 CNCF 下各种可观测性方案的支持，未来将与 OpenTracing、OpenCensus、Prometheus、Fluentd 等具有良好的兼容性，方便用户无缝迁移至 OpenTelemetry 方案。

OpenTelemetry 最核心的功能是生成和收集可观测性数据，并支持将数据传输至各种分析软件。整体架构如下。

- OTel API/SDK：用于生成统一格式的可观测性数据。
- OTel Collector：用于接收这些可观测性数据，并支持将数据传输至各种类型的后端系统。

OpenTelemetry 作为可观测性的基础设施，可解决数据生成、采集和传输的问题。然而，目前数据的存储和分析仍依赖于各种后端系统，导致无法对所有数据进行统一展示和关联分析。最理想的情况是有一个后端软件同时存储所有的 Metrics、Logs、Traces 数据，并进行统一的分析、关联和可视化。

3. 案例

2018 年，笔者在一家互联网公司任职。当时，线上业务迭代的速度和流量急剧增长。为了应对业务增长，公司将底层基础设施转向以 Kubernetes 为核心的云原生技术。公司内部产品开始容器化，平台运维人员提供编排平台，开发人员将编排文件提交到代码仓库。如果需要发布，那么开发人员只需在 Jenkins 上单击"构建"选项即可完成线上环境的发布。此时，通过镜像保证了本地环境和云端环境的一致性，很少出现操作系统层面的兼容性问题。

然而，一些业务本身可能存在一些逻辑漏洞。当出现问题时，不可避免地需要查看日志以了解具体问题。服务运行在 Pod 中，开发人员无法方便地登录到 Pod 中查询日志。最初，只能请运维人员登录到 Pod 中下载日志。面对越来越多的类似需求，运维人员引入了 Fluentd，以守护进程（daemon-set）的方式收集 Pod 中的日志文件，然后将日志文件转储到多台日志服务器。开发人员只需登录到相应的业务服务器，就可以用自己最熟悉的 Linux 命令查看问题并排除故障。

为了保证线上服务的稳定性，运维平台人员引入了 Prometheus 来采集和存储指标，使用 Grafana 展示指标，并利用 AlertManager 进行告警。他们开始对主机、底层基础设施和外部接入流量进行指标采集。如果业务人员认为自己的服务很重要，那么可以使用 Prometheus SDK 自行采集指标，而平台只负责展示。平台运维人员关注资源占用情况，业务开发人员观测自己服务的运行指标。这是一个简单的监控平台。业务开发人员可以根据线上业务流量预估自己的业务所需的资源占用，而运维人员会将硬件资源分配给最需要资源的业务部门。

有了监控平台，所有的服务都可以被监测到。我们发现许多软件在线上的流量非常低，但是占用的硬件资源却很多。还有一部分服务根本没有流量，被称为"僵尸服务"。通过与业务团队的协商，节约了近 40% 的硬件资源。

云原生是一个广泛且不断变化的概念。它是一种理念，也是一套方法论，其中包含各种产品和服务，基本上可以满足各种需求。但在应用到组织或个人时，需要注意自己的目标和边界，引入某种技术应该带来什么收益，否则可能会有什么损失。技术本身没有好坏之分，关键是能否解决当前遇到的问题。如果盲目引入一些新技术，由于组织对新技术的不熟悉，那么可能会带来更多新的问题。

17.3　云原生要解决的性能问题、带来的挑战及应对

云原生的概念由来已久。从技术的角度来看，云原生是基于云原生技术的一组架构原则和设计模式的集合。其目的是将云应用中的非业务代码最大程度地分离，使云基础设施接管应用中原有的大量非功能性特性（如弹性扩缩容、故障自愈、可观测性等），从而使业务不再受到非功能性业务中断的困扰，并具备轻量、敏捷和高度自动化的特点。简而言之，云原生帮助企业实现更快的业务功能迭代，同时能够承受各种规模的高并发冲击，并降低软件的构建成本。从组织架构的角度来看，开发人员和运维人员的职责变得更加明确。

17.3.1　云原生解决了哪些性能问题

首先，在没有云原生容器化技术之前，为了保证本地环境和远端生产环境的一致性，开发人员通常需要编写部署文档。这些文档包含了上层软件所需的底层库依赖。然而，由于文档只是一份说明书，实际执行过程中往往会遇到各种不兼容问题，导致安装失败。

其次，外部组织和公司内部没有形成统一的监控标准，为了保证服务的稳定性，需要采集软件和物理节点的监测指标。通常情况下，开发人员会自行开发或引入第三方的 SDK。然而，这样做往往会带来后期使用成本高和维护复杂等一系列问题。

最后，为了防止服务不可用和应对高峰流量，开发人员会编写一些半自动化的 Shell 脚本。这些脚本通常由运维人员自己编写，难以形成系统化和通用化的基础设施。在使用过程中，往往需要技术人员进行调试和参与。

软件的性能提升通常建立在服务的稳定性和可用性的基础上。如果无法保证服务的可用性和稳定性，那么性能的提升就毫无意义。为了解决这类问题，开发人员在设计初期就需要考虑许多与监控告警、自动扩容和缩容脚本、资源管理等相关的基础设施开发问题。这一系列与业务无关的问题会大大增加开发人员的心理负担。开发人员不仅需要专注于业务软件的设计和开发，还需要花费一部分精力来开发周边基础设施。由于在初期没有形成标准，因此这部分与业务无关的成本在后期的维护过程中会越来越高。

而容器化技术直接打包了整个操作系统，可以将软件在任何基础设施上运行所需的所

有文件和库进行捆绑。这样，容器内的软件就可以在任何环境和基础架构上一致地移动和运行，不受环境或操作系统的影响。

在可观测性方面，Kubernetes 项目的监控体系曾经非常复杂，社区中也有很多方案，但现在已经演变为以 OpenTelemetry 项目为核心的一套统一方案。该项目旨在统一监控指标、日志和链路追踪 3 种数据，以实现可观测性的一体化。前文也多次提到，可观测性是性能优化的基础。通过可观测性，我们可以洞察软件内部逻辑的执行情况，轻松发现性能问题。

在软件管理方面，Kubernetes 的一个重要特性是围绕软件的全生命周期进行管理。开发人员不再控制软件何时启动或关闭服务。Kubernetes 可以启动软件，并在出现故障时关闭并重新启动。通过选择发布策略，它可以停止旧实例并启动新实例。此外，如果发生问题，还可以进行回滚，以及在不同的节点上移动、升级和部署软件。

在横向扩缩容方面，弹性是云原生的重要能力之一。它关注容量规划与实际集群负载之间的矛盾。极致的弹性能力可使准备的资源和实际需求的资源几乎完全匹配，这样可以提高应用整体的资源利用率，并根据业务的增减自动调整成本。同时，不会因为容量问题而导致应用不可用的情况，这就是弹性的价值。弹性可以分为可伸缩性和故障容忍性。可伸缩性意味着底层资源可以根据指标的变化自适应调整。而故障容忍性则通过弹性自愈来确保服务中的应用或实例处于健康状态。上述能力带来的价值在于降低成本的同时提高应用的可用性。

云原生加速了应用和基础设施的解耦。通过关注点分离，开发者能够专注于业务价值，而将业务的底层依赖下沉到基础设施中。

17.3.2　云原生带来了哪些新的挑战

从上层软件的角度来看，云原生架构在"强大底层系统"的支持下降低了自身的复杂性，并具备了完整的监控、服务治理、部署和调度功能。然而，从整个系统的角度来看，复杂性并没有减少或消失，实现"强大底层系统"所付出的成本是非常昂贵的。

容器、微服务、DevOps 以及大量第三方组件的使用在降低软件复杂性、提升迭代速度的同时，也增加了整体软件技术栈的复杂性，并扩大了组件规模，从而不可避免地导致了软件交付的复杂性。如果控制不当，那么软件将无法充分体现云原生技术的优势。

下面是云原生面临的一些常见挑战。

- 如果没有适当的工具和流程来管理开发、测试和部署，那么处理各个分布式系统和各个组件之间的协调工作将变得非常困难。

- 2019 年是云原生的普及元年，目前市面上的云原生技术人员相对短缺，很多技术方向都需要组织内部进行探索。
- 云原生实践的理念是"谁开发，谁负责"。开发人员不仅需要完成功能开发，还需要对软件的运营和运维负责到底，而运维人员则转向基础设施平台的开发和维护。由于这种方式与以往的流程存在很大区别，因此技术人员可能会对实现云原生技术最佳实践所需的文化产生一些抵制。
- 如果没有适当的成本优化和监督措施来控制云原生的资源占用，那么物理资源和人力成本都将增加。

17.3.3　如何应对云原生带来的挑战

"复杂性"是基础设施的天然特性，但这种复杂度本身并没有问题。就像我们平常使用的 MySQL 一样，MySQL 可能比任何一个软件都要复杂，但对用户来说却非常友好。

之前曾介绍过只需要在 YAML 编排文件中声明自己的软件，但对于上层开发人员来说，这仍然很复杂。因此，需要继续对底层基础设施进行抽象，抽象到上层开发人员只需要提供一个源代码地址和函数启动方式，其他的均交给底层基础设施。例如，阿里巴巴和微软共同开源的云原生应用规范模型 OAM 就采用了这种方式进行构建。另外，为了解决项目整体的复杂度，也可以选择上云托管，将底层系统的复杂度交给云厂商，让云提供"保姆式"服务。最终可以演变为无基础架构设计，通过我们熟知的 JSON 声明式代码编排底层基础设施、中间件等资源，即应用需要什么，云就提供什么。企业最终会走向开放、标准的云原生技术体系。

除了上文介绍的技术和工具之外，要实现云原生的最佳实践，还需要相应的文化转变。技术管理人员应通过演讲或其他形式不断向高管传达和灌输云原生概念，以获得高层的支持和认可。

建议不要将云原生视为一个一次性的项目，而是将其视为一个不断迭代、不断学习和改进的持续过程。可以将这个过程分为多个阶段，每个阶段都要完成特定的工作，并明确成本和收益。例如，刚开始可以简单地将物理机上的软件迁移到云上，并建立相应的监控和告警指标。一段时间后，整个基础设施平台应支持资源统一管理、软件调用可视化等底层运维能力。随后，可以建立智能化运维平台，具备自动预测各个软件所需资源大小、可观测性、自动扩缩容等能力。

虽然云原生实践并不容易，但只要运用专业的知识和策略，这些挑战都是可以成功的。

17.4 本章小结

以 Kubernetes 为核心的云原生技术带来的新挑战无疑让人头痛，但也带来了新技术的发展契机。科技的发展总是这样循环往复，螺旋式上升。它带来的这些新问题促进了底层基础设施的发展，使业务开发人员能够专注于业务发展，而不用考虑底层具体实现。

行文至此，让我们反过来想一下，软件设计哲学曾说"如无必要，勿增实体"。特别对于性能，每增加一层都会导致性能的损耗。以 Kubernetes 为核心的云原生技术就是在操作系统和软件中增加了中间层。这个中间层保证了软件的稳定性、可扩展性、可观测性、故障可恢复性等诸多特性。特别是对于服务端性能优化，就是在特定资源下提升服务的 TPS。提升 TPS 的目的就是节约成本，即让有限的硬件资源做更多的工作。但是对于一个组织来说，节约成本不仅限于节约硬件成本，更多地应节约人力成本。如果可以做到使用极少的人力成本就实现性能提升，则依然可以称之为优化。

另外，在一个组织架构中，人是最不稳定的因素。而 Kubernetes 充当了软件和操作系统打交道的"黏合剂"，在一定程度上替代了技术人员的"不稳定性"。正如软件架构变革的本质是对组织架构的变更，其背后的哲学依然是另一个层面上的空间换时间。